21世纪高等院校教材

复变函数与积分变换

宋叔尼 孙 涛 张国伟 编著

科学出版社

北 京

内 容 简 介

本书主要内容包括：复变函数与解析函数，复变函数的积分，复变函数的级数，留数及其应用，保角映射，Fourier 变换，Laplace 变换，Z 变换，小波变换等．作者用 MATLAB 求解验算了大量的例题，使读者能够熟悉 MAT-LAB 在复变函数与积分变换课程中的基本方法．另外，在 Cauchy 积分定理的证明，已知解析函数的实部（或虚部）求该解析函数，Taylor 级数与Laurent 展开级数定理的证明，无穷远点留数的计算等方面有着自己鲜明的特色．

本书适合高等院校工科各专业，尤其是自动控制、通信、电子信息、测控、机械工程、材料成型等专业的大学生作为教学用书，也可供这些专业的教师参考．

图书在版编目(CIP)数据

复变函数与积分变换/宋叔尼，孙涛，张国伟编著．—北京：科学出版社，2006

(21世纪高等院校教材)
ISBN 978-7-03-017687-5

Ⅰ．复⋯ Ⅱ．①宋⋯ ②孙⋯ ③张⋯ Ⅲ．①复变函数-高等学校-教材②积分变换-高等学校-教材 Ⅳ．①O174.5 ②O177.6

中国版本图书馆 CIP 数据核字(2006)第 081576 号

责任编辑：张中兴 李鹏奇 王 静 / 责任校对：郑金红
责任印制：赵博 / 封面设计：陈 敬

科 学 出 版 社 出版
北京东黄城根北街16号
邮政编码：100717
http://www.sciencep.com

铭浩彩色印装有限公司 印刷
科学出版社发行 各地新华书店经销

*

2006 年 8 月第 一 版 开本：720×1000 1/16
2016 年 9 月第十二次印刷 印张：15 3/4
字数：298 000

定价：29.00 元(含光盘)
(如有印装质量问题，我社负责调换)

前　言

　　复变函数起源于分析、力学、数学物理等理论与实际问题,作为流体力学和电动力学中最重要的一种向量场的特征,具有鲜明的物理背景.复变函数理论一直伴随着科学技术的发展,从中汲取养分,并为之提供方法和工具,促进了工程技术等学科的迅速发展.建立在复变函数理论之上的积分变换方法,通过特定形式的积分建立函数之间的对应关系.它既能简化计算,又具有明确的物理意义,在许多领域被广泛地应用,如电力工程、通信和控制领域、信号分析和图像处理、语音识别与合成、医学成像与诊断、地质勘探与地震预报等方面以及其他许多数学、物理和工程技术领域.而在此基础上发展起来的离散形式的变换在计算机时代更是特别重要.

　　为适应现代科学技术的发展及相关专业的要求,我们编写的《复变函数与积分变换》以解析函数的理论为基础,阐述了复变函数的积分、级数、留数以及保角映射.同时,对 Fourier 变换及离散 Fourier 变换、Laplace 变换、Z 变换及小波变换等作了较系统介绍,并用 MATLAB 求解验算了积分变换中的所有例题及积分、级数、留数中的部分例题,从而使读者能够熟悉和掌握 MATLAB 在复变函数与积分变换课程中的基本使用方法.本书深入浅出,突出基本概念和方法,在知识体系完整性的基础上,尽量做到数学推导简单易懂并在与工程问题密切结合等方面形成了自己的特色.书中精心编排了大量的例题和习题,以供读者进一步理解教材的内容,其中加 * 号者是特为学有余力的读者提供.

　　本书的出版获得了科学出版社的大力支持,获得了东北大学教材建设计划立项项目"复变函数与积分变换教材建设"以及东北大学学位与研究生教育科学研究计划的大力支持,在此向他们表示感谢.同时,孙艳蕊教授等在试用本书期间提出了宝贵的建议,在此我们表示衷心的感谢.

　　本书由宋叔尼负责书稿的策划和统稿工作并编写了第 4、5 章和第 8 章.孙涛编写了第 1~3 章.张国伟编写了第 6、7 章和第 9~11 章,并运行了所有的 MATLAB 程序.

　　欢迎读者对书中错误和不足之处提出宝贵意见.

作　者

2006 年 5 月

目　　录

第1章　复变函数与解析函数 ……………………………………………… 1

1.1　复数 ……………………………………………………………… 1

　1.1.1　复数的概念 ……………………………………………… 1

　1.1.2　复数的四则运算 ………………………………………… 1

　1.1.3　复平面与复数的表示法 ………………………………… 2

　1.1.4　乘幂与方根 ……………………………………………… 4

　1.1.5　复球面与无穷远点 ……………………………………… 6

1.2　平面点集 ………………………………………………………… 7

　1.2.1　区域 ……………………………………………………… 7

　1.2.2　Jordan 曲线、连通性 ………………………………… 9

1.3　连续函数 ………………………………………………………… 11

1.4　解析函数 ………………………………………………………… 13

　1.4.1　复变函数的导数 ………………………………………… 13

　1.4.2　解析函数 ………………………………………………… 15

1.5　函数可导的充要条件 …………………………………………… 16

1.6　初等解析函数 …………………………………………………… 19

　1.6.1　指数函数 ………………………………………………… 19

　1.6.2　对数函数 ………………………………………………… 20

　1.6.3　幂函数 …………………………………………………… 23

　1.6.4　三角函数和双曲函数 …………………………………… 24

习题1 …………………………………………………………………… 26

第2章　复变函数的积分 …………………………………………………… 29

2.1　复变函数的积分 ………………………………………………… 29

　2.1.1　积分的概念 ……………………………………………… 29

　2.1.2　积分存在的条件及积分的性质 ………………………… 30

2.2　Cauchy 积分定理 ……………………………………………… 33

2.3　Cauchy 积分公式 ……………………………………………… 36

2.4　解析函数的原函数 ……………………………………………… 41

习题2 …………………………………………………………………… 44

第3章　复变函数的级数 ·· 47

　3.1　复数项级数 ··· 47

　　3.1.1　复数列的极限 ·· 47

　　3.1.2　复数项级数 ·· 47

　3.2　幂级数 ··· 49

　　3.2.1　幂级数的概念 ·· 49

　　3.2.2　幂级数的性质 ·· 52

　3.3　Taylor 级数 ·· 53

　3.4　Laurent 级数 ··· 61

　3.5　调和函数 ··· 67

　　3.5.1　调和函数的概念与实例 ·································· 67

　　3.5.2　解析函数与调和函数的关系 ····························· 68

　习题 3 ··· 70

第4章　留数及其应用 ·· 73

　4.1　孤立奇点 ··· 73

　　4.1.1　可去奇点 ·· 73

　　4.1.2　极点 ·· 74

　　4.1.3　本性奇点 ·· 76

　4.2　留数的一般理论 ··· 76

　　4.2.1　留数定义及留数基本定理 ································· 76

　　4.2.2　留数的计算 ·· 78

　4.3　函数在无穷远点的留数 ······································· 82

　　4.3.1　函数在无穷远点的性质 ··································· 82

　　4.3.2　函数在无穷远点的留数 ··································· 83

　4.4　留数的应用 ··· 86

　　4.4.1　三角有理式的积分 ······································ 86

　　4.4.2　有理函数的无穷积分 ···································· 88

　　4.4.3　有理函数与三角函数乘积的积分 ························· 90

　　4.4.4　零点的分布 ·· 95

　习题 4 ··· 97

第5章　保角映射 ·· 99

　5.1　映射与保角映射的概念 ······································· 99

　　5.1.1　映射的概念 ·· 99

　　5.1.2　导数的几何意义 ·· 100

　　　　5.1.3　保角映射的概念 ··· 102

　　　　5.1.4　关于保角映射的一般理论 ································· 103

　　5.2　分式线性映射 ··· 104

　　　　5.2.1　分式线性映射的基本性质 ································· 106

　　　　5.2.2　唯一确定分式线性映射的条件 ························· 109

　　　　5.2.3　分式线性映射的典型例子 ································· 110

　　5.3　几个初等函数所构成的映射 ··· 113

　　　　5.3.1　幂函数构成的映射 ··· 113

　　　　5.3.2　指数函数与对数函数构成的映射 ····················· 116

　　5.4　保角映射举例 ··· 117

　习题5 ··· 123

第6章　积分变换的预备知识 ··· 127

　　6.1　几个典型函数 ··· 127

　　　　6.1.1　单位阶跃函数 ··· 127

　　　　6.1.2　矩形脉冲函数 ··· 127

　　　　6.1.3　δ 函数 ··· 128

　　6.2　卷积的概念与性质 ··· 130

　习题6 ··· 133

第7章　Fourier 变换 ·· 134

　　7.1　Fourier 变换概念与性质 ··· 134

　　　　7.1.1　Fourier 变换的定义 ·· 134

　　　　7.1.2　Fourier 变换的性质 ·· 137

　　　　7.1.3　δ 函数的 Fourier 变换 ···························· 141

　　7.2　离散 Fourier 变换 ··· 142

　　　　7.2.1　离散 Fourier 变换及其性质 ····························· 143

　　　　7.2.2　快速 Fourier 变换 ··· 145

　　7.3　Fourier 变换的应用 ··· 147

　习题7 ··· 150

第8章　Laplace 变换 ·· 152

　　8.1　Laplace 变换的概念 ··· 152

　　　　8.1.1　Laplace 变换的定义 ·· 152

　　　　8.1.2　周期函数和 δ 函数的 Laplace 变换 ············· 155

　　8.2　Laplace 变换的性质 ··· 156

　　8.3　Laplace 逆变换 ··· 164

8.4　Laplace 变换的应用 ·· 168

习题 8 ··· 175

第9章　Z 变换 ·· 177

9.1　Z 变换的概念与性质 ·· 177

9.1.1　Z 变换的定义 ··· 177

9.1.2　Z 变换的性质 ··· 179

9.2　Z 逆变换 ·· 182

9.3　Z 变换的应用 ··· 184

习题 9 ··· 187

第10章　小波变换基础 ··· 189

10.1　小波变换的背景 ··· 189

10.2　窗口 Fourier 变换简介 ·· 191

10.3　连续小波变换 ··· 194

10.4　二进小波变换和离散小波变换 ·· 196

10.5　多分辨分析 ·· 198

10.6　Mallat 分解与重构算法 ··· 199

10.7　小波变换应用实例 ·· 200

第11章　复变函数与积分变换的 MATLAB 求解 ······················· 205

11.1　MATLAB 基础 ··· 205

11.2　复变函数的 MATLAB 求解 ··· 210

11.3　Fourier 变换的 MATLAB 求解 ·· 219

11.4　Laplace 变换的 MATLAB 求解 ·· 226

11.5　Z 变换的 MATLAB 求解 ··· 231

习题参考答案 ··· 234

参考文献 ··· 243

第 1 章　复变函数与解析函数

1.1　复　　数

1.1.1　复数的概念

由于解代数方程的需要,人们引进了复数.例如,简单的代数方程
$$x^2 + 1 = 0$$
在实数域内无解.为了建立代数方程的普遍理论,引入等式
$$i^2 = -1$$
由该等式所定义的数称为虚单位 $i = \sqrt{-1}$,并称形如 $x + iy$ 或 $x + yi$ 的表达式为复数,其中 x 和 y 是任意两个实数.把这里的 x 和 y 分别称为复数 $z = x + iy$(或 $z = x + yi$)的实部和虚部,并记做
$$x = \mathrm{Re}z, \qquad y = \mathrm{Im}z$$
当复数的虚部为零,实部不为零(即 $y = 0, x \neq 0$)时,复数 $z = x + iy = x + 0i = x$ 为实数,而虚部不为零(即 $y \neq 0$)的复数称为虚数.在虚数中,实部为零(即 $x = 0$, $y \neq 0$)的称为纯虚数.例如,$3 + 0i = 3$ 是实数,$4 + 5i$,$-3i$ 都是虚数,而 $-3i$ 是纯虚数.

复数 $x - iy$ 称为复数 $z = x + iy$ 的共轭复数(其中 x, y 均为实数),并记做 $\bar{z}$. 显然,$z = x + iy$ 是 $x - iy$ 的共轭复数,并有 $\bar{\bar{z}} = \overline{(\bar{z})} = z$.

1.1.2　复数的四则运算

设 $z_1 = x_1 + iy_1, z_2 = x_2 + iy_2$ 是两个复数,如果 $x_1 = x_2, y_1 = y_2$,则称 z_1 和 z_2 相等,记为 $z_1 = z_2$.

复数 z_1, z_2 的加、减、乘、除运算定义如下:

(1) $z_1 \pm z_2 = (x_1 + iy_1) \pm (x_2 + iy_2) = (x_1 \pm x_2) + i(y_1 \pm y_2)$;

(2) $z_1 z_2 = (x_1 + iy_1)(x_2 + iy_2) = (x_1 x_2 - y_1 y_2) + i(x_1 y_2 + x_2 y_1)$;

(3) $\dfrac{z_1}{z_2} = \dfrac{x_1 + iy_1}{x_2 + iy_2} = \dfrac{x_1 x_2 + y_1 y_2}{x_2^2 + y_2^2} + i\dfrac{x_2 y_1 - x_1 y_2}{x_2^2 + y_2^2}$.

不难验证,这些运算满足如下运算规律:

(1) 交换律　$z_1 + z_2 = z_2 + z_1, y_1 y_2 = y_2 y_1$;

（2）结合律　　$z_1+(z_2+z_3)=(z_1+z_2)+z_3,z_1(z_2z_3)=(z_1z_2)z_3$；

（3）分配律　　$z_1(z_2+z_3)=z_1z_2+z_1z_3$.

并且还满足：

（4）$\overline{z_1\pm z_2}=\overline{z_1}\pm\overline{z_2},\overline{z_1z_2}=\overline{z_1}\ \overline{z_2},\overline{\left(\dfrac{z_1}{z_2}\right)}=\dfrac{\overline{z_1}}{\overline{z_2}}$；

（5）$\overline{\overline{z}}=\overline{(\overline{z})}=z$；

（6）$z+\overline{z}=2x=2\mathrm{Re}z,z-\overline{z}=2\mathrm{i}\,\mathrm{Im}z$；

（7）$z\overline{z}=x^2+y^2=(\mathrm{Re}z)^2+(\mathrm{Im}z)^2$.

在实际计算中，只要记住 $\mathrm{i}^2=-1$ 及上述各式，四则运算问题便可以解决了.

例 1.1　设 $z_1=3-4\mathrm{i},z_2=-1+\mathrm{i}$，求 $\dfrac{z_1}{z_2}$ 及 $\overline{\left(\dfrac{z_1}{z_2}\right)}$.

解　$\dfrac{z_1}{z_2}=\dfrac{z_1}{z_2}\dfrac{\overline{z_2}}{\overline{z_2}}=\dfrac{(3-4\mathrm{i})(-1-\mathrm{i})}{(-1+\mathrm{i})(-1-\mathrm{i})}=-\dfrac{7}{2}+\dfrac{\mathrm{i}}{2},\text{而}\overline{\left(\dfrac{z_1}{z_2}\right)}=-\dfrac{7}{2}-\dfrac{\mathrm{i}}{2}$.

例 1.2　$\mathrm{i}^3=\mathrm{i}^2\mathrm{i}=-\mathrm{i},\mathrm{i}^5=\mathrm{i}^4\mathrm{i}=\mathrm{i}$.

例 1.3　设 z_1,z_2 是两个任意复数，证明：
$$z_1\overline{z_2}+\overline{z_1}z_2=2\mathrm{Re}(z_1\overline{z_2})$$

证明　因为
$$\overline{z_1\overline{z_2}}=\overline{z_1}\ \overline{\overline{z_2}}=\overline{z_1}z_2$$

所以由运算规律（6），有
$$z_1\overline{z_2}+\overline{z_1}z_2=z_1\overline{z_2}+\overline{z_1\overline{z_2}}=2\mathrm{Re}(z_1\overline{z_2})$$

本例也可以用乘法和共轭复数的定义证明.

1.1.3　复平面与复数的表示法

复数 $z=x+y\mathrm{i}$ 是由实部 x 和虚部 y 两个实数作为有序的数对确定的，给定复数 z，其实部 x 和虚部 y 也完全确定. 这样便建立了复数 z 和一对实数 (x,y) 之间的一一对应. 把这一对有序实数视为平面直角坐标系下点 P 的坐标时，复数 $z=x+y\mathrm{i}$ 和 xOy 平面上点 $P(x,y)$ 也构成了一一对应. 给定一个复数 $z=x+y\mathrm{i}$，在坐标平面 xOy 上，存在唯一的点 $P(x,y)$ 与 $z=x+y\mathrm{i}$ 对应. 反之，对 xOy 平面上的点 $P(x,y)$，存在唯一的复数 $z=x+y\mathrm{i}$ 与它对应. 根据复数的代数运算及向量的代数运算的定义知，这种对应构成了同构映射. 因此，可以用 xOy 平面上的点表示复数 z. 这时把 xOy 平面称为复平面. 有时简称为 z 平面.

显然，实数与 x 轴上的点一一对应，而 x 轴以外的点都对应一个虚数，纯虚数 $\mathrm{i}y(y\neq0)$ 与 y 轴上的点（除原点）对应. 因此，称 x 轴为实轴，y 轴为虚轴.

今后把复平面上的点和复数 z 不加区别，即"点 z"和"复数 z"是同一个意思. 有时用大写字母 C 表示全体复数或者复平面. 复数 $z=x+y\mathrm{i}$ 还可以用以原点为起

点而以点 P 为终点的向量表示(图 1.1).

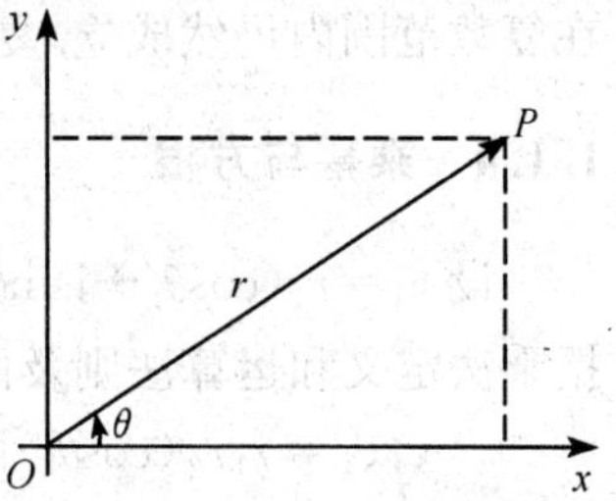

这时复数加、减法满足向量加、减法中的平行四边形法则.

用 $\overrightarrow{OP}$ 表示复数 z 时,这个向量在 x 轴和 y 轴上的投影分别为 x 和 y. 把向量 $\overrightarrow{OP}$ 的长度 r 称为复数 z 的模或称为 z 的绝对值,并记做 $|z|$,显然

$$|z| = r = \sqrt{x^2 + y^2} \qquad (1\text{-}1)$$

$$|z| \leqslant |x| + |y|, \qquad |x| \leqslant |z|, \qquad |y| \leqslant |z|$$

图 1.1

如果点 P 不是原点(即 $z \neq 0$),那么把 x 轴的正向与向量 $\overrightarrow{OP}$ 的夹角 θ 称为复数 z 的辐角,记做 $\mathrm{Arg}z$. 对每个 $z \neq 0$,都有无穷多个辐角,因为用 θ_0 表示复数 z 的一个辐角时,

$$\theta = \theta_0 + 2k\pi \qquad (k = 0, \pm 1, \pm 2, \cdots)$$

就是 z 的辐角的一般表达式.

满足 $-\pi < \theta \leqslant \pi$ 的复数 z 的辐角称为主辐角(或称辐角的主值),记做 $\mathrm{arg}z$,则

$$\mathrm{Arg}z = \mathrm{arg}z + 2k\pi \qquad (k = 0, \pm 1, \pm 2, \cdots) \qquad (1\text{-}2)$$

也可以把主辐角定义为 $0 \leqslant \theta < 2\pi$ 的辐角,这时式(1-2)仍成立. 在第 5 章保角映射中,这样规定主辐角比较方便.

当 $z = 0$ 时,$\mathrm{Arg}z$ 没有意义,即零向量没有确定的方向角;但当 $z = 0$ 时,$|z| = 0$;当 $x \neq 0$ 时,有

$$\tan(\mathrm{Arg}z) = \frac{y}{x} \qquad (1\text{-}3)$$

利用直角坐标与极坐标之间的关系

$$x = r\cos\theta, \qquad y = r\sin\theta$$

复数 $z = x + yi$ 可表示为

$$z = r(\cos\theta + \mathrm{i}\sin\theta) \qquad (1\text{-}4)$$

表达式(1-4)称为复数 z 的三角表示式. 再利用 Euler(欧拉)公式

$$\mathrm{e}^{\mathrm{i}\theta} = \cos\theta + \mathrm{i}\sin\theta$$

复数 $z = x + yi$ 还可表示为

$$z = r\mathrm{e}^{\mathrm{i}\theta} \qquad (1\text{-}5)$$

式(1-5)称为复数的指数表示式. 式(1-4)和式(1-5)中的 $r = |z|$,$\theta = \mathrm{Arg}z$.

易见,当 $z \neq 0$ 时,$\mathrm{Arg}\bar{z} = -\mathrm{Arg}z$. 当 $z = r\mathrm{e}^{\mathrm{i}\theta}$ 时,$\bar{z} = r\mathrm{e}^{-\mathrm{i}\theta}$. 从几何上看,复数 $z_2 - z_1$ 所表示的向量,与以 z_1 为起点、z_2 为终点的向量相等(方向相同,模相等). 由此可知不等式

$$|z_1 + z_2| \leqslant |z_1| + |z_2|$$

$$|z_1 - z_2| \geqslant ||z_1| - |z_2||$$

在复数范围内仍然成立. 复数的加、减运算对应于复平面上相应向量的加、减运算.

1.1.4　乘幂与方根

设 $z_1=r_1(\cos\theta_1+\mathrm{i}\sin\theta_1)$，$z_2=r_2(\cos\theta_2+\mathrm{i}\sin\theta_2)$ 是两个复数的三角表示式，根据乘法定义和运算法则及两角和公式，

$$z_1z_2=r_1r_2(\cos\theta_1+\mathrm{i}\sin\theta_1)(\cos\theta_2+\mathrm{i}\sin\theta_2)$$
$$=r_1r_2[(\cos\theta_1\cos\theta_2-\sin\theta_1\sin\theta_2)+\mathrm{i}(\sin\theta_1\cos\theta_2+\cos\theta_1\sin\theta_2)]$$
$$=r_1r_2[\cos(\theta_1+\theta_2)+\mathrm{i}\sin(\theta_1+\theta_2)]$$

于是

$$|z_1z_2|=|z_1||z_2|,\qquad \mathrm{Arg}(z_1z_2)=\mathrm{Arg}z_1+\mathrm{Arg}z_2$$

应该注意的是 $\mathrm{Arg}(z_1z_2)=\mathrm{Arg}z_1+\mathrm{Arg}z_2$ 中的加法是集合的加法运算：即将两个集合中所有的元素相加构成的集合.

$$\mathrm{Arg}(z_1z_2)=\{\theta_1+\theta_2\,|\,\theta_1\in\mathrm{Arg}z_1,\theta_2\in\mathrm{Arg}z_2\}$$

利用数学归纳法进而可证明：当 $z_k=r_k(\cos\theta_k+\mathrm{i}\sin\theta_k)$，$k=1,2,\cdots,n$ 时，

$$z_1z_2\cdots z_n=r_1r_2\cdots r_n[\cos(\theta_1+\theta_2+\cdots+\theta_n)+\mathrm{i}\sin(\theta_1+\theta_2+\cdots+\theta_n)]$$

$$(1\text{-}6)$$

特别地，当 $z_1=z_2=\cdots=z_n=r(\cos\theta+\mathrm{i}\sin\theta)$ 时，

$$z^n=z\cdot z\cdot\cdots\cdot z=r^n(\cos n\theta+\mathrm{i}\sin n\theta) \qquad (1\text{-}7)$$

于是

$$|z_1\cdot z_2\cdot\cdots\cdot z_n|=|z_1|\cdot|z_2|\cdot\cdots\cdot|z_n|$$
$$\mathrm{Arg}(z_1z_2\cdots z_n)=\mathrm{Arg}z_1+\mathrm{Arg}z_2+\cdots+\mathrm{Arg}z_n$$
$$|z|^n=|z^n|,\qquad \mathrm{Arg}(z^n)=n\mathrm{Arg}z$$

如果把式(1-6)和式(1-7)写成指数形式，即当 $z_k=r_k\mathrm{e}^{\mathrm{i}\theta_k}$（$k=1,2,\cdots,n$），$z=r\mathrm{e}^{\mathrm{i}\theta}$ 时，

$$z_1z_2\cdots z_n=r_1r_2\cdots r_n\mathrm{e}^{\mathrm{i}(\theta_1+\theta_2+\cdots+\theta_n)} \qquad (1\text{-}6)'$$
$$z^n=r^n\mathrm{e}^{\mathrm{i}n\theta} \qquad (1\text{-}7)'$$

特别地，当 $|z|=r=1$ 时，式(1-7)变为

$$(\cos\theta+\mathrm{i}\sin\theta)^n=\cos n\theta+\mathrm{i}\sin n\theta \qquad (1\text{-}8)$$

这就是 De Moivre(棣莫弗)公式.

当用 $z^{-n}=\dfrac{1}{z^n}$ 定义负整数幂时，公式(1-8)仍成立.

设 $z_1=r_1(\cos\theta_1+\mathrm{i}\sin\theta_1)$，$z_2=r_2(\cos\theta_2+\mathrm{i}\sin\theta_2)$，当 $z_2\neq0$（即 $r_2\neq0$）时，

$$\frac{z_1}{z_2}=\frac{z_1\overline{z_2}}{z_2\overline{z_2}}=\frac{1}{|z_2|^2}z_1\overline{z_2}=\frac{1}{r_2^2}z_1\overline{z_2}=\frac{r_1}{r_2}[\cos(\theta_1-\theta_2)+\mathrm{i}\sin(\theta_1-\theta_2)]$$

$$(1\text{-}9)$$

把式(1-9)写成指数形式,即当 $z_1 = r_1 \mathrm{e}^{\mathrm{i}\theta_1}$, $z_2 = r_2 \mathrm{e}^{\mathrm{i}\theta_2}$ 时,

$$\frac{z_1}{z_2} = \frac{r_1}{r_2} \mathrm{e}^{\mathrm{i}(\theta_1 - \theta_2)} \tag{1-9}'$$

于是

$$\left| \frac{z_1}{z_2} \right| = \frac{|z_1|}{|z_2|}, \qquad \mathrm{Arg} \frac{z_1}{z_2} = \mathrm{Arg} z_1 - \mathrm{Arg} z_2$$

指数表示法在处理复数的乘、除运算时很方便,其运算结果符合实数情况下所用过的运算规律.

对给定的复数 z,方程 $w^n = z$ 的解 w 称为 z 的 n 次方根,记做 $\sqrt[n]{z}$ 或 $z^{\frac{1}{n}}$. 下面利用公式(1-7)求 $w = \sqrt[n]{z}$. 设 $z = r(\cos\theta + \mathrm{i}\sin\theta)$, $w = \rho(\cos\varphi + \mathrm{i}\sin\varphi)$,则根据式(1-7),有

$$\rho^n(\cos n\varphi + \mathrm{i}\sin n\varphi) = r(\cos\theta + \mathrm{i}\sin\theta)$$

于是,当 $r \neq 0$ 时,

$$\rho^n = r, \qquad \cos n\varphi = \cos\theta, \qquad \sin n\varphi = \sin\theta$$

满足以上三式的充分必要条件是

$$\rho = r^{\frac{1}{n}}, \qquad n\varphi = \theta + 2k\pi \qquad (k = 0, \pm 1, \pm 2, \cdots)$$

由此得

$$\rho = r^{\frac{1}{n}}, \qquad \varphi = \frac{\theta + 2k\pi}{n} \qquad (k = 0, \pm 1, \pm 2, \cdots)$$

其中 $r^{\frac{1}{n}}$ 表示算术根. 于是

$$w = r^{\frac{1}{n}} \left(\cos \frac{\theta + 2k\pi}{n} + \mathrm{i}\sin \frac{\theta + 2k\pi}{n} \right) \qquad k = 0, \pm 1, \pm 2, \cdots \tag{1-10}$$

当取 $k = 0, 1, 2, \cdots, n-1$,对一个取定的 θ,可得 n 个相异根

$$w_0 = r^{\frac{1}{n}} \left(\cos \frac{\theta}{n} + \mathrm{i}\sin \frac{\theta}{n} \right)$$

$$w_1 = r^{\frac{1}{n}} \left(\cos \frac{\theta + 2\pi}{n} + \mathrm{i}\sin \frac{\theta + 2\pi}{n} \right)$$

$$\cdots\cdots$$

$$w_{n-1} = r^{\frac{1}{n}} \left(\cos \frac{\theta + 2(n-1)\pi}{n} + \mathrm{i}\sin \frac{\theta + 2(n-1)\pi}{n} \right)$$

由三角函数的周期性

$$w_{k+n} = r^{\frac{1}{n}} \left[\cos \frac{\theta + 2(k+n)\pi}{n} + \mathrm{i}\sin \frac{\theta + 2(k+n)\pi}{n} \right]$$

$$= r^{\frac{1}{n}} \left(\cos \frac{\theta + 2k\pi}{n} + \mathrm{i}\sin \frac{\theta + 2k\pi}{n} \right)$$

$$= w_k$$

可见,除 w_0,w_1,$\cdots$,w_{n-1} 外,均是重复出现的,故这 n 个复数就是所要求的 n 个根.

当 $z=0$ 时,$w=0$ 是 $z^{\frac{1}{n}}=0$ 的 n 重根.

在上面的推导过程中,可取 θ 为一个定值,通常取主辐角.若用指数表示式,则当 $z=r\mathrm{e}^{i\theta}$ 时,

$$w_k = r^{\frac{1}{n}} \mathrm{e}^{\frac{i(\theta+2k\pi)}{n}} \qquad (k=0,1,2,\cdots,n-1)$$

例 1.4　求方程 $w^4+16=0$ 的四个根.

解　因为 $-16=2^4\mathrm{e}^{(2k+1)\pi i}$,所以方程可化为
$$w^4 = 2^4\mathrm{e}^{(2k+1)\pi i}$$

于是
$$w = \left[2^4\mathrm{e}^{(2k+1)\pi i}\right]^{\frac{1}{4}} = 2\mathrm{e}^{\left(\frac{\pi}{4}+\frac{k}{2}\pi\right)i} \qquad (k=0,1,2,3)$$

即
$$w_0 = 2\mathrm{e}^{i\frac{\pi}{4}} = 2\left(\cos\frac{\pi}{4}+\mathrm{i}\sin\frac{\pi}{4}\right) = \sqrt{2}(1+i)$$

$$w_1 = 2\mathrm{e}^{i\frac{3\pi}{4}} = 2\left(\cos\frac{3\pi}{4}+\mathrm{i}\sin\frac{3\pi}{4}\right) = \sqrt{2}(-1+i)$$

$$w_2 = 2\mathrm{e}^{i\frac{5\pi}{4}} = 2\left(\cos\frac{5\pi}{4}+\mathrm{i}\sin\frac{5\pi}{4}\right) = -\sqrt{2}(1+i)$$

$$w_3 = 2\mathrm{e}^{i\frac{7\pi}{4}} = 2\left(\cos\frac{7\pi}{4}+\mathrm{i}\sin\frac{7\pi}{4}\right) = \sqrt{2}(1-i)$$

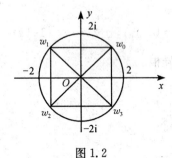

图 1.2

w_0,w_1,w_2,w_3 恰好是以原点为圆心、半径为 2 的圆 $|w|=2$ 的内接正方形的四个顶点(图 1.2),且
$$w_1 = iw_0$$
$$w_2 = iw_1 = -w_0$$
$$w_3 = iw_2 = -iw_0$$

一般情况下,$\sqrt[n]{z}=z^{\frac{1}{n}}$ 的 n 个根就是以原点为中心、半径为 $r^{\frac{1}{n}}$ 的圆的内接正多边形的 n 个顶点所表示的复数.

1.1.5　复球面与无穷远点

复数可以用平面上的点表示,这是复数的几何表示法的一种,另外还可以用球面上的点表示复数.

设 Σ 是与复平面 C 切于原点 O 的球面.过原点 O 做垂直于平面 C 的直线,与 Σ 的另一交点为 N.原点 O 称为 Σ 的南极(S 极),点 N 称为 Σ 的北极(图 1.3).已知平面 C 上的任意点 P 都能对应一个复数 z,联结 PN,则和球面 Σ 交于唯一异

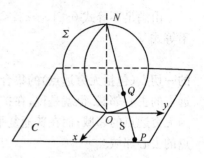

于 N 的点 Q，就用 Q 表示 P. 于是平面 C 上任意点 P 都有球面 Σ 上唯一表示它的点 Q；反之，对球面 Σ 上任意异于 N 的点 Q，过 N,Q 的直线与平面 C 交于唯一点 P. 显然，Q 正好是 Σ 上表示 P 的点，这说明：任何复数 z 都可以用球面 Σ 上的一点 Q 表示；反之，球面 Σ 上任何异于 N 的点 Q 都能表示唯一的复数 z. 球面 Σ 的北极 N 不能对应平面 C 上的一个定点. 当球面 Σ 上的

图 1.3

点离北极 N 越近时，它所表示的复数的绝对值越大. 于是，在复平面 C 上加进去一个假想的点，正好让它和北极 N 对应，称它为无穷远点，并记做 ∞. 此处符号 ∞ 代表一个点——无穷远点，不要和过去曾使用过的无穷大相混淆. 就是说，这里的 ∞ 是复平面上加进去的对应于北极 N 的点，而无穷大量是一个变量. 在复平面中加进去对应于北极的点——无穷远点之后，称它为扩充复平面. 而前面提到的 Σ 称为复球面.

对无穷远点而言，其实部、虚部和辐角等概念都没有意义，而约定 $|\infty|=+\infty$. 通常的复数称为有限复数或有限点，并且 $|z|<+\infty$. 为了使用方便，做如下约定：

设 α 是有限复数，则

$$\alpha\pm\infty=\infty\pm\alpha=\infty$$

$$\alpha\cdot\infty=\infty\cdot\alpha=\infty\quad(\alpha\neq0)$$

$$\frac{\alpha}{\infty}=0\quad(\alpha\neq\infty),\qquad\frac{\alpha}{0}=\infty\quad(\alpha\neq0)$$

而 $\infty\pm\infty,0\cdot\infty,\dfrac{0}{0}$ 以及 $\dfrac{\infty}{\infty}$ 没有意义.

1.2　平 面 点 集

1.2.1　区域

·先介绍邻域、内点、外点、边界点的概念，再给出开集和区域等定义.

1. 邻域

z_0 是复平面内的定点，满足不等式

$$|z-z_0|<\delta\tag{1-11}$$

的一切点所组成的集合 $\{z\,|\,|z-z_0|<\delta\}$ 称为 z_0 的 δ 邻域，简称为 z_0 的邻域，其中 $\delta>0$. z_0 的邻域实际上是以 z_0 为中心，δ 为半径的圆的内部所有点组成的点集. 简记为 $B(z_0,\delta)$.

由满足不等式 $0<|z-z_0|<\delta$ 所有点构成的集合称为 z_0 的去心邻域,而满足不等式

$$|z|>R \quad (R>0) \tag{1-12}$$

的一切点(包括无穷远点)的集合称为无穷远点的邻域,用 $R<|z|<+\infty$ 表示无穷远点的去心邻域. 也就是说,在扩充复平面中,去掉圆 $|z|=R$ 及其内部点的点集称为无穷远点的邻域;而在普通复平面中,去掉 $|z|\leqslant R$ 的一切点的集合称为无穷远点的去心邻域.

2. 内点

设 E 是复平面上的点集,z_0 是一个定点,若存在 z_0 的一个邻域,使得该邻域内的一切点均属于 E,则称 z_0 是 E 的内点. 即存在 $\rho>0$,满足

$$B(z_0,\rho)=\{z\|z-z_0|<\rho\}\subset E$$

3. 外点

设 E 是复平面上的点集,z_0 是一个定点,若存在 z_0 的一个邻域,使得在此邻域内的一切点均不属于 E,则称 z_0 是 E 的外点. 即存在 $\rho>0$,满足

$$B(z_0,\rho)\bigcap E=\{z\|z-z_0|<\rho\}\bigcap E=\phi$$

此处 ϕ 表示空集.

4. 边界点

设 E 是复平面上的点集,z_0 是定点,若 z_0 的任何邻域内都含有属于 E 的点和不属于 E 的点,则称 z_0 是 E 的边界点. 即对任意的 $\rho>0$,存在 $z_1,z_2\in B(z_0,\rho)$,满足

$$z_1\in E,\qquad z_2\notin E$$

显然,E 的内点属于 E,而外点不属于 E,但边界点既可能属于 E,也可能不属于 E.

E 的边界点的全体所组成的集合称为 E 的边界,记做 ∂E.

5. 开集

设 G 是复平面上的点集,如果 G 中的点全部是 G 的内点,则称 G 是开集.

例 1.5 设 z_0 是定点,$r>0$ 是常数,则以 z_0 为中心,r 为半径的圆的内部点,即满足不等式

$$|z-z_0|<r \tag{1-13}$$

的一切点 z 所组成的点集(z_0 的 r 邻域)是开集,而当 $0\leqslant r<R(r,R$ 均是常数)时,满足不等式

$$r < |z - z_0| < R \tag{1-14}$$

的一切 z 所组成的点集也是开集. 但满足不等式

$$r < |z - z_0| \leqslant R \tag{1-15}$$

的一切点所组成的点集不是开集. 因为在圆周 $|z| = R$ 上的点属于由式(1-15)确定的集合, 但这些点不是它的内点, 而是边界点.

在圆周 $|z - z_0| = r$ 和圆周 $|z - z_0| = R$ 上的点都是由式(1-14)及式(1-15)所确定的点集的边界点. 但两个圆周上的点都不属于由式(1-14)所确定的点集, 内圆周 $|z - z_0| = r$ 不属于由式(1-15)所确定的点集, 外圆周 $|z - z_0| = R$ 属于由式(1-15)所确定的点集.

6. 区域

设 D 是复平面上的点集, 如果满足以下两个条件:

(1) D 是开集;

(2) D 内的任何两点 z_1 和 z_2 都可以用一条完全在 D 内的折线, 把 z_1 和 z_2 连接起来(具有这个性质的点集叫做连通的), 则称 D 是复平面上的区域. 简单地说, 连通开集称为区域.

例 1.6　由式(1-13)和式(1-14)所确定的点集都是区域, 分别称为圆域和圆环域, 但由式(1-15)所确定的点集不是区域, 因为虽然具有连通性, 但不是开集(图 1.4).

$$|z-z_0|<r \qquad r<|z-z_0|<R \qquad r<|z-z_0|\leqslant R$$

图 1.4

由区域 D 和它的边界 ∂D 所组成的点集, 称为闭区域, 记做 $\bar{D}$. 例如, 由式 $|z - z_0| \leqslant r$ 所确定的点集, 由 $r \leqslant |z - z_0| \leqslant R$ 所确定的点集以及由 $|z| \geqslant R$ 所确定的点集都是闭区域.

如果一个平面点集完全包含在原点的某一个邻域内, 那么称它是有界的. 例如, 前面所举的由式(1-13)和式(1-14)及式(1-15)所确定的点集都是有界的, 但 $|z| \geqslant R$ 所确定的点集不是有界集. 不是有界集的点集叫做无界集. 例如, 整个复平面是区域, 也是闭区域, 同时也是无界集, $\{z \mid |z| \geqslant R\}$ 是无界闭区域.

1.2.2 Jordan 曲线、连通性

区域的边界往往由一条或多条曲线组成. 因此, 下面首先讨论复平面上的曲线

及其方程.

当 $x=x(t)$, $y=y(t)$ $(\alpha\leqslant t\leqslant\beta)$ 为连续函数时,上述参数方程在 xOy 平面上表示一条连续曲线 C. 把 xOy 平面视为复平面时,曲线 C 的参数方程可表示为

$$z=z(t)=x(t)+\mathrm{i}y(t) \qquad (\alpha\leqslant t\leqslant\beta) \tag{1-16}$$

其中,$x(t)$,$y(t)$ 是 $[\alpha,\beta]$ 上连续的实值函数.

曲线 C 在复平面上的参数方程(1-16)不仅确定了曲线的形状,实际上还给出了曲线的方向,也就是说,曲线是沿着 t 增加的方向变化的. 复平面上对应于 $z(\alpha)=x(\alpha)+\mathrm{i}y(\alpha)$ 的点称为曲线 C 的起点,对应于 $z(\beta)=x(\beta)+\mathrm{i}y(\beta)$ 的点称为曲线 C 的终点. 若曲线 C 的起点与终点重合,即 $z(\alpha)=z(\beta)$,则称 C 是闭曲线. 例如,$z=z(t)=a(\cos t+\mathrm{i}\sin t)$ $(0\leqslant t\leqslant 2\pi)$ 是一条闭曲线,因为 $z(0)=z(2\pi)=a$.

对方程(1-16)做变量代换后,得

$$z=z(\beta+\alpha-t) \qquad (\alpha\leqslant t\leqslant\beta) \tag{1-17}$$

在复平面上,由式(1-16)和式(1-17)确定的点集是相同的,但由式(1-17)所确定的曲线的起点 $z(\beta)$ 恰好是由式(1-16)所确定的曲线的终点,由式(1-17)所确定的曲线的终点 $z(\alpha)$ 恰好是由式(1-16)所确定的曲线起点,因此,由式(1-17)所确定的曲线与由式(1-16)所确定的曲线形状相同,但方向相反. 用 C^- 表示与 C 形状相同、方向相反的曲线.

如果 $t_1\neq t_2$,有 $z(t_1)=z(t_2)$,则称 $z(t_1)=z(t_2)$ 是曲线 $z=z(t)$ 的重点. 如果曲线 $C:z=z(t)$ $(\alpha\leqslant t\leqslant\beta)$ 除起点与终点之外无重点,即除 $t_1=\alpha$,$t_2=\beta$ 之外,如果 $t_1\neq t_2$,有 $z(t_1)\neq z(t_2)$,则称曲线 C 是简单曲线. 连续的简单闭曲线称为 Jordan(若尔当)曲线(图 1.5).

Jordan 曲线

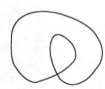

闭曲线、非 Jordan 曲线

图 1.5

正如 Jordan 所指出的,任何 Jordan 曲线 C 将平面分为两个区域,即内部区域(有界)与外部区域(无界),C 是它们的公共边界.

Jordan 曲线 C 有两个方向,当 z 沿着给定这个方向变化时,若 C 的内部出现在点 z 的前进方向的左侧,就规定这个方向是正的;否则就说是负的. 对于圆周可以简单地说,逆时针方向为曲线的正向,顺时针方向为曲线的负向.

如果曲线 C 的参数方程(1-16)中的 $x(t)$,$y(t)$ 都在 $[\alpha,\beta]$ 上存在连续的导函数,且对任何 $t\in[\alpha,\beta]$,都有

$$[x'(t)]^2+[y'(t)]^2\neq 0$$

称 C 是一条光滑曲线. 由几段光滑曲线依次相接的曲线称为按段光滑曲线. 能求出长度的曲线称为可求长曲线(在此不细讨论),按段光滑曲线是一条可求长曲线.

设 D 是复平面内的一个区域,如果位于 D 内的任何 Jordan 曲线的内部区域

也都包含于 D,则称 D 是单连通区域. 例如,整个复平面,复平面中去掉从一定点出发的射线而得到的区域,一条 Jordan 曲线的内部区域等都是单连通区域.

若区域 D 不是单连通区域,则称它为多连通区域. 例如,$0<|z-z_0|<+\infty$,$r<|z-z_0|<R$ 等都是多连通区域.

设 $C_0,C_1,C_2,\cdots,C_n$ 都是 Jordan 曲线,$C_1,C_2,\cdots,C_n$ 中的每一条都在其余的外部,而它们都包含在 C_0 的内部,则位于 C_0 内部,且在 $C_1,C_2,\cdots,C_n$ 外部的点所组成的区域是多连通区域,更具体地说,是 $(n+1)$ 连通区域,$C_0,C_1,C_2,\cdots,C_n$ 是这个区域的边界. 如图 1.6 所示是四连通区域.

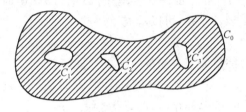

图 1.6

形如式(1-16)的曲线 C 不但给出了曲线的形状,同时确定了方向(t 增加的方向),但有时给出的曲线可能看不出曲线的方向,例如 $|z-z_0|=r$,此时应该指出选定了什么方向.

如果未特别说明,约定一条 Jordan 曲线的正向为这条曲线的方向. 例如:$|z-z_0|=r$ 是指以 z_0 为中心、r 为半径的圆的正向(即逆时针方向).

1.3 连续函数

定义 1.1 设 E 是复平面上的点集,若对任何 $z\in E$,都存在唯一确定的复数 w 和 z 对应,称在 E 上确定了一个单值复变函数,用 $w=f(z),w=\varphi(z)$ 等符号表示该函数. E 称为该函数的定义域.

在上述对应中,当 $z\in E$ 所对应的 w 不止一个时,称在 E 上确定了一个多值复变函数.

例如,$w=|z|$ 是以复平面 C 为定义域的单值函数,而
$$w = \mathrm{Arg}z = \arg z + 2k\pi \qquad (k = 0, \pm 1, \pm 2, \cdots)$$
是定义在 $C-\{0\}$ 上的多值函数.

以后不特别声明时,所指的复变函数都是单值函数.

定义 1.2 设复变函数 $w=f(z)$ 在 z_0 的某个去心邻域内有定义,A 是复常数. 若对任意给定的 $\varepsilon>0$,存在 $\delta>0$,使得对一切满足 $0<|z-z_0|<\delta$ 的 z,都有
$$|f(z)-A|<\varepsilon$$

成立. 则称当 z 趋于 z_0 时,$f(z)$ 以 A 为极限,并记做 $\lim\limits_{z \to z_0} f(z) = A$ 或 $f(z) \to A(z \to z_0)$.

    定义 1.3　设 $f(z)$ 在 z_0 的邻域内有定义,且 $\lim\limits_{z \to z_0} f(z) = f(z_0)$,则称 $f(z)$ 在 z_0 处连续.

    若 $f(z)$ 在区域 D 内的每一点都连续,则称 $f(z)$ 在区域 D 上连续.

    以后还经常提到复变函数 $f(z)$ 在连续曲线 C 上的连续性和闭区域 $\overline{D}$ 上的连续性. 这时只要把定义 1.2 和定义 1.3 中的变化范围限制在 C 或者 $\overline{D}$ 上即可. 此处不再重复叙述.

    应该注意:$z = x + iy$ 和 w 都是复数,若把 w 记为 $u + iv$ 时,u 与 v 也是 z 的函数,因此也是 x,y 的函数. 于是,可以写成

$$f(z) = u(x,y) + iv(x,y)$$

其中 $u(x,y),v(x,y)$ 都是关于实变量 x,y 的二元函数.

    定理 1.1　设 $f(z) = u(x,y) + iv(x,y)$,则 $f(z)$ 在 $z_0 = x_0 + iy_0$ 处连续的充分必要条件是 $u(x,y),v(x,y)$ 都在 (x_0,y_0) 点连续.

    证明　只需注意,由等式

$$|f(z) - f(z_0)| = \{[u(x,y) - u(x_0,y_0)]^2 + [v(x,y) - v(x_0,y_0)]^2\}^{\frac{1}{2}}$$

可得不等式

$$|u(x,y) - u(x_0,y_0)| \leqslant |f(z) - f(z_0)|$$
$$|v(x,y) - v(x_0,y_0)| \leqslant |f(z) - f(z_0)|$$
$$|f(z) - f(z_0)| \leqslant |u(x,y) - u(x_0,y_0)| + |v(x,y) - v(x_0,y_0)|$$

利用这些不等式及定义 1.2,结论易证.

    这个定理说明复变函数 $f(z) = u(x,y) + iv(x,y)$ 的连续性等价两个二元实函数 $u(x,y),v(x,y)$ 的连续性.

    定理 1.2　设 $f(z),g(z)$ 都在 $z = z_0$ 点连续,则 $f(z) \pm g(z)$,$f(z)g(z)$ 都在 $z = z_0$ 点连续,而当 $g(z_0) \neq 0$ 时,$\dfrac{f(z)}{g(z)}$ 也在 $z = z_0$ 点连续.

    定理 1.3　设 $\varphi(z)$ 在 z_0 处连续,$\varphi(z_0) = w_0$,而 $f(w)$ 在 $w = w_0$ 点连续,则 $f[\varphi(z)]$ 在 $z = z_0$ 点连续.

    用定理 1.1 或仿实函数类似的方法可以证明上述两个定理. 由此可知多项式

$$P(z) = c_0 z^n + c_1 z^{n-1} + \cdots + c_{n-1} z + c_n$$

在复平面内处处连续. 而有理分式

$$R(z) = \frac{a_0 z^n + a_1 z^{n-1} + \cdots + a_{n+1} z + a_n}{b_0 z^m + b_1 z^{m-1} + \cdots + b_{m-1} z + b_m}$$

在复平面内除分母为零的点之外,处处连续. 其中,$a_i,c_i(i = 0,1,2,\cdots,n)$,$b_i(i = 0,1,2,\cdots,m)$ 都是复常数.

以后还要用到以下的有界性定理.

定理 1.4 设 $f(z)$ 在有限长的连续曲线 C 上连续,则 $f(z)$ 在 C 上有界. 即存在 $M > 0$,当 $z \in C$ 时,有 $|f(z)| \leqslant M$.

例 1.7 设复变函数 $f(z)$ 在点 z_0 连续,且不为 0,则存在 z_0 的某个邻域,使 $f(z)$ 在此邻域内恒不为 0.

证明 由于 $f(z)$ 在点 z_0 连续,根据定理 1.1,$u(x,y)$,$v(x,y)$ 在 (x_0, y_0) 点连续,因而二元实函数 $|f(z)| = \sqrt{u^2(x,y) + v^2(x,y)}$ 在 (x_0, y_0) 点连续. 由条件 $f(z_0) \neq 0$ 得 $|f(z_0)| \neq 0$. 再由二元函数的连续性,必存在 (x_0, y_0) 点的某个邻域,在此邻域内,$|f(z)| > 0$,即 $f(z)$ 在此邻域内恒不为 0.

1.4 解 析 函 数

1.4.1 复变函数的导数

设 $w = f(z)$ 是定义在区域 D 上的复变函数. 类似于高等数学的方法,引入复变函数导数的概念.

定义 1.4 设 z_0 是区域 D 内的定点. 若极限

$$\lim_{z \to z_0} \frac{f(z) - f(z_0)}{z - z_0} \tag{1-18}$$

存在,则称 $f(z)$ 在 $z = z_0$ 点可导,并把这个极限值称为 $f(z)$ 在 $z = z_0$ 点的导数,记作 $f'(z_0)$. 式(1-18)可以写为

$$\lim_{\Delta z \to 0} \frac{f(z_0 + \Delta z) - f(z_0)}{\Delta z} \tag{1-19}$$

即当 $f(z)$ 在 $z = z_0$ 点可导时

$$f'(z_0) = \lim_{z \to z_0} \frac{f(z) - f(z_0)}{z - z_0} = \lim_{\Delta z \to 0} \frac{f(z_0 + \Delta z) - f(z_0)}{\Delta z}$$

若 $f(z)$ 在区域 D 内每一点都可导,则称 $f(z)$ 在区域 D 内可导.

此时,对 D 内任一点 z,有

$$f'(z) = \lim_{\Delta z \to 0} \frac{f(z + \Delta z) - f(z)}{\Delta z}$$

和实函数的情况一样,也用 $\dfrac{\mathrm{d}w}{\mathrm{d}z}$,$\dfrac{\mathrm{d}f(z)}{\mathrm{d}z}$ 等表示 $f(z)$ 在 z 点的导数.

例 1.8 设 $f(z) = z^2$,则 $f(z)$ 在复平面内处处可导,且 $f'(z) = 2z$.

解 因为

$$f(z + \Delta z) - f(z) = (z + \Delta z)^2 - z^2 = 2z\Delta z + (\Delta z)^2$$

$$\lim_{\Delta z \to 0} \frac{f(z + \Delta z) - f(z)}{\Delta z} = \lim_{\Delta z \to 0}(2z + \Delta z) = 2z$$

所以,对复平面上的任何 z,$f(z) = z^2$ 可导,且 $f'(z) = 2z$.

例 1.9 证明 $f(z) = x + 2y\mathrm{i}$ 在复面内处处连续,但处处不可导.

证明 对复平面内任意点 z_0,有

$$f(z_0 + \Delta z) - f(z_0) = (x_0 + \Delta x) + 2(y_0 + \Delta y)\mathrm{i} - x_0 - 2y_0\mathrm{i} = \Delta x + 2\Delta y\mathrm{i}$$

故 $\lim_{\Delta z \to 0}[f(z_0 + \Delta z) - f(z_0)] = 0$,这说明 $f(z) = x + 2y\mathrm{i}$ 在复平面内处处连续. 但

$$\frac{f(z_0 + \Delta z) - f(z_0)}{\Delta z} = \frac{\Delta x + 2\Delta y\mathrm{i}}{\Delta x + \Delta y\mathrm{i}}$$

当 $\Delta y = 0, \Delta x \neq 0$ 时,有

$$\frac{f(z_0 + \Delta z) - f(z_0)}{\Delta z} \equiv 1$$

当 $\Delta x = 0, \Delta y \neq 0$ 时,有

$$\frac{f(z_0 + \Delta z) - f(z_0)}{\Delta z} \equiv 2$$

于是

$$\lim_{\substack{\Delta y = 0 \\ \Delta x \to 0}} \frac{f(z_0 + \Delta z) - f(z_0)}{\Delta z} = 1$$

$$\lim_{\substack{\Delta x = 0 \\ \Delta y \to 0}} \frac{f(z_0 + \Delta z) - f(z_0)}{\Delta z} = 2$$

就是说 $z_0 + \Delta z$ 沿平行于 x 轴的方向趋于 z 及平行于 y 轴的方向趋于 z_0 时,商的极限不同,这样 $\frac{f(z_0 + \Delta z) - f(z_0)}{\Delta z} = \frac{\Delta x + 2\Delta y\mathrm{i}}{\Delta x + \Delta y\mathrm{i}}$,当 $\Delta z \to 0$ 时极限不存在,所以 $f(z)$ 在复平面内处处不可导.

复变函数导数的定义式(1-18)和高等数学中讲的一元函数 $f(x)$ 的导数定义在形式上完全一样,只不过把变量 x 换成 z 而已,由此可得出以下性质.

设 $f(z), g(z), \varphi(z)$ 都可导,则

(1) $(C)' = 0$　(C 是常数);

(2) $[f(z) \pm g(z)]' = f'(z) \pm g'(z)$;

(3) $[f(z)g(z)]' = f'(z)g(z) + f(z)g'(z)$;

(4) $\left[\dfrac{f(z)}{g(z)}\right]' = \dfrac{f'(z)g(z) - f(z)g'(z)}{[g(z)]^2}$,　$g(z) \neq 0$;

(5) $\{f[\varphi(z)]\}' = f'[\varphi(z)]\varphi'(z)$;

(6) $(z^n)' = nz^{n-1}$　(n 是自然数);

(7) $f'(z) = \dfrac{1}{\varphi'(w)}$,其中 $z = \varphi(w)$ 是 $w = f(z)$ 的反函数,且 $\varphi'(w) \neq 0$.

1.4.2　解析函数

在复变函数论中起重要作用的是在一个区域上的可微函数. 它具有很多在实变量的情况下所不具有的性质,这类函数称为解析函数.

定义 1.5　设 $f(z)$ 在区域 D 有定义.

（1）设 $z_0 \in D$,若存在 z_0 的一个邻域,使得 $f(z)$ 在此邻域内处处可导,则称 $f(z)$ 在 z_0 处解析,也称 z_0 是 $f(z)$ 的解析点;

（2）若 $f(z)$ 在区域 D 上每一点都解析,则称 $f(z)$ 在区域 D 内解析,或称 $f(z)$ 是区域 D 内的解析函数;

（3）设 G 是一个区域,若闭区域 $\overline{D} \subset G$,且 $f(z)$ 在 G 内解析,则称 $f(z)$ 在闭区域 $\overline{D}$ 上解析.

根据定义,$f(z)$ 在区域 D 内解析和在区域 D 内可导是等价的;但在 z_0 处解析和在 z_0 处可导意义不同,前者指的是在 z_0 的某一邻域内可导,但后者只要求在 z_0 处可导;在 z_0 处解析和在 z_0 的某一个邻域内解析是一个意思;而闭区域上 $\overline{D}$ 解析,指的是包含它的某一个区域内解析,也就是说,属于 $\overline{D}$ 的每一点都是 $f(z)$ 的解析点.

若 $f(z)$ 在 z_0 处不解析,则称 z_0 是 $f(z)$ 的奇点. 若 z_0 是 $f(z)$ 的奇点,但在 z_0 的某邻域内除 z_0 之外,再没有其他的奇点,则称 z_0 是 $f(z)$ 的孤立奇点. 第 4 章将详细讨论孤立奇点.

例 1.8 中的 z^2 是全平面内的解析函数,但例 1.9 中的 $f(z) = x + 2yi$ 是处处不解析的连续函数.

例 1.10　$f(z) = z|z|^2$ 在 $z = 0$ 处可导,但处处不解析.

解　根据导数的定义,

$$\lim_{z \to 0} \frac{f(z) - f(0)}{z} = \lim_{z \to 0} |z|^2 = 0$$

因此 $f(z)$ 在 $z = 0$ 处可导,且 $f'(0) = 0$,当 $z_0 \neq 0$ 时,由 $|z|^2 = z\bar{z}$,$|z_0|^2 = z_0 \overline{z_0}$ 得

$$f(z) - f(z_0) = z^2\bar{z} - z_0^2 \overline{z_0} = (z^2\bar{z} - z_0^2\bar{z}) + (z_0^2\bar{z} - z_0^2 \overline{z_0})$$

故

$$\frac{f(z) - f(z_0)}{z - z_0} = (z + z_0)\bar{z} + z_0^2 \frac{\bar{z} - \overline{z_0}}{z - z_0}$$

注意

$$\lim_{z \to z_0} (z + z_0)\bar{z} = 2z_0 \overline{z_0} = 2|z_0|^2$$

但当 z 分别从平行于 x, y 轴方向趋于 z_0 时,$\dfrac{\bar{z} - \overline{z_0}}{z - z_0}$ 分别以 $1, -1$ 为极限,因此

$\lim\limits_{z\to z_0}\dfrac{\overline{z}-\overline{z_0}}{z-z_0}$ 不存在. 而 $z_0^2\neq 0$, 于是当 $z_0\neq 0$ 时, $\lim\limits_{z\to z_0}\dfrac{f(z)-f(z_0)}{z-z_0}$ 不存在, 所以 $f(z)$ 在 $z\neq 0$ 时不可导. 这样在复平面内 $f(z)$ 处处不解析.

例 1.11　除 $z=0$ 点外, $f(z)=\dfrac{1}{z}$ 在复平面内处处解析.

解　$f(z)$ 在 $z=0$ 处不连续, 故在 $z=0$ 处显然不可导, 而 $z\neq 0$ 时, 根据性质 (4) 与 (6), $f'(z)=-\dfrac{1}{z^2}$, 即 $z\neq 0$ 时, $f'(z)$ 处处存在. 对任何 $z\neq 0$, 都存在它的不含 $z=0$ 点的邻域, 在此邻域内, $f'(z)$ 存在, 故 $z\neq 0$ 的点都是解析点. 显然, $z=0$ 是唯一的奇点, 因此, 也是孤立奇点.

根据性质 (1)～(6), $f(z),g(z)$ 在区域 D 内解析, 则 $f(z)\pm g(z)$, $f(z)g(z)$ 也在 D 内解析, $g(z_0)\neq 0$ 时, z_0 是 $\dfrac{f(z)}{g(z)}$ 的解析点. 特别地, 多项式 $P(z)$ 是全平面内的解析函数, 而有理分式 $R(z)=\dfrac{P(z)}{Q(z)}$ 在复平面内除分母为零的点之外, 处处解析, 分母为零的点是 $R(z)$ 的孤立奇点.

1.5　函数可导的充要条件

用定义判断复变函数的可导性很不方便, 如例 1.10 的函数虽然不是很复杂, 但根据定义判断已经不容易, 如果函数再复杂一些, 就更不方便了. 下面给出简便而有效的判别方法.

首先给出复变函数可微的概念.

定义 1.6　设函数 $f(z)$ 在 z_0 的某邻域内有定义, 若存在复常数 A, 使得
$$f(z_0+\Delta z)-f(z_0)=A\Delta z+\alpha\Delta z$$
其中 $\lim\limits_{\Delta z\to 0}\alpha=0$, 则称 $f(z)$ 在 z_0 点可微.

复变函数的可微与高等数学中学习过的一元实函数的可微在形式上看是相同的. 同样, 我们也有复变函数在一点可微与可导等价, 这可由下面引理得到.

引理　复变函数 $f(z)$ 在 z_0 点可导的充分必要条件是 $f(z)$ 在 z_0 点可微, 即存在常数 A, 满足
$$f(z_0+\Delta z)-f(z_0)=A\Delta z+\alpha\Delta z$$
此时 $A=f'(z_0)$.

证明　若 $f'(z_0)$ 存在, 设 $A=f'(z_0)$, 则
$$\lim_{\Delta z\to 0}\frac{f(z_0+\Delta z)-f(z_0)}{\Delta z}=A$$
令

$$\alpha = \frac{f(z_0 + \Delta z) - f(z_0)}{\Delta z} - A$$

则

$$f(z_0 + \Delta z) - f(z_0) = A\Delta z + \alpha \cdot \Delta z \tag{1-20}$$

且 $\lim\limits_{\Delta z \to 0} \alpha = 0$. 反之, 如果式(1-20)成立, 则

$$\frac{f(z_0 + \Delta z) - f(z_0)}{\Delta z} = A + \alpha$$

令 $\Delta z \to 0$, 则 $f'(z_0) = A$ 存在.

如果记 $\Delta w = \Delta f(z_0) = f(z_0 + \Delta z) - f(z_0)$, 则式(1-20)成为

$$\Delta w = \Delta f(z_0) = f'(z_0)\Delta z + \alpha \cdot \Delta z \tag{1-21}$$

当 $\Delta z \to 0$ 时, $\alpha \Delta z$ 是 Δz 的高阶无穷小量, $f'(z_0)\Delta z$ 是 $\Delta f(z_0)$ 的线性主部. 记 $f'(z_0)\Delta z$ 为 $\mathrm{d}f(z_0)$, 并称它为 $f(z)$ 在 z_0 处的微分. 而当 z 为自变量时, 记 $\Delta z = \mathrm{d}z$ 则

$$\mathrm{d}f(z_0) = f'(z_0)\mathrm{d}z$$

对一般的可微点 z 处, 有 $\mathrm{d}f(z) = f'(z)\mathrm{d}z$.

定理 1.5 复变函数 $f(z) = u(x,y) + iv(x,y)$ 在点 $z_0 = x_0 + iy_0$ 处可微(即可导)的充分必要条件是二元函数 $u(x,y)$, $v(x,y)$ 在 (x_0, y_0) 处都可微, 并且满足 Cauchy-Riemann(柯西-黎曼)方程

$$\frac{\partial u}{\partial x} = \frac{\partial v}{\partial y}, \qquad \frac{\partial u}{\partial y} = -\frac{\partial v}{\partial x} \tag{1-22}$$

此时 $f'(z_0) = \dfrac{\partial u}{\partial x}\bigg|_{(x_0, y_0)} + \mathrm{i}\dfrac{\partial v}{\partial x}\bigg|_{(x_0, y_0)}$.

证明 必要性. 若 $f'(z_0)$ 存在, 设 $f'(z_0) = a + ib$(a 与 b 是实常数), 则由引理

$$\begin{aligned}
f(z_0 + \Delta z) - f(z_0) &= f'(z_0)\Delta z + \alpha\Delta z \\
&= (a + ib)(\Delta x + i\Delta y) + (\alpha_1 + i\alpha_2)(\Delta x + i\Delta y) \\
&= (a\Delta x - b\Delta y + \alpha_1\Delta x - \alpha_2\Delta y) \\
&\quad + i(b\Delta x + a\Delta y + \alpha_2\Delta x + \alpha_1\Delta y)
\end{aligned}$$

其中, $\alpha_1 = \mathrm{Re}\,\alpha$, $\alpha_2 = \mathrm{Im}\,\alpha$, 且当 $\Delta z \to 0$ 时, $\alpha_1 \to 0$, $\alpha_2 \to 0$.

设 $\Delta u = u(x_0 + \Delta x, y_0 + \Delta y) - u(x_0, y_0)$, $\Delta v = v(x_0 + \Delta x, y_0 + \Delta y) - v(x_0, y_0)$, 有

$$f(z_0 + \Delta z) - f(z_0) = \Delta u + i\Delta v$$

于是有

$$\Delta u + i\Delta v = (a\Delta x - b\Delta y + \alpha_1\Delta x - \alpha_2\Delta y) + i(b\Delta x + a\Delta y + \alpha_2\Delta x + \alpha_1\Delta y)$$

由两个复数相等的条件可得

$$\Delta u = a\Delta x - b\Delta y + \alpha_1\Delta x - \alpha_2\Delta y$$

$$\Delta v = b\Delta x + a\Delta y + \alpha_2\Delta x + \alpha_1\Delta y$$

因此，$u(x,y),v(x,y)$ 在 (x_0,y_0) 处可微，且

$$\frac{\partial v}{\partial x}=b=-\frac{\partial u}{\partial y},\qquad \frac{\partial u}{\partial x}=a=\frac{\partial v}{\partial y}$$

充分性. 若 $u(x,y),v(x,y)$ 在 (x_0,y_0) 处可微，且满足式(1-22).令

$$\frac{\partial u}{\partial x}=\frac{\partial v}{\partial y}=a,\qquad \frac{\partial v}{\partial x}=-\frac{\partial u}{\partial y}=b$$

则

$$\Delta u=a\Delta x-b\Delta y+\rho\varepsilon_1,\qquad \Delta v=b\Delta x+a\Delta y+\rho\varepsilon_2$$

其中，$\rho=\sqrt{\Delta x^2+\Delta y^2}=|\Delta z|$，且当 $\rho\to0$ 时，$\varepsilon_1\to0,\varepsilon_2\to0$. 于是

$$f(z_0+\Delta z)-f(z_0)$$
$$=\Delta u+\mathrm{i}\Delta v$$
$$=a\Delta x-b\Delta y+\rho\varepsilon_1+\mathrm{i}(b\Delta x+a\Delta y+\rho\varepsilon_2)$$
$$=a(\Delta x+\mathrm{i}\Delta y)+b(\mathrm{i}\Delta x-\Delta y)+\rho(\varepsilon_1+\mathrm{i}\varepsilon_2)$$
$$=(a+b\mathrm{i})\Delta z+\rho(\varepsilon_1+\mathrm{i}\varepsilon_2)$$

由 $\rho=\sqrt{(\Delta x)^2+(\Delta y)^2}=|\Delta z|$ 可得 $\rho(\varepsilon_1+\mathrm{i}\varepsilon_2)=o(\Delta z)(\Delta z\to0)$. 由引理可知 $f(z)$ 在 z_0 处可微，且 $f'(z_0)=a+b\mathrm{i}=\left(\frac{\partial u}{\partial x}+\mathrm{i}\frac{\partial v}{\partial x}\right)\Big|_{(x_0,y_0)}$.

当 z_0 在区域 D 内变化时，可以得出下面的定理 1.6.

定理 1.6　复变函数 $f(z)=u(x,y)+\mathrm{i}v(x,y)$ 在区域 D 内解析的充分必要条件是 $u(x,y),v(x,y)$ 都在区域 D 内可微，且在 D 内满足 Cauchy-Riemann 方程

$$\frac{\partial u}{\partial x}=\frac{\partial v}{\partial y},\qquad \frac{\partial v}{\partial x}=-\frac{\partial u}{\partial y}$$

并且在区域 D 内

$$f'(z)=\frac{\partial u}{\partial x}+\mathrm{i}\frac{\partial v}{\partial x}=\frac{\partial u}{\partial x}-\mathrm{i}\frac{\partial u}{\partial y}=\frac{\partial v}{\partial y}+\mathrm{i}\frac{\partial v}{\partial x}=\frac{\partial v}{\partial y}-\mathrm{i}\frac{\partial u}{\partial y}\qquad(1\text{-}23)$$

例 1.12　证明 $f(z)=\mathrm{e}^x(\cos y+\mathrm{i}\sin y)$ 是复平面 C 上的解析函数，且 $f'(z)=f(z)$.

证明　显然，$u(x,y)=\mathrm{e}^x\cos y,v(x,y)=\mathrm{e}^x\sin y$ 在复平面上可微，且

$$\frac{\partial u}{\partial x}=\mathrm{e}^x\cos y,\qquad \frac{\partial u}{\partial y}=-\mathrm{e}^x\sin y$$

$$\frac{\partial v}{\partial x}=\mathrm{e}^x\sin y,\qquad \frac{\partial v}{\partial y}=\mathrm{e}^x\cos y$$

u,v 在复平面处处满足 Cauchy-Riemann 方程(1-22).所以 $f(z)$ 是复平面 C 上的解析函数.而根据式(1-23)，

$$f'(z)=\frac{\partial u}{\partial x}+\mathrm{i}\frac{\partial v}{\partial x}=\mathrm{e}^x(\cos y+\mathrm{i}\sin y)=f(z)$$

例 1.13 设 $f(z)=x^2+y^2+2xyi$,问 $f(z)$ 在何处可微? 是否解析?

解 记 $u=x^2+y^2,v=2xy$,二元函数 u 和 v 在复平面内处处可微,但

$$\frac{\partial u}{\partial x}=2x,\qquad \frac{\partial u}{\partial y}=2y,\qquad \frac{\partial v}{\partial x}=2y,\qquad \frac{\partial v}{\partial y}=2x$$

只有在实轴 $y=0$ 上满足式(1-22). 故 $f(z)$ 在实轴上可微. 但在任何一点的邻域内都有不可微的点,因此,$f(z)$ 处处不解析.

例 1.14 设 $f(z)=x^2+axy+by^2+i(cx^2+dxy+y^2)$,其中 a,b,c,d 是常数,问它们取何值时,$f(z)$ 在复平面上解析.

解 显然,$u=x^2+axy+by^2,v=cx^2+dxy+y^2$ 在复平面可微,且

$$\frac{\partial u}{\partial x}=2x+ay,\qquad \frac{\partial u}{\partial y}=ax+2by$$

$$\frac{\partial v}{\partial x}=2cx+dy,\qquad \frac{\partial v}{\partial y}=dx+2y$$

当 $a=2,b=-1,c=-1,d=2$ 时,u,v 满足 Cauchy-Riemann 方程,这时 $f(z)$ 在复平面解析.

Cauchy-Riemann 方程(1-22)在解析函数论及其在力学、物理学等的应用中具有根本性的意义,特别是在流体力学和静电场理论中,起到重要作用.

1.6 初等解析函数

本节将具体讨论几个初等函数及其特性. 这些函数是高等数学中基本初等函数在复数域中的自然推广.

1.6.1 指数函数

由例 1.12 可见,函数

$$f(z)=e^x(\cos y+i\sin y)$$

在 Z 平面上解析,且 $f'(z)=f(z)$. 当 z 为实数时,即当 $y=0$ 时,$f(z)=e^x$ 与通常实指数函数一致,因此给出下面定义.

定义 1.7 假设 $z=x+iy$,则由 $e^x(\cos y+i\sin y)$ 定义了复指数函数,记

$$\exp(z)=e^x(\cos y+i\sin y)$$

或简记

$$e^z=e^x(\cos y+i\sin y)\tag{1-24}$$

显然

$$\text{Re}(e^z)=e^x\cos y,\qquad \text{Im}(e^z)=e^x\sin y$$

$$|e^z|=e^x,\qquad \text{Arg}(e^z)=y+2k\pi\qquad (k=0,\pm1,\pm2,\cdots)$$

如果对于函数 $f(z)(z\in C)$,存在着复数 $T\in C$,使得 $f(z+T)=f(z)$ 对于所

有 $z \in C$ 成立,则称 $f(z)$ 为周期函数,称 T 为 $f(z)$ 的周期,显然 $nT(n$ 为整数,且 $n \neq 0)$ 也是 $f(z)$ 的周期.

定理 1.7　e^z 为指数函数,则 e^z 在全平面解析,$(e^z)' = e^z$,且

(1) $e^{z+w} = e^z e^w$ 对所有 $z,w \in C$ 成立,所以 $(e^z)^n = e^{nz}$;

(2) $e^z \neq 0$,如果 $z = x$ 为实数,当 $x > 0,e^x > 1$,当 $x < 0, e^x < 1$;

(3) e^z 是周期函数,其周期 $T = 2n\pi i(n$ 为非零整数);

(4) $e^{\frac{\pi}{2}i} = i, e^{\pi i} = -1, e^{\frac{3}{2}\pi i} = -i, e^{2\pi i} = 1$;

(5) $e^z = 1$ 的充分必要条件是 $z = 2n\pi i(n$ 为整数).

证明　只证明第一条,其余的请读者自证.

令 $z = x + iy$ 和 $w = s + it$,于是由指数函数定义

$$e^{z+w} = e^{(x+iy)+(s+it)} = e^{(x+s)+i(y+t)}$$
$$= e^{x+s}[\cos(y+t) + i\sin(y+t)]$$
$$= e^x e^s [(\cos y \cos t - \sin y \sin t) + i(\sin y \cos t + \cos y \sin t)]$$
$$= [e^x(\cos y + i\sin y)] \cdot [e^s(\cos t + i\sin t)]$$
$$= e^z \cdot e^w$$

由此可知

$$e^z = e^{x+iy} = e^x \cdot e^{iy}$$

由式(1-24),有

$$e^{iy} = \cos y + i\sin y$$
$$|e^{iy}| = \sqrt{\cos^2 y + \sin^2 y} = 1$$

例 1.15　求 $\exp(e^z)$ 的实部与虚部.

解　令 $z = x + iy$,因为

$$e^z = e^x(\cos y + i\sin y) = e^x \cos y + ie^x \sin y$$

所以

$$\exp(e^z) = e^{e^x \cos y}[\cos(e^x \sin y) + i\sin(e^x \sin y)]$$

从而有

$$\mathrm{Re}[\exp(e^z)] = e^{e^x \cos y} \cdot \cos(e^x \sin y)$$
$$\mathrm{Im}[\exp(e^z)] = e^{e^x \cos y} \cdot \sin(e^x \sin y)$$

1.6.2　对数函数

定义 1.8　指数函数的反函数称为对数函数,即把满足方程

$$e^w = z \quad (z \neq 0)$$

的函数 $w = f(z)$ 称为 z 的对数函数,记作

$$w = \mathrm{Ln}z$$

令 $w=u+\mathrm{i}v,z=r\mathrm{e}^{\mathrm{i}\theta}$，则由 $\mathrm{e}^w=z(z\neq0)$ 可得 $\mathrm{e}^{u+\mathrm{i}v}=r\mathrm{e}^{\mathrm{i}\theta}$，从而由复数相等的定义知 $\mathrm{e}^u=r,v=\theta+2k\pi$，即

$$u=\ln r,\qquad v=\theta+2k\pi\qquad(k\text{ 为整数})$$

或

$$u=\ln|z|,\qquad v=\mathrm{Arg}z$$

所以

$$w=\mathrm{Ln}z=\ln|z|+\mathrm{iArg}z=\ln|z|+\mathrm{i}(\arg z+2k\pi)\qquad(k=0,\pm1,\cdots)$$

由于 $\mathrm{Arg}z$ 是多值的，所以 $\mathrm{Ln}z$ 是多值函数，若记

$$\ln z=\ln|z|+\mathrm{i}\arg z\tag{1-25}$$

则对数函数可写为

$$\mathrm{Ln}z=\ln z+2\mathrm{i}k\pi\qquad(k\text{ 为整数})$$

对应某个确定的 k，称为对数函数的第 k 个分支，对应于 $k=0$ 的那个分支，则称为对数函数主支(式(1-25)表示的是对数主支)，$\ln z$ 称为对数函数的主值.

对数函数各分支之间，其虚部仅差 2π 的倍数，因此，当给定特殊分支(即给定 k 的值)时，$\mathrm{Arg}z$ 的值也就被确定.

例如，如果给定分支的虚部落在区间 $(-\pi,\pi)$ 中，那么 $\mathrm{Ln}(1+\mathrm{i})=\ln\sqrt{2}+\dfrac{\pi}{4}\mathrm{i}$，即取的是 $k=0$ 的那个对数分支.

如果给定分支的虚部落在区间 $(\pi,3\pi)$ 中，那么 $\mathrm{Ln}(1+\mathrm{i})=\ln\sqrt{2}+\dfrac{9\pi}{4}\mathrm{i}$，即取的是 $k=1$ 的那个对数分支. 这可在

$$\begin{aligned}\mathrm{Ln}(1+\mathrm{i})&=\ln|1+\mathrm{i}|+\mathrm{i}\,\mathrm{Arg}(1+\mathrm{i})\\&=\ln\sqrt{2}+\mathrm{i}\,\arg(1+\mathrm{i})+\mathrm{i}2k\pi\\&=\ln\sqrt{2}+\mathrm{i}\left(\frac{\pi}{4}+2k\pi\right)\qquad(k=0,\pm1,\pm2,\cdots)\end{aligned}$$

中取 $k=1$ 即得.

利用复数的乘积与商的辐角公式易证，复变函数的对数函数保持了实函数对数函数的乘积与商的相应公式

$$\mathrm{Ln}(z_1z_2)=\mathrm{Ln}z_1+\mathrm{Ln}z_2$$

$$\mathrm{Ln}\left(\frac{z_1}{z_2}\right)=\mathrm{Ln}z_1-\mathrm{Ln}z_2\qquad(z_2\neq0)$$

在实函数对数中，负数不存在对数；但在复变数对数中，负数的对数是有意义的. 例如

$$\begin{aligned}\mathrm{Ln}(-1)&=\ln|-1|+\mathrm{i}\,\arg(-1)+\mathrm{i}2k\pi\\&=(2k+1)\pi\mathrm{i}\qquad(k=0,\pm1,\cdots)\end{aligned}$$

下面讨论对数函数的解析性.

对于对数主支 $\ln z = \ln|z| + \mathrm{i}\,\arg z$,其实部 $\ln|z|$ 在除原点外的复平面上处处连续;但其虚部 $\arg z \in (-\pi, \pi]$,它在原点与负实轴上都不连续,因为对于负实轴上的点 $z = x(x < 0)$,有

$$\lim_{y \to 0^-} \arg z = -\pi, \qquad \lim_{y \to 0^+} \arg z = \pi$$

所以,在除去原点与负实轴的复平面 $C\backslash\{x+\mathrm{i}y\,|\,y=0, x \leqslant 0\}$ 上 $\ln z$ 处处连续.

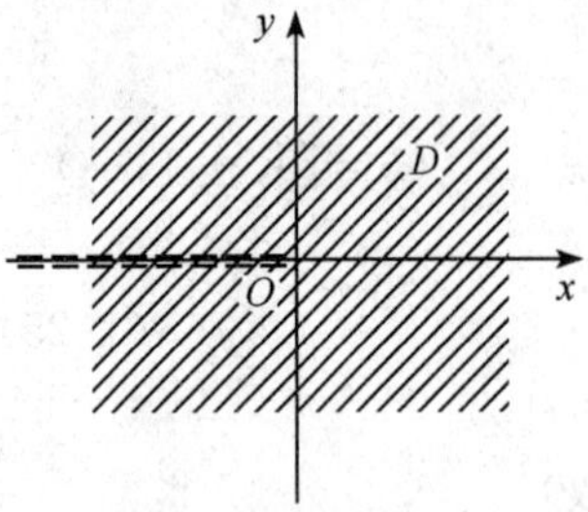

定理 1.8　对数主支 $\ln z = \ln|z| + \mathrm{i}\arg z$ 在区域 $D = C\backslash\{x+\mathrm{i}y\,|\,y=0, x \leqslant 0\}$ 上解析(图 1.7),且 $\dfrac{\mathrm{d}}{\mathrm{d}z}\ln z = \dfrac{1}{z}$.

图 1.7

证明　记 $f(z) = \ln z$, $w(h) = f(z+h)$,则 $\lim\limits_{h \to 0} w(h) = f(z)$,由 $\mathrm{e}^{f(z)} = z$,对任意的 $h \neq 0$,

$$\lim_{h \to 0} \frac{f(z+h) - f(z)}{h} = \lim_{h \to 0} \frac{f(z+h) - f(z)}{\mathrm{e}^{f(z+h)} - \mathrm{e}^{f(z)}}$$

$$= \lim_{w(h) \to f(z)} \frac{1}{\dfrac{\mathrm{e}^{w(h)} - \mathrm{e}^{f(z)}}{w(h) - f(z)}}$$

$$= \frac{1}{\mathrm{e}^{f(z)}} = \frac{1}{z}$$

对于其他各给定的对数分支,因为 $\mathrm{Ln}z = \ln z + 2\mathrm{i}k\pi(k\ \text{确定})$,所以也有

$$(\mathrm{Ln}z)' = (\ln z + 2\mathrm{i}k\pi)' = \frac{1}{z}$$

因此,对于确定的 k,称 $\mathrm{Ln}z$ 为一个单值解析分支.

例 1.16　求 $\ln[(-1-\mathrm{i})(1-\mathrm{i})]$ 的值.

解　因为

$$\ln(-1-\mathrm{i}) = \ln\sqrt{2} - \frac{3\pi}{4}\mathrm{i}$$

$$\ln(1-\mathrm{i}) = \ln\sqrt{2} - \frac{\pi}{4}\mathrm{i}$$

所以

$$\mathrm{Ln}[(-1-\mathrm{i})(1-\mathrm{i})] = \left(\ln\sqrt{2} - \frac{3\pi}{4}\mathrm{i}\right) + \left(\ln\sqrt{2} - \frac{\pi}{4}\mathrm{i}\right) + 2k\pi\mathrm{i}$$

$$= 2\ln\sqrt{2} - \pi\mathrm{i} + 2k\pi\mathrm{i}$$

$$= \ln 2 + (2k-1)\pi\mathrm{i}$$

于是

$$\ln[(-1-\mathrm{i})(1-\mathrm{i})] = \ln 2 + \pi\mathrm{i}$$

事实上,以上结果还可以由

$$\ln[(-1-\mathrm{i})(1-\mathrm{i})] = \ln(-2) = \ln2 + \pi\mathrm{i}$$

获得.

1.6.3　幂函数

定义 1.9　设 z 为不等于零的复变数,μ 为任意一个复数,定义幂函数 z^μ 为 $\mathrm{e}^{\mu\mathrm{Ln}z}$,即

$$z^\mu = \mathrm{e}^{\mu\mathrm{Ln}z}$$

当 z 为正实变数,μ 为实数时,它与高等数学中乘幂的定义一致,而 z 为复变数,μ 为复数时

$$z^\mu = \mathrm{e}^{\mu\mathrm{Ln}z} = \mathrm{e}^{\mu(\ln|z|+\mathrm{i}\arg z+\mathrm{i}2k\pi)} = \mathrm{e}^{\mu(\ln z+\mathrm{i}2k\pi)}$$
$$= \mathrm{e}^{\mu\ln z} \cdot \mathrm{e}^{2k\pi\mu\mathrm{i}} \qquad (k = 0, \pm1, \pm2, \cdots) \tag{1-26}$$

由于 $\mathrm{Ln}z$ 的多值性,所以 z^μ 可能是多值的,$\mathrm{e}^{\mu\ln z}$ 称为 z^μ 的主值.

从式(1-26)可见:

(1) 当 μ 是整数时,$z^\mu = \mathrm{e}^{\mu\ln z}$ 是单值函数;

(2) 当 μ 为非整有理数 $\dfrac{p}{q}$ 时 $\left(\dfrac{p}{q}$ 为既约分数$\right)$,z^μ 是有限多值的,且

$$z^\mu = \mathrm{e}^{\mu\mathrm{Ln}z} \qquad (k = 0, 1, 2, \cdots, q-1)$$

(3) 当 μ 为无理数与虚部不为零的复数时,z^μ 是无穷多值的.

上述定义实质上包含了一个复数的 n 次幂函数与 n 次方根函数的定义.

(1) 因为当 $\mu = n(n \geqslant 1$ 自然数)时

$$z^n = \mathrm{e}^{n\mathrm{Ln}z} = \mathrm{e}^{\mathrm{Ln}z + \mathrm{Ln}z + \cdots + \mathrm{Ln}z} \qquad \text{(指数为 } n \text{ 项之和)}$$
$$= \mathrm{e}^{\mathrm{Ln}z} \cdot \mathrm{e}^{\mathrm{Ln}z} \cdot \cdots \cdot \mathrm{e}^{\mathrm{Ln}z} \qquad (n \text{ 个因子 } \mathrm{e}^{\mathrm{Ln}z} \text{ 之积)}$$
$$= z \cdot z \cdot \cdots \cdot z \qquad (n \text{ 个 } z \text{ 之积)}$$

(2) 当 $\mu = \dfrac{1}{n}$ 时,有

$$z^{\frac{1}{n}} = \mathrm{e}^{\frac{1}{n}(\ln|z|+\mathrm{i}\arg z+2k\pi\mathrm{i})} = \mathrm{e}^{\frac{1}{n}\ln|z|} \mathrm{e}^{\frac{\arg z+2k\pi}{n}\mathrm{i}}$$
$$= \sqrt[n]{|z|} \cdot \mathrm{e}^{\frac{\arg z+2k\pi}{n}\mathrm{i}} = \sqrt[n]{z} \qquad (k = 0, 1, 2, \cdots, n-1)$$

当 z 给定时,它与 1.1.4 小节中关于一个复数 z 的 n 次方根的定义完全一致. 因为 $\mathrm{Ln}z$ 在区域 $D = C \setminus \{x+\mathrm{i}y \mid y=0, x \leqslant 0\}$ 上解析,所以函数在该区域上亦为解析. 且由复合函数求导公式可得

$$(z^\mu)' = (\mathrm{e}^{\mu\mathrm{Ln}z})' = \mu \cdot \frac{1}{z} \cdot \mathrm{e}^{\mu\mathrm{Ln}z} = \mu z^{\mu-1}$$

关于函数 $\mathrm{Ln}z$ 的多值情况的单值化处理,本书不做详细讨论,一般都从它的函数主支出发讨论各类问题.

例 1.17　求 i^i 的值.

解　按照定义,有

$$i^i = e^{i \text{Ln} i} = e^{i(\text{ln} i + 2k\pi i)} = e^{i\left(\frac{\pi}{2}i + 2k\pi i\right)} = e^{-\left(\frac{\pi}{2} + 2k\pi\right)} \qquad (k = 0, \pm 1, \pm 2, \cdots)$$

例 1.18　求 $1^{\sqrt{2}}$ 的值.

解　$\quad 1^{\sqrt{2}} = e^{\sqrt{2} \text{Ln} 1} = e^{\sqrt{2}(\text{ln} 1 + 2k\pi i)} = e^{2\sqrt{2}k\pi i} \qquad (k = 0, \pm 1, \pm 2, \cdots)$

1.6.4　三角函数和双曲函数

定义 1.10　定义三角函数与双曲函数如下:

正弦函数

$$\sin z = \frac{e^{iz} - e^{-iz}}{2i} \tag{1-27}$$

余弦函数

$$\cos z = \frac{e^{iz} + e^{-iz}}{2} \tag{1-28}$$

双曲正弦函数

$$\text{sh} z = \frac{e^z - e^{-z}}{2} \tag{1-29}$$

双曲余弦函数

$$\text{ch} z = \frac{e^z + e^{-z}}{2} \tag{1-30}$$

当 z 是实变数时,这个定义与高等数学中正弦、余弦、双曲正弦、双曲余弦的定义是一致的.

由于 $e^{\pm z}$,$e^{\pm iz}$ 在 C 复平面上是解析的,所以由式(1-27)~(1-30)所定义的 4 个函数在整个复平面上解析. 易得

$$(\sin z)' = \cos z, \qquad (\cos z)' = -\sin z$$
$$(\text{sh} z)' = \text{ch} z, \qquad (\text{ch} z)' = \text{sh} z$$

三角函数与双曲函数的一些性质也可由相应的实变量函数的一些性质推广而得. 其性质为:

(1) $\sin z$,$\cos z$ 是以 2π 为周期的周期函数;$\text{sh} z$,$\text{ch} z$ 是以 $2\pi i$ 为周期的周期函数.

这是因为 $e^{\pm iz}$ 是以 2π 为周期的函数;$e^{\pm z}$ 是以 $2\pi i$ 为周期的函数.

(2) $\sin z$,$\text{sh} z$ 为奇函数;$\cos z$,$\text{ch} z$ 为偶函数.

这里对任何复数 z,若 $f(z) = f(-z)$,称 $f(z)$ 为偶函数;若 $f(z) = -f(-z)$,称 $f(z)$ 为奇函数.

(3) 一些恒等式关系仍成立:

$$\sin^2 z + \cos^2 z = 1$$

$$\sin(z_1 + z_2) = \sin z_1 \cos z_2 + \cos z_1 \sin z_2$$
$$\cos(z_1 + z_2) = \cos z_1 \cos z_2 - \sin z_1 \sin z_2$$
$$\sin 2z = 2\sin z\cos z$$
$$\cos 2z = 2\cos^2 z - 1$$

$$\cdots\cdots$$

$$\mathrm{ch}^2 z - \mathrm{sh}^2 z = 1$$
$$\mathrm{sh} z + \mathrm{ch} z = \mathrm{e}^z$$
$$\mathrm{sh}(z_1 + z_2) = \mathrm{sh} z_1 \mathrm{ch} z_2 + \mathrm{ch} z_1 \mathrm{sh} z_2$$
$$\mathrm{ch}(z_1 + z_2) = \mathrm{ch} z_1 \mathrm{ch} z_2 + \mathrm{sh} z_1 \mathrm{sh} z_2$$

（4）三角函数与双曲函数之间满足关系式

$$\cos(\mathrm{i}z) = \mathrm{ch} z; \qquad \sin(\mathrm{i}z) = \mathrm{i}\,\mathrm{sh} z$$
$$\mathrm{ch}(\mathrm{i}z) = \cos z; \qquad \mathrm{sh}(\mathrm{i}z) = \mathrm{i}\sin z$$

（5）$|\sin z|$，$|\cos z|$ 不是有界函数.

其中性质（2）、（3）、（4）均可由定义验证. 关于性质（5），由性质（3）可知

$$\sin z = \sin(x + \mathrm{i}y) = \sin x\cos(\mathrm{i}y) + \cos x\sin(\mathrm{i}y)$$

再由性质（4）得

$$\sin z = \sin x\,\mathrm{ch} y + \mathrm{i}\cos x\,\mathrm{sh} y$$

所以

$$
\begin{aligned}
|\sin z|^2 &= \sin^2 x\,\mathrm{ch}^2 y + \cos^2 x\,\mathrm{sh}^2 y \\
&= \sin^2 x(\mathrm{ch}^2 y - \mathrm{sh}^2 y) + \mathrm{sh}^2 y \\
&= \sin^2 x + \mathrm{sh}^2 y
\end{aligned}
$$

虽然 $0 \leqslant \sin^2 x \leqslant 1$，但当 $y \to \infty$ 时，$\mathrm{sh}^2 y \to \infty$，所以当 $y \to \infty$ 时，$|\sin z| \to \infty$ 即 $\sin z$ 是无界函数. 这与实函数的正弦函数有本质区别.

例 1.19 解方程 $\sin(\mathrm{i}z) = \mathrm{i}$.

解 因为 $\sin(\mathrm{i}z) = \mathrm{i}\,\mathrm{sh} z$，所以原方程可改写为 $\mathrm{sh} z = 1$，亦即 $\dfrac{\mathrm{e}^z - \mathrm{e}^{-z}}{2} = 1$，因为 $\mathrm{e}^z \neq 0$，所以可化简得

$$\mathrm{e}^{2z} - 2\mathrm{e}^z - 1 = 0$$

解方程可得

$$\mathrm{e}^z = \frac{1}{2}(2 \pm \sqrt{4+4}) = 1 \pm \sqrt{2}$$

所以

$$z_k^{(1)} = \mathrm{Ln}(1 + \sqrt{2}) = \ln|1 + \sqrt{2}| + 2k\pi\mathrm{i} \qquad (k = 0, \pm 1, \pm 2, \cdots)$$
$$z_k^{(2)} = \mathrm{Ln}(1 - \sqrt{2}) = \ln|1 - \sqrt{2}| + (2k+1)\pi\mathrm{i} \qquad (k = 0, \pm 1, \pm 2, \cdots)$$

还可以定义一般的指数函数及反三角函数与反双曲函数. 但今后很少用到，因

此不作详细讨论. 下面只写出它们的定义.

$$a^z = e^{z\text{Ln}a} \qquad (a \neq 0, a \neq 1) \qquad (一般指数函数)$$

$$\text{arccos}z = -i\text{Ln}(z + \sqrt{z^2 - 1}) \qquad (反余弦)$$

$$\text{arcsin}z = -i\text{Ln}(iz + \sqrt{1 - z^2}) \qquad (反正弦)$$

$$\text{arctan}z = -\frac{i}{2}\text{Ln}\frac{1 + iz}{1 - iz} \qquad (反正切)$$

$$\text{arch}z = \text{Ln}(z + \sqrt{z^2 - 1}) \qquad (反双曲余弦)$$

$$\text{arsh}z = \text{Ln}(z + \sqrt{z^2 + 1}) \qquad (反双曲正弦)$$

$$\text{arth}z = \frac{1}{2}\text{Ln}\frac{1 + z}{1 - z} \qquad (反双曲正切)$$

在以上表达式中的根号 $\sqrt{\ \ }$ 均理解为双值函数.

习 题 1

1. 计算下列各式:

(1) $\sqrt{2}(\cos\alpha + i\sin\alpha)(\cos\beta + i\sin\beta)$, 其中 α, β 均是实数;

(2) $i^8 - 4i^{21} + i$;

(3) $(1 + i)^6$;

(4) $(1 - i)^{\frac{1}{3}}$.

2. 将下列复数化为三角表示式和指数表示式:

(1) $3i$;

(2) -8;

(3) $1 + \sqrt{3}i$.

3. 求下列方程的根, 并在复平面内表示这些根所对应的点 (作图):

(1) $z^3 + 8 = 0$;

(2) $z^6 + a^6 = 0$　　(a 是正实数).

4. 证明:

(1) $|z|^2 = z\bar{z}$;

(2) $\overline{z_1 z_2} = \bar{z_1} \bar{z_2}$;

(3) $|z_1 + z_2| \leqslant |z_1| + |z_2|$;

(4) $|z_1 - z_2| \geqslant ||z_1| - |z_2||$;

(5) $|z_1 + z_2|^2 + |z_1 - z_2|^2 = 2(|z_1|^2 + |z_2|^2)$.

5. 设 a 是常数且 $|a| < 1$, 证明:

(1) 当 $|z| = 1$ 时, $\left|\dfrac{z - a}{1 - \bar{a}z}\right| = 1$;

(2) 当 $|z| < 1$ 时, $\left|\dfrac{z - a}{1 - \bar{a}z}\right| < 1$;

(3) 当 $|z| > 1$ 时，$\left| \dfrac{z-a}{1-\bar{a}z} \right| > 1$.

6. 作出满足下列条件的 z 所组成的点集的图形：

(1) $\mathrm{Im}z > 0$；

(2) $0 < \mathrm{Re}z < 1$；

(3) $1 < |z - 3\mathrm{i}| < 2$；

(4) $\left| \dfrac{z-1}{z+1} \right| < 2$.

7. 设 r_1, r_2 是正实数，θ_1, θ_2 是实数，证明等式：$|r_1\mathrm{e}^{\mathrm{i}\theta_1} + r_2\mathrm{e}^{\mathrm{i}\theta_2}| = |r_2\mathrm{e}^{\mathrm{i}\theta_1} + r_1\mathrm{e}^{\mathrm{i}\theta_2}|$.

8. 设 r_1, r_2, R_1, R_2 是正实数，θ_1, θ_2 是实数，证明：

$$\frac{(r_1\mathrm{e}^{\mathrm{i}\theta_1} + r_2\mathrm{e}^{\mathrm{i}\theta_2})(r_1\mathrm{e}^{\mathrm{i}\theta_2} + r_2\mathrm{e}^{\mathrm{i}\theta_1})}{(R_1\mathrm{e}^{\mathrm{i}\theta_1} + R_2\mathrm{e}^{\mathrm{i}\theta_2})(R_1\mathrm{e}^{\mathrm{i}\theta_2} + R_2\mathrm{e}^{\mathrm{i}\theta_1})}$$

是实数.

9. 求出常数 a, b, c 使函数 $f(z)$ 为解析：

(1) $f(z) = x + ay + \mathrm{i}(bx + cy)$；

(2) $f(z) = ay^3 + bx^2y + \mathrm{i}(x^3 + cxy^2)$.

10. 下列函数何处可导？是否解析：

(1) $f(z) = x^2 - \mathrm{i}y$；

(2) $f(z) = 2x^3 + 2y^3\mathrm{i}$；

(3) $f(z) = xy^2 + \mathrm{i}x^2y$；

(4) $f(z) = x^2 - y^2 - 2xy\mathrm{i}$.

11. 设 $f(z)$ 在点 z_0 连续，证明 $f(z)$ 在 z_0 的某一个邻域内有界.

12. 用导数定义证明：$(z^3)' = 3z^2$.

13. 证明 $f(z) = \sin x \mathrm{ch}y + \mathrm{i}\cos x \mathrm{sh}y$ 是全平面内的解析函数，并把它表示为 z 的初等函数.

14. 设 $f(z)$ 是区域 D 内的解析函数，且在 D 内，$f'(z) = 0$，证明：在 D 上 $f(z) \equiv C$(常数).

15. 设 $f(z)$ 在区域 D 内解析，且 $u = \mathrm{Re}f(z)$ 是常数，证明：$f(z)$ 在区域 D 内恒等于常数；若 $v = \mathrm{Im}f(z)$ 是常数，证明：$f(z)$ 在区域 D 内也等于常数.

16. 如果 $f(z) = u + \mathrm{i}v$ 是 z 的解析函数，证明：

(1) $\left(\dfrac{\partial}{\partial x}|f(z)| \right)^2 + \left(\dfrac{\partial}{\partial y}|f(z)| \right)^2 = |f'(z)|^2$；

(2) $\left(\dfrac{\partial^2}{\partial x^2} + \dfrac{\partial^2}{\partial y^2} \right)|f(z)|^2 = 4|f'(z)|^2$.

17. 设 $z = r\mathrm{e}^{\mathrm{i}\varphi}$，$f(z) = u(r, \theta) + \mathrm{i}v(r, \theta)$. 试写出在极坐标下的 Cauchy-Riemann 方程.

18. 证明：

(1) $\overline{\mathrm{e}^z} = \mathrm{e}^{\bar{z}}$；

(2) $\overline{\cos z} = \cos\bar{z}$；

(3) $\overline{\sin z} = \sin\bar{z}$.

19. 证明 e^z 是以 $2\pi\mathrm{i}$ 为周期的函数.

20. 证明：

(1) $\cos(z_1+z_2)=\cos z_1 \cos z_2 - \sin z_1 \sin z_2$;

(2) $\sin(z_1+z_2)=\sin z_1 \cos z_2 + \cos z_1 \sin z_2$;

(3) $\sin^2 z + \cos^2 z = 1$.

21. 求 $\mathrm{Ln}(-i)$, $\mathrm{Ln}(-3+4i)$ 和它们的主值.

22. 求 $e^{1-\frac{\pi}{2}i}$, 3^i 和 $(1+i)^i$ 的值.

第2章 复变函数的积分

本章介绍复变函数的积分概念以及解析函数积分的主要性质.重点是 Cauchy 积分定理、Cauchy 积分公式以及 Cauchy 导数公式.

2.1 复变函数的积分

2.1.1 积分的概念

设 C 是复平面上以 z_0 为起点,Z 为终点的有向连续曲线,$f(z)$ 是定义在曲线 C 上的复变函数. 在 C 上依次取分点 $z_1,z_2,\cdots,z_{n-1}$,把曲线 C 分为 n 个小段(图 2.1),在每个小弧段 $z_{k-1}z_k(k=1,2,\cdots,n)$ 上任取一点 $\zeta_n(k=1,2,\cdots,n)$,做和数

$$S_n = \sum_{k=1}^{n} f(\zeta_k)\Delta z_k$$

其中,$\Delta z_k=z_k-z_{k-1}(k=1,2,\cdots,n)$.

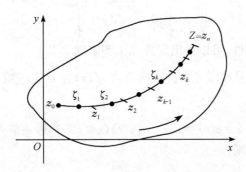

图 2.1

如果分点的个数无限增多,且每小弧段 $z_{k-1}z_k$ 的弧长 $\Delta s_k(k=1,2,\cdots,n)$ 都趋于零时,S_n 趋于某一个复常数 I,则称该极限 I 为 $f(z)$ 在 C 上的积分.

定义 2.1 设 C 是以 z_0 为起点,Z 为终点的有向连续曲线,$f(z)$ 是定义在 C 上的复变函数. 在曲线 C 上给出分割 $z_0,z_1,z_2,\cdots,z_n=Z$,在每个小弧段 $z_{k-1}z_k$ 上任取一点 $\zeta_k(k=1,2,\cdots,n)$,令 $\Delta z_k=z_k-z_{k-1}(k=1,2,\cdots,n)$,$\lambda=\max_{1\leqslant k\leqslant n}\{|\Delta z_k|\}$ 做和数

$$S_n = \sum_{k=1}^{n} f(\zeta_k)\Delta z_k \tag{2-1}$$

如果极限 $\lim\limits_{\lambda \to 0}\sum\limits_{k=1}^{n} f(\zeta_k)\Delta z_k$ 存在,那么称这个极限值为 $f(z)$ 在曲线 C 上的积分,并

记作 $\int\limits_C f(z)\mathrm{d}z$,即

$$\int\limits_C f(z)\mathrm{d}z = \lim\limits_{\lambda \to 0}\sum\limits_{k=1}^{n} f(\zeta_k)\Delta z_k \tag{2-2}$$

如果 C 是一条封闭曲线,往往记作 $\oint\limits_C f(z)\mathrm{d}z$. 而当 C 是实轴上的区间 $[a,b]$,

方向 $a \to b$,$f(z)$ 为实值函数,则这个积分就是定积分.

2.1.2　积分存在的条件及积分的性质

设 $f(z)=u(x,y)+iv(x,y)$,$z=x+iy$,令 $z_k=x_k+iy_k$,$\zeta_k=\xi_k+i\eta_k$,$\Delta z_k=\Delta x_k+i\Delta y_k(k=1,2,\cdots,n)$,则式(2-1)可以化为

$$S_n = \sum_{k=1}^{n} f(\zeta_k)\Delta z_k = \sum_{k=1}^{n} [u(\xi_k,\eta_k)+iv(\xi_k,\eta_k)](\Delta x_k+i\Delta y_k)$$

$$= \sum_{k=1}^{n} [u(\xi_k,\eta_k)\Delta x_k - v(\xi_k,\eta_k)\Delta y_k] + i\sum_{k=1}^{n} [v(\xi_k,\eta_k)\Delta x_k + u(\xi_k,\eta_k)\Delta y_k]$$

因此,根据读者熟知的第二型(关于坐标的)曲线积分的定义,式(2-2)可以写成

$$\int\limits_C f(z)\mathrm{d}z = \int\limits_C u\mathrm{d}x - v\mathrm{d}y + i\int\limits_C v\mathrm{d}x + u\mathrm{d}y \tag{2-3}$$

根据曲线积分存在条件,可以得出定理 2.1 和定理 2.2.

定理 2.1　设 C 是按段光滑的有向曲线,$f(z)$ 在 C 上连续,则 $\int\limits_C f(z)\mathrm{d}z$ 存在,

且式(2-3)成立.

定理 2.2　设 $C:z=z(t)=x(t)+iy(t)(\alpha \leqslant t \leqslant \beta)$ 是一条光滑曲线,$z(\alpha)$ 是 C 的起点,$z(\beta)$ 是终点,则

$$\int\limits_C f(z)\mathrm{d}z = \int_\alpha^\beta f[z(t)]z'(t)\mathrm{d}t$$

$$= \int_\alpha^\beta \{u[x(t),y(t)]x'(t) - v[x(t),y(t)]y'(t)\}\mathrm{d}t$$

$$+ i\int_\alpha^\beta \{v[x(t),y(t)]x'(t) + u[x(t),y(t)]y'(t)\}\mathrm{d}t$$

当 C 是按段光滑的曲线(或者是可求长曲线)时,积分具有如下性质:

设 $\int\limits_C f(z)\mathrm{d}z$,$\int\limits_C g(z)\mathrm{d}z$ 存在.

(1) $\int\limits_{C^-} f(z)\mathrm{d}z = -\int\limits_C f(z)\mathrm{d}z$　　(C 与 C^- 方向相反);

(2) $\int_C k f(z) \mathrm{d}z = k \int_C f(z) \mathrm{d}z$　　(k 是复常数);

(3) $\int_C [f(z) \pm g(z)] \mathrm{d}z = \int_C f(z) \mathrm{d}z \pm \int_C g(z) \mathrm{d}z$;

(4) 设 C_1 的终点与 C_2 的起点重合, C 是以 C_1 的起点为起点, C_2 的终点为终点的曲线, 记为 $C = C_1 + C_2$, 则

$$\int_{C_1} f(z) \mathrm{d}z + \int_{C_2} f(z) \mathrm{d}z = \int_{C_1 + C_2} f(z) \mathrm{d}z$$

(5) 设 C 的弧长为 L, 且存在常数 $M > 0$, 当 $z \in C$ 时, $|f(z)| \leqslant M$, 则

$$\left| \int_C f(z) \mathrm{d}z \right| \leqslant \int_C |f(z)| \mathrm{d}s \leqslant ML$$

性质(1)到性质(4)都很显然, 下面证明性质(5). 根据式(2-1)及关于模的三角不等式

$$\left| \sum_{k=1}^n f(\zeta_k) \Delta z_k \right| \leqslant \sum_{k=1}^n |f(\zeta_k)| |\Delta z_k| \leqslant \sum_{k=1}^n |f(\zeta_k)| \Delta s_k \leqslant M \sum_{k=1}^n \Delta s_k \leqslant ML$$

于是,

$$\left| \sum_{k=1}^n f(\zeta_k) \Delta z_k \right| \leqslant \sum_{k=1}^n |f(\zeta_k)| \Delta s_k \leqslant ML$$

根据积分定义, 令 $\lambda \to 0$ 时, 得性质(5).

例 2.1　设 C 是以 z_0 为起点, z 为终点的光滑曲线或者可求长曲线, 则

$$\int_C 1 \mathrm{d}z = z - z_0$$

解　由定义式(2-2)

$$\int_C 1 \mathrm{d}z = \lim_{\lambda \to 0} \sum_{k=1}^n \Delta z_k = \lim_{\lambda \to 0} \sum_{k=1}^n (z_k - z_{k-1}) = \lim_{\lambda \to 0} (z - z_0) = z - z_0$$

例 2.2　计算积分 $\oint_C \dfrac{1}{(z - z_0)^{m+1}} \mathrm{d}z$　(m 是整数).

其中 C 是圆周: $|z - z_0| = r (r > 0)$(图 2.2)的正向.

解　C 的参数方程为

$$\begin{cases} x = x_0 + r\cos\theta \\ y = y_0 + r\sin\theta \end{cases} \quad (0 \leqslant \theta \leqslant 2\pi)$$

或 $z = z_0 + r\mathrm{e}^{\mathrm{i}\theta} (0 \leqslant \theta \leqslant 2\pi)$, θ 增加的方向就是 C 的正向. 故

$$\oint_C \frac{1}{(z - z_0)^{m+1}} \mathrm{d}z = \int_0^{2\pi} \frac{\mathrm{i} r \mathrm{e}^{\mathrm{i}\theta}}{r^{m+1} \mathrm{e}^{\mathrm{i}(m+1)\theta}} \mathrm{d}\theta$$

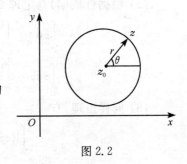

图 2.2

$$= \frac{i}{r^m} \int_0^{2\pi} e^{-im\theta} d\theta$$

$$= \frac{i}{r^m} \int_0^{2\pi} (\cos m\theta - i\sin m\theta) d\theta$$

当 $m=0$ 时,有 $\int_0^{2\pi} e^{-im\theta} d\theta = 2\pi$;当 $m \neq 0$ 时,且 m 为整数时,有

$$\int_0^{2\pi} (\cos m\theta - i\sin m\theta) d\theta = 0$$

于是

$$\oint_C \frac{1}{(z-z_0)^{m+1}} dz = \begin{cases} 2\pi i, & m=0 \\ 0, & m \neq 0 \end{cases}$$

这是一个非常重要的结果,特别是 $m=0$ 的情况,以后会多次用到. 另外,再强调一下,不特别申明时,Jordan 曲线的方向总是取正. 而用 C^- 表示负向. 因此,例 2.2 的结果可表示为

$$\oint_{|z-z_0|=r} \frac{1}{(z-z_0)^{m+1}} dz = \begin{cases} 2\pi i, & m=0 \\ 0, & m \neq 0 \end{cases}$$

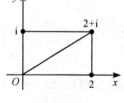

图 2.3

例 2.3　计算积分 $\int_C \mathrm{Re} z \, dz$ 与 $\int_C z \, dz$,其中 C 取如图 2.3 所示路径:

(1) C 是从 0 到 $2+i$ 的直线段;

(2) C 是从 0 到 2,再从 2 到 $2+i$ 的折线;

(3) C 是从 0 到 i,再从 i 到 $2+i$ 的折线.

解　(1) 这时 C 的参数方程为 $z=(2+i)t(0 \leqslant t \leqslant 1)$,由定理 2.2,有

$$\int_C \mathrm{Re} z \, dz = \int_C x \, dz = \int_0^1 2t(2+i) dt = (2+i)t^2 \Big|_0^1 = 2+i$$

$$\int_C z \, dz = \int_0^1 (2+i)t(2+i) dt = \frac{1}{2}(2+i)^2 = \frac{3}{2} + 2i$$

(2) 根据性质(4)与定理 2.1,有

$$\int_C x \, dz = \int_0^2 x \, dx + i \int_0^1 2 \, dy = 2 + 2i$$

$$\int_C z \, dz = \int_0^2 x \, dx + i \int_0^1 (2+iy) dy = \frac{3}{2} + 2i$$

(3) 同样道理,有

$$\int_C \mathrm{Re} z \, dz = i \int_0^1 0 \, dy + \int_0^2 x \, dx = 2$$

$$\int_C z\,\mathrm{d}z = \int_0^1 (\mathrm{i}y)\mathrm{i}\,\mathrm{d}y + \int_0^2 (x+\mathrm{i})\,\mathrm{d}x = \frac{3}{2} + 2\mathrm{i}$$

由例 2.3 可以看到,积分 $\int_C \mathrm{Re}z\,\mathrm{d}z$ 与积分曲线 C 的路径有关,而积分 $\int_C z\,\mathrm{d}z$ 与积分曲线 C 的路径无关.

2.2　Cauchy 积分定理

Cauchy 积分定理是复变函数论的理论基础,从现在起直到第 4 章的所有结果,都可以看作这个定理的推论. 甚至第 1 章中的一些内容也能在这个定理的基础上进行更深入的讨论. Cauchy 积分定理是 1825 年由 Cauchy 建立的,19 世纪末,Gaursat(古沙)去掉了假设中导函数条件,到了 1932 年,Pollard 改进为现在的形式. 为了利用我们目前的知识证明 Cauchy 积分定理,我们给出推广了的 Green 公式.

Green 公式　设 $P(x,y),Q(x,y)$ 在单连通区域 D 上连续,在 D 上存在 $\dfrac{\partial Q}{\partial x}$, $\dfrac{\partial P}{\partial y}$,且 $\dfrac{\partial Q}{\partial x} - \dfrac{\partial P}{\partial y}$ 在 D 上连续,则对任何 D 内的可求长 Jordan 曲线 C,都有

$$\oint_C P\,\mathrm{d}x + Q\,\mathrm{d}y = \iint_G \left(\frac{\partial Q}{\partial x} - \frac{\partial P}{\partial y}\right)\mathrm{d}x\mathrm{d}y$$

其中 G 是 C 围成的区域,C 取正向.

注:此处的 Green 定理是高等数学中相应定理的改进,其证明详见宋麟范的"关于 Green 定理的推广及其应用."《工科数学》1993 年 No. 1 利用这一改进的 Green 定理,可以容易地证明 Cauchy 积分定理.

定理 2.3(Cauchy 积分定理)　设 $f(z)$ 是单连通区域 D 上的解析函数,则对 D 内的任何可求长的 Jordan 曲线 C,都有 $\oint_C f(z)\mathrm{d}z = 0$.

证明　根据式(2-3),

$$\oint_C f(z)\mathrm{d}z = \oint_C u\,\mathrm{d}x - v\,\mathrm{d}y + \mathrm{i}\oint_C v\,\mathrm{d}x + u\,\mathrm{d}y$$

因为 $f(z)$ 是解析函数,所以 u 与 v 在 D 上连续,$\dfrac{\partial u}{\partial x}, \dfrac{\partial u}{\partial y}, \dfrac{\partial v}{\partial x}, \dfrac{\partial v}{\partial y}$ 存在,且在 D 上,$\dfrac{\partial u}{\partial y} + \dfrac{\partial v}{\partial x} = 0$,因此,$\dfrac{\partial u}{\partial y} + \dfrac{\partial v}{\partial x}$ 与 $\dfrac{\partial u}{\partial x} - \dfrac{\partial v}{\partial y}$ 在 D 上连续,积分 $\oint_C f(z)\mathrm{d}z$ 的实部与虚部都满足推广了的 Green 公式的条件,于是

$$\oint_C f(z)\mathrm{d}z = \oint_C u\,\mathrm{d}x - v\,\mathrm{d}y + \mathrm{i}\oint_C v\,\mathrm{d}x + u\,\mathrm{d}y$$

$$= -\iint_G \left(\frac{\partial u}{\partial y} + \frac{\partial v}{\partial x}\right)\mathrm{d}x\mathrm{d}y + \mathrm{i}\iint_G \left(\frac{\partial u}{\partial x} - \frac{\partial v}{\partial y}\right)\mathrm{d}x\mathrm{d}y = 0$$

其中 G 是由 C 围成的区域.

Cauchy 积分定理可去掉 C 是 Jordan 曲线的限制,但 C 是闭曲线(可以不是简单曲线),且 D 是单连通区域的假设是不可缺少的(参看例 2.2).

定理 2.4(复合闭路的 Cauchy 定理)　设 $f(z)$ 是多连通区域 D 上的解析函数,$C,C_1,C_2,\cdots,C_n$ 是 D 内的可求长(或按段光滑)的 Jordan 曲线,且满足:

(1) $C_1,C_2,\cdots,C_n$ 中的任意曲线都在其余曲线的外部,而它们都在 C 的内部;

(2) 位于 C 的内部和 $C_1,C_2,\cdots,C_n$ 外部的区域 G 包含于 D,其边界 $C,C_1,C_2,\cdots,C_n$ 也包含于 D,即 $\overline{G}\subset D$,则

$$\oint_C f(z)\mathrm{d}z = \sum_{k=1}^{n}\oint_{C_k} f(z)\mathrm{d}z$$

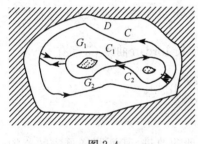

图 2.4

证明　设 $n=2$(图 2.4),用 D 内的折线把 C,C_1,C_2,C 连接(因 D 是区域),把 G 分成两个单连通区域 G_1 和 G_2. 显然,$f(z)$ 在 $\overline{G}_1$ 和 $\overline{G}_2$ 上解析,故根据定理2.3,有

$$\oint_{\partial G_1} f(z)\mathrm{d}z = 0, \qquad \oint_{\partial G_2} f(z)\mathrm{d}z = 0$$

G_1 和 G_2 的边界 ∂G_1 和 ∂G_2 分别由 C 和 C_1^-,C_2^- 的一段(两者合并后正好是 C 和 C_1^-,C_2^-)之外还包含公共边界(辅助折线段),但在公共边界上,属于 $\partial G_1,\partial G_2$ 的部分正好方向相反,因此,

$$\oint_{\partial G_1} f(z)\mathrm{d}z + \oint_{\partial G_2} f(z)\mathrm{d}z$$

$$= \oint_C f(z)\mathrm{d}z + \oint_{C_1^-} f(z)\mathrm{d}z + \oint_{C_2^-} f(z)\mathrm{d}z = 0$$

于是,

$$\oint_C f(z)\mathrm{d}z = -\oint_{C_1^-} f(z)\mathrm{d}z - \oint_{C_2^-} f(z)\mathrm{d}z$$

当 $n=2$ 时,定理成立. 对一般的 n,只是多做些辅助线,依次把 $C{\to}C_1{\to}C_2{\to}\cdots{\to}C_n{\to}C$ 连接后,仍把 G 分为两个单连通区域 G_1 和 G_2.

根据同样道理,可得

$$\oint_C f(z)\mathrm{d}z = \sum_{k=1}^{n} \oint_{C_k} f(z)\mathrm{d}z$$

例 2.4　计算积分 $\oint_\Gamma \dfrac{1}{z-z_0}\mathrm{d}z$，其中 Γ 是把 z_0 包含在其内部区域的任意一条分段光滑的 Jordan 曲线的正向.

解　取 $\rho>0$ 充分小，使得圆 $|z-z_0|=\rho$ 包含在 Γ 的内部，则由定理 2.4 以及例题 2.2，有

$$\oint_\Gamma \frac{1}{z-z_0}\mathrm{d}z = \oint_{|z-z_0|=\rho} \frac{1}{z-z_0}\mathrm{d}z = 2\pi\mathrm{i}$$

例 2.5　计算积分 $\oint_C \dfrac{1}{z^2-z}\mathrm{d}z$，其中 $C: |z|=2$ 的正向.

解　$f(z)=\dfrac{1}{z^2-z}$ 除 $z_1=0, z_2=1$ 之外，处处解析，$C_1:|z|=\dfrac{1}{2}, C_2:|z-1|=\dfrac{1}{4}$ 均在 C 内部，而 C_1 与 C_2 均在彼此外部区域上(图 2.5).

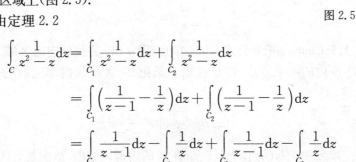

图 2.5

于是，由定理 2.2

$$\int_C \frac{1}{z^2-z}\mathrm{d}z = \int_{C_1} \frac{1}{z^2-z}\mathrm{d}z + \int_{C_2} \frac{1}{z^2-z}\mathrm{d}z$$

$$= \int_{C_1}\left(\frac{1}{z-1}-\frac{1}{z}\right)\mathrm{d}z + \int_{C_2}\left(\frac{1}{z-1}-\frac{1}{z}\right)\mathrm{d}z$$

$$= \int_{C_1} \frac{1}{z-1}\mathrm{d}z - \int_{C_1} \frac{1}{z}\mathrm{d}z + \int_{C_2} \frac{1}{z-1}\mathrm{d}z - \int_{C_2} \frac{1}{z}\mathrm{d}z$$

根据定理 2.1 和例 2.2

$$\int_{C_1} \frac{1}{z-1}\mathrm{d}z = 0, \qquad \int_{C_1} \frac{1}{z}\mathrm{d}z = 2\pi\mathrm{i}$$

$$\int_{C_2} \frac{1}{z-1}\mathrm{d}z = 2\pi\mathrm{i}, \qquad \int_{C_2} \frac{1}{z}\mathrm{d}z = 0$$

于是，

$$\int_C \frac{1}{z^2-z}\mathrm{d}z = 0 - 2\pi\mathrm{i} + 2\pi\mathrm{i} - 0 = 0$$

今后常用例 2.4 与例 2.5 中所采用的改变积分路径的方法.

2.3　Cauchy 积分公式

本节介绍 Cauchy 积分公式和 Cauchy 导数公式(高阶导数的积分表达式).

设 $f(z)$ 在单连通区域 D 上解析, z_0 是 D 内的一个定点,则 $\dfrac{f(z)}{z-z_0}$ 除点 z_0 以外,在 D 内处处解析,如果 C 是把 z_0 含在其内部区域的按段光滑的 Jordan 曲线. 当 $\rho>0$ 充分小时,根据复合闭路定理,

$$\oint_C \frac{f(z)}{z-z_0}\mathrm{d}z = \oint_{|z-z_0|=\rho} \frac{f(z)}{z-z_0}\mathrm{d}z$$

这个积分是一个常数,与 ρ 的取值无关,当 ρ 充分小时,这个积分值只和 $f(z)$ 在 z_0 附近的值有关,又注意 $f(z)$ 在 z_0 处连续,故当 ρ 充分小时, $f(z)$ 与 $f(z_0)$ 相差很小,而已知

$$\oint_{|z-z_0|=\rho} \frac{1}{z-z_0}\mathrm{d}z = 2\pi\mathrm{i}$$

因此,容易猜测

$$\oint_{|z-z_0|=\rho} \frac{f(z)}{z-z_0}\mathrm{d}z = 2\pi\mathrm{i}f(z_0)$$

定理 2.5(Cauchy 积分公式,1831 年)　设 $f(z)$ 是在单连通区域 D 上的解析函数, z_0 是 D 内的一个定点, C 是任意一条把 z_0 含在其内部区域的按段光滑的 Jordan 曲线,则

$$f(z_0) = \frac{1}{2\pi\mathrm{i}}\oint_C \frac{f(z)}{z-z_0}\mathrm{d}z \tag{2-4}$$

证明　取 $\rho>0$,使 $C_\rho:|z-z_0|=\rho$ 在 C 的内部区域内. 故由复合闭路定理,

$$\frac{1}{2\pi\mathrm{i}}\oint_C \frac{f(z)}{z-z_0}\mathrm{d}z = \frac{1}{2\pi\mathrm{i}}\oint_{C_\rho} \frac{f(z)}{z-z_0}\mathrm{d}z$$

$$= \frac{1}{2\pi\mathrm{i}}\oint_{C_\rho} \frac{f(z_0)}{z-z_0}\mathrm{d}z + \frac{1}{2\pi\mathrm{i}}\oint_{C_\rho} \frac{f(z)-f(z_0)}{z-z_0}\mathrm{d}z$$

$$= f(z_0) + \frac{1}{2\pi\mathrm{i}}\oint_{C_\rho} \frac{f(z)-f(z_0)}{z-z_0}\mathrm{d}z$$

下面只需证明 $I = \dfrac{1}{2\pi\mathrm{i}}\oint_{C_\rho} \dfrac{f(z)-f(z_0)}{z-z_0}\mathrm{d}z = 0$.

首先注意到 I 是与 ρ 无关的常数,而 $f(z)$ 在 D 上解析,因此, $f(z)$ 在 z_0 处连续,当 $z\to z_0$ 时, $f(z)\to f(z_0)$,于是对任意给定的 $\varepsilon>0$,存在 $\delta>0$,使得当 $|z-z_0|<\delta$ 时,

$|f(z)-f(z_0)|<\varepsilon$. 取 $\rho<\delta$,则在 $C_\rho:|z-z_0|=\rho$ 上,

$$|f(z)-f(z_0)|<\varepsilon$$

因此,由 2.1 节中复变函数积分的性质(5),

$$|I|=\left|\frac{1}{2\pi i}\int_{C_\rho}\frac{f(z)-f(z_0)}{z-z_0}dz\right|$$

$$\leqslant\frac{1}{2\pi}\int_{C_\rho}\frac{|f(z)-f(z_0)|}{|z-z_0|}dz<\frac{1}{2\pi}\times\frac{\varepsilon}{\rho}2\pi\rho=\varepsilon$$

因为 $\varepsilon>0$ 是任意的,所以 $I=0$. 于是,

$$f(z_0)=\frac{1}{2\pi i}\oint_C\frac{f(z)}{z-z_0}dz$$

例 2.6　计算积分 $\oint_C\dfrac{3z-1}{z(z-1)}dz$. 其中 C 是圆 $|z|=2$ 的正向.

解　在 C 内部做 $C_1:|z|=\dfrac{1}{2}$,$C_2:|z-1|=\dfrac{1}{4}$,则根据复合闭路定理,

$$\oint_C\frac{3z-1}{z(z-1)}dz=\oint_{C_1}\frac{3z-1}{z(z-1)}dz+\oint_{C_2}\frac{3z-1}{z(z-1)}dz$$

因为 $f_1(z)=\dfrac{3z-1}{z-1}$ 在 C_1 上和 C_1 内部解析,$f_2(z)=\dfrac{3z-1}{z}$ 在 C_2 上和 C_2 内部解析,所以,根据 Cauchy 积分公式(定理 2.5),

$$\oint_C\frac{3z-1}{z(z-1)}dz=\oint_{C_1}\frac{f_1(z)}{z}dz+\oint_{C_2}\frac{f_2(z)}{z-1}dz$$

$$=2\pi i\left[\frac{1}{2\pi i}\oint_{C_1}\frac{f_1(z)}{z_1}dz+\frac{1}{2\pi i}\oint_{C_2}\frac{f_2(z)}{z-1}dz\right]$$

$$=2\pi i[f_1(0)+f_2(1)]$$

$$=2\pi i(1+2)=6\pi i$$

公式(2-4)中,z_0 是 D 内的任意定点,而 C 是把 z_0 含在其内部的任意一条 Jordan 曲线. 把 C 固定为一条可求长 Jordan 曲线,而 z_0 在 C 内部变化时,公式(2-3)仍成立. 就是说,当 $f(z)$ 为解析函数时,Jordan 曲线(简单闭曲线)内部的任意点的函数值都由曲线 C 上的值确定.

如果曲线 C 上的点用 ζ 表示,C 内部的点用 z 表示,则式(2-4)可改写为

$$f(z)=\frac{1}{2\pi i}\oint_C\frac{f(\zeta)}{\zeta-z}d\zeta \tag{2-5}$$

其中 ζ(积分变量)在 C 上变化,而 z(参变量)在 C 内部变化.

用参变量积分表示的函数满足某些条件时,导数运算可在积分号下进行. 如果式(2-5)也满足那些条件,应有

$$f'(z) = \frac{1}{2\pi i} \oint_C \frac{f(\zeta)}{(\zeta - z)^2} d\zeta$$

$$f''(z) = \frac{2 \times 1}{2\pi i} \oint_C \frac{f(\zeta)}{(\zeta - z)^3} d\zeta$$

对一般的正整数 n,

$$f^{(n)}(z) = \frac{n!}{2\pi i} \oint_C \frac{f(\zeta)}{(\zeta - z)^{n+1}} d\zeta$$

这就是 Cauchy 导数公式,下面给出这个公式.

定理 2.6(Cauchy 导数公式)　设 $f(z)$ 是在单连通区域 D 上的解析函数,C 是 D 内的可求长(或按段光滑)的 Jordan 曲线,z_0 是 C 内部的任意点,则 $f(z)$ 在 z_0 处存在各阶导数,且

$$f^{(n)}(z_0) = \frac{n!}{2\pi i} \oint_C \frac{f(\zeta)}{(z - z_0)^{n+1}} dz \tag{2-6}$$

此处 C 取正向.

如果用 ζ 表示积分变量,即表示 C 上的点,z 表示 C 内部的任意点,则式(2-6)可改写为

$$f^{(n)}(z) = \frac{n!}{2\pi i} \oint_C \frac{f(\zeta)}{(\zeta - z)^{n+1}} d\zeta$$

证明　先证明 $n = 1$ 的情况. z_0 是 C 内部的点,当 $|\Delta z|$ 适当小时,$z_0 + \Delta z$ 也在 C 内部,故根据定理 2.5,得

$$\frac{f(z + z_0) - f(z_0)}{\Delta z} = \frac{1}{\Delta z} \times \frac{1}{2\pi i} \oint_C \left[\frac{f(z)}{z - z_0 - \Delta z} - \frac{f(z)}{z - z_0} \right] dz$$

$$= \frac{1}{2\pi i} \oint_C \frac{f(z)}{(z - z_0 - \Delta z)(z - z_0)} dz$$

$$= \frac{1}{2\pi i} \oint_C \frac{f(z)}{(z - z_0)^2} dz + \frac{\Delta z}{2\pi i} \oint_C \frac{f(z)}{(z - z_0 - \Delta z)(z - z_0)^2} dz$$

根据导数定义,上式左端当 $\Delta z \to 0$ 时,趋于 $f'(z_0)$,而最后端第一项与 Δz 无关,故只须证明

$$\lim_{\Delta z \to 0} \frac{\Delta z}{2\pi i} \oint_C \frac{f(z)}{(z - z_0 - \Delta z)(z - z_0)^2} dz = 0$$

这只须证明当 $|\Delta z|$ 适当小时,$\dfrac{1}{2\pi i} \oint_C \dfrac{f(z)}{(z - z_0 - \Delta z)(z - z_0)^2} dz$ 有界.

$f(z)$ 在有限长的连续曲线 C 上是连续函数,故在 C 上有界,存在常数 $M > 0$. 当 $z \in C$ 时,$|f(z)| \leqslant M$.

z_0 是 C 内部区域内的点,由内点的定义,存在 z_0 的邻域 $B\{z \| z - z_0| < d\} \subset$

D,当 $|\Delta z| < \dfrac{d}{2}$ 时,$z_0 + \Delta z \in B\left\{z \,\|\, |z - z_0| < \dfrac{d}{2}\right\} \subset D$

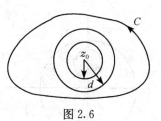

图 2.6

(图 2.6).因此,当 z 在 C 上变化,$|\Delta z| < \dfrac{d}{2}$ 时,

$$|z - z_0| > d,$$

$$|z - z_0 - \Delta z| \geqslant |z - z_0| - |\Delta z| > d - \frac{d}{2} = \frac{d}{2}$$

于是

$$\left|\frac{f(z)}{(z - z_0 - \Delta z)(z - z_0)^2}\right| \leqslant \frac{M}{d^2 \dfrac{d}{2}} = \frac{2M}{d^3}$$

根据 2.1 节性质(5),有

$$\left|\frac{1}{2\pi\mathrm{i}}\oint_C \frac{f(z)}{(z - z_0 - \Delta z)(z - z_0)^2}\mathrm{d}z\right| \leqslant \frac{1}{2\pi} \times \frac{2M}{d^3}\oint_C \mathrm{d}s = \frac{ML}{\pi d^3}$$

其中 L 是 C 的弧长.即当 $|\Delta z|$ 适当小之后,$\dfrac{1}{2\pi\mathrm{i}}\displaystyle\oint_C \dfrac{f(z)}{(z - z_0 - \Delta z)(z - z_0)^2}\mathrm{d}z$ 有界.

令 $\Delta z \to 0$,有

$$f'(z_0) = \frac{1}{2\pi\mathrm{i}}\oint_C \frac{f(z)}{(z - z_0)^2}\mathrm{d}z \tag{2-7}$$

当 $n = 1$ 时,式(2-6)成立.

利用式(2-7),用类似的方法可求得

$$f''(z_0) = \lim_{\Delta z \to 0} \frac{f'(z_0 + \Delta z) - f'(z_0)}{\Delta z} = \frac{2!}{2\pi\mathrm{i}}\oint_C \frac{f(z)}{(z - z_0)^3}\mathrm{d}z$$

依次类推(或用数学归纳法)可得

$$f^{(n)}(z) = \frac{n!}{2\pi\mathrm{i}}\oint_C \frac{f(\zeta)}{(\zeta - z)^{n+1}}\mathrm{d}\zeta$$

例 2.7　设 C 是圆 $|z| = 2$ 的正向,计算积分:

(1) $\displaystyle\oint_C \frac{\cos\pi z}{(z - 1)^3}\mathrm{d}z$;　　　　　　　　　(2) $\displaystyle\oint_C \frac{\mathrm{e}^{\mathrm{i}z}}{(z^2 + 1)^2}\mathrm{d}z$.

解　(1) $\cos\pi z$ 在复平面内处处解析,且 $z = 1$ 是 $|z| = 2$ 的内部区域上的点,故由式(2-6),

$$\oint_C \frac{\cos\pi z}{(z - 1)^3}\mathrm{d}z = \frac{2\pi\mathrm{i}}{2!} \times \frac{2!}{2\pi\mathrm{i}}\oint_C \frac{\cos\pi z}{(z - 1)^{2+1}}\mathrm{d}z$$

$$= \pi\mathrm{i}(\cos\pi z)''_{z=1} = \pi^3\mathrm{i}$$

(2) $\dfrac{\mathrm{e}^{\mathrm{i}z}}{(z^2 + 1)^2}$ 在 $z_1 = \mathrm{i}$,$z_2 = -\mathrm{i}$ 处是奇点,在 $|z| = 2$ 上它处处解析,且 $\pm\mathrm{i}$ 均在

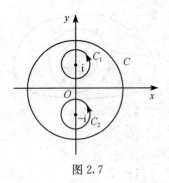

图 2.7

$|z|=2$ 内部,设 $C_1:|z-\mathrm{i}|=\dfrac{1}{2}$,$C_2:|z+\mathrm{i}|=\dfrac{1}{2}$ 正向,则根据复合闭路定理(图 2.7),有

$$\oint_C \frac{\mathrm{e}^{\mathrm{i}z}}{(z^2+1)^2}\mathrm{d}z = \oint_{C_1} \frac{\mathrm{e}^{\mathrm{i}z}}{(z^2+1)^2}\mathrm{d}z + \oint_{C_2} \frac{\mathrm{e}^{\mathrm{i}z}}{(z^2+1)^2}\mathrm{d}z$$

而 $(z^2+1)^2=(z+\mathrm{i})^2(z-\mathrm{i})^2$,令 $f_1(z)=\dfrac{\mathrm{e}^{\mathrm{i}z}}{(z+\mathrm{i})^2}$,$f_2(z)=\dfrac{\mathrm{e}^{\mathrm{i}z}}{(z-\mathrm{i})^2}$,$f_1(z)$ 在 C_1 上和 C_1 内部区域上解析,$f_2(z)$ 在 C_2 上和 C_2 内部区域上解析. 因此,根据式(2-6)得

$$\oint_{C_1} \frac{\mathrm{e}^{\mathrm{i}z}}{(z^2+1)^2}\mathrm{d}z = 2\pi\mathrm{i}\times\frac{1}{2\pi\mathrm{i}}\oint_{C_1}\frac{f_1(z)}{(z-\mathrm{i})^2}\mathrm{d}z$$

$$= 2\pi\mathrm{i}f_1'(\mathrm{i}) = 2\pi\mathrm{i}\left[\frac{\mathrm{e}^{\mathrm{i}z}}{(z+\mathrm{i})^2}\right]'_{z=\mathrm{i}}$$

$$= 2\pi\mathrm{i}\left[\frac{(\mathrm{i}z-3)\mathrm{e}^{\mathrm{i}z}}{(z+\mathrm{i})^3}\right]_{z=\mathrm{i}} = \pi\mathrm{e}^{-1}$$

$$\oint_{C_2} \frac{\mathrm{e}^{\mathrm{i}z}}{(z^2+1)^2}\mathrm{d}z = 2\pi\mathrm{i}\times\frac{1}{2\pi\mathrm{i}}\oint_{C_1}\frac{f_1(z)}{(z-\mathrm{i})^2}\mathrm{d}z = 2\pi\mathrm{i}f_2'(-\mathrm{i})$$

$$= 2\pi\mathrm{i}\left[\frac{\mathrm{e}^{\mathrm{i}z}}{(z-\mathrm{i})^2}\right]'_{z=-\mathrm{i}} = 2\pi\mathrm{i}\left[\frac{(\mathrm{i}z+1)\mathrm{e}^{\mathrm{i}z}}{(z-\mathrm{i})^3}\right]_{z=-\mathrm{i}} = 0$$

于是,原积分 $=\pi\mathrm{e}^{-1}$.

例 2.8 证明:

$$\left(\frac{z^n}{n!}\right)^2 = \frac{1}{2\pi\mathrm{i}}\oint_C \frac{z^n \mathrm{e}^{z\zeta}}{n!\,\zeta^n}\frac{\mathrm{d}\zeta}{\zeta}$$

在这里 C 是围绕原点的一条简单闭曲线.

证明 由 Cauchy 导数公式,有

$$\frac{1}{2\pi\mathrm{i}}\oint_C \frac{z^n \mathrm{e}^{z\zeta}}{n!\,\zeta^n}\frac{\mathrm{d}\zeta}{\zeta} = \frac{z^n}{n!}\cdot\frac{1}{2\pi\mathrm{i}}\oint_C \frac{\mathrm{e}^{z\zeta}}{\zeta^n}\frac{\mathrm{d}\zeta}{\zeta}$$

$$= \frac{z^n}{(n!)^2}\cdot\frac{n!}{2\pi\mathrm{i}}\oint_C \frac{\mathrm{e}^{z\zeta}}{\zeta^n}\frac{\mathrm{d}\zeta}{\zeta}$$

$$= \frac{z^n}{(n!)^2}\cdot(\mathrm{e}^{z\zeta})^{(n)}_{\zeta=0} = \left(\frac{z^n}{n!}\right)^2$$

例 2.9 设 $f(z)$ 在 $|z|<1$ 内解析且 $|f(z)|\leqslant\dfrac{1}{1-|z|}$,证明对所有的正整数 n,有

$$|f^{(n)}(0)|\leqslant(n+1)!\left(1+\frac{1}{n}\right)^n < \mathrm{e}\cdot(n+1)!$$

证明 由于 $f(z)$ 在 $|z|<1$ 内解析,由 Cauchy 导数公式,有

$$f^{(n)}(0) = \frac{n!}{2\pi i} \oint_{|\zeta|=\rho} \frac{f(\zeta)}{\zeta^n} \frac{d\zeta}{\zeta}$$

此处 $0<\rho<1$,特别取 $\rho=\dfrac{n}{n+1}$,由于 $|f(z)|\leqslant\dfrac{1}{1-|z|}$,当 $|\zeta|=\dfrac{n}{n+1}$,$|f(z)|\leqslant n+1$,于是由积分性质(5),有

$$|f^{(n)}(0)| = \frac{n!}{2\pi i}\left| \oint_{|\zeta|=\frac{n}{n+1}} \frac{f(\zeta)}{\zeta^n} \frac{d\zeta}{\zeta}\right| \leqslant \frac{n!}{2\pi}\left(\frac{n+1}{n}\right)^{n+1}(n+1)\cdot 2\pi\cdot\frac{n}{n+1}$$

$$= (n+1)!\left(1+\frac{1}{n}\right)^n < e\cdot(n+1)!$$

公式(2-4)和(2-6)是复变函数论中最基本的公式,利用这些公式,可以得出解析函数的一系列重要性质. 例如,平均值定理,最大模原理以及任何有界的整函数必为常数等(参看习题 2 中的相关习题). 类似于定理 2.5 的证明方法,可以证明: 设 $f(z)$ 在一可求长曲线(不一定是闭曲线)上连续,则由积分

$$\varphi(z) = \frac{1}{2\pi i}\int_C \frac{f(\zeta)}{\zeta-z}d\zeta \tag{2-8}$$

定义的函数,在复平面内除 C 上的点之外,处处解析. 形如式(2-8)的积分称为 Cauchy 型积分. 即 Cauchy 型积分可定义一个解析函数,这里的 $f(z)$ 只假定在 C 上连续.

2.4 解析函数的原函数

定义 2.2 设 $f(z)$ 是定义在区域 D 上的复变函数,若存在 D 上的解析函数 $F(z)$,使 $F'(z)=f(z)$ 在 D 上成立,则称 $F(z)$ 是 $f(z)$ 在区域 D 上的原函数.

根据 2.3 节,$f(z)$ 在区域 D 上存在原函数 $F(z)$,则 $f(z)$ 必须是解析函数,因为解析函数的导函数仍是解析函数.

定理 2.7 设 $F(z)$ 和 $G(z)$ 都是 $f(z)$ 在 D 上的原函数,则 $F(z)-G(z)\equiv C$(常数).

证明 设 $\varphi(z)=F(z)-G(z)$. 因为在 D 上,$\varphi'(z)=0$,故由习题 1 第 14 题得 $\varphi(z)\equiv C$(常数).

由此可见,已知 $F(z)$ 是 $f(z)$ 在 D 上的一个原函数,则 $F(z)+C$ 是 $f(z)$ 在 D 上原函数的一般表达式. 其中 C 是任意复常数.

定理 2.8 设 $f(z)$ 是在单连通区域 D 上的解析函数,z_0 是 D 内的一个定点,C 是 D 内以 z_0 为起点,z 为终点的按段光滑(或可求长)曲线,则积分 $\int_C f(\zeta)d\zeta$ 只

依赖于 z 与 z_0,而与路径 C 无关.

    证明　可利用式(2-3)和 Cauchy-Riemann 方程以及曲线积分路径无关的充分必要条件立刻得证,下面利用 Cauchy 积分定理证明这个定理.

    设 C_1 与 C_2 都是以 z_0 为起点,z 为终点的按段光滑曲线,不妨设 C_1 与 C_2 都是简单曲线. 如果 C_1 与 C_2 除起点和终点之外,再没有其他重点(公共点),则 $C_1+C_2^-$ 是 Jordan 曲线,根据 Cauchy 定理有 $\int_{C_1+C_2^-} f(\zeta)\mathrm{d}\zeta = 0$,即

$$\int_{C_1} f(\zeta)\mathrm{d}\zeta + \int_{C_2^-} f(\zeta)\mathrm{d}\zeta = 0$$

故

$$\int_{C_1} f(\zeta)\mathrm{d}\zeta = \int_{C_2} f(\zeta)\mathrm{d}\zeta$$

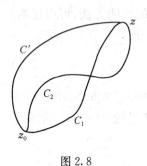

图 2.8

    如果 C_1 与 C_2 除 z,z_0 之外,还有其他重点,再做一条以 z_0 为起点,z 为终点,除 z 与 z_0 之外,和 C_1 与 C_2 再没有其他重点的光滑曲线 C'(图 2.8),则由已证明的情形

$$\int_{C_1} f(\zeta)\mathrm{d}\zeta = \int_{C'} f(\zeta)\mathrm{d}\zeta$$

$$\int_{C_2} f(\zeta)\mathrm{d}\zeta = \int_{C'} f(\zeta)\mathrm{d}\zeta$$

于是,仍得

$$\int_{C_1} f(\zeta)\mathrm{d}\zeta = \int_{C_2} f(\zeta)\mathrm{d}\zeta$$

    定理 2.8 说明,当 $f(z)$ 在单连通区域 D 上解析,固定 $z_0\in D$,z 在 D 内变化时,以 z_0 为起点,z 为终点的光滑曲线 C 上的积分 $\int_C f(\zeta)\mathrm{d}\zeta$ 在 D 上确定一个单值函数,由于积分与路径无关,可简记为 $\int_{z_0}^z f(\zeta)\mathrm{d}\zeta$. 若用 $F(z)$ 表示这个积分,则

$$F(z) = \int_{z_0}^z f(\zeta)\mathrm{d}\zeta$$

    定理 2.9　设 $f(z)$ 是在单连通区域 D 上的解析函数,$z_0\in D$ 是定点,$z\in D$ 是动点,则

$$F(z) = \int_{z_0}^z f(\zeta)\mathrm{d}\zeta \tag{2-9}$$

是 $f(z)$ 在 D 上的原函数.

    证明　由积分与路径无关,有

$$F(z+\Delta z)-F(z)=\int_{z_0}^{z+\Delta z}f(\zeta)\mathrm{d}\zeta-\int_{z_0}^{z}f(\zeta)\mathrm{d}\zeta$$

$$=\int_{z}^{z+\Delta z}f(\zeta)\mathrm{d}\zeta$$

故

$$\frac{f(z+\Delta z)-F(z)}{\Delta z}=\frac{1}{\Delta z}\int_{z}^{z+\Delta z}f(\zeta)\mathrm{d}\zeta$$

$$=\frac{1}{\Delta z}\int_{z}^{z+\Delta z}f(z)\mathrm{d}\zeta+\frac{1}{\Delta z}\int_{z}^{z+\Delta z}\big[f(\zeta)-f(z)\big]\mathrm{d}\zeta$$

$$=f(z)+\frac{1}{\Delta z}\int_{z}^{z+\Delta z}\big[f(\zeta)-f(z)\big]\mathrm{d}\zeta$$

因为 $f(\zeta)$ 在点 z 连续，所以对任给 $\varepsilon>0$，当 $|\Delta z|<\delta$ 时，$|f(\zeta)-f(z)|<\varepsilon$，其中 ζ 是在 $|\zeta-z|<\delta$ 内的点. 故由 2.1 节性质(5)得

$$\left|\frac{1}{\Delta z}\int_{z}^{z+\Delta z}\big[f(\zeta)-f(z)\big]\mathrm{d}\zeta\right|=0$$

因为 $\varepsilon>0$ 是任意给定的，所以

$$\lim_{\Delta z\to0}\frac{1}{\Delta z}\int_{z}^{z+\Delta z}\big[f(\zeta)-f(z)\big]\mathrm{d}\zeta=0$$

于是，

$$\lim_{\Delta z\to0}\frac{F(z+\Delta z)-F(z)}{\Delta z}=f(z)$$

定理 2.10　设 $f(z)$ 是在单连通区域 D 上的解析函数，$F(z)$ 是 $f(z)$ 在区域 D 上的原函数，z_1,z_2 是 D 内的任意两点，则

$$\int_{z_1}^{z_2}f(z)\mathrm{d}z=F(z_2)-F(z_1)$$

例 2.10　$\displaystyle\int_{z_1}^{z_2}z^2\mathrm{d}z=\frac{1}{3}(z_2^3-z_1^3).$

例 2.11　$\displaystyle\int_{z_1}^{z_2}\cos z\mathrm{d}z=\sin z_2-\sin z_1.$

在定理 2.10 中去掉 D 是单连通区域的假设，则由式(2-9)给出的复变函数一般表示一个多值函数.

例 2.12　$F(z)=\displaystyle\int_{1}^{z}\frac{1}{\zeta}\mathrm{d}\zeta$ 在去掉原点和负实轴的单连通区域内确定一个单值函数. 但在只去掉原点的多连通区域上定义一个多值函数. 在去掉原点和负实轴的单连通区域内

$$F(z)=\int_{1}^{z}\frac{1}{\zeta}\mathrm{d}\zeta=\ln\zeta\big|_{1}^{z}=\ln z$$

在多连通区域 $0<|z|<+\infty$ 上，以 1 为起点，z 为终点的曲线设逆时针方向穿

过负实轴 k 次时

$$F(z) = \int_1^z \frac{1}{\zeta} \mathrm{d}\zeta = \ln z + 2k\pi \mathrm{i}$$

而若按顺时针方向穿过 k 次时

$$F(z) = \int_1^z \frac{1}{\zeta} \mathrm{d}\zeta = \ln z - 2k\pi \mathrm{i}$$

于是，一般情况下

$$F(z) = \int_1^z \frac{1}{\zeta} \mathrm{d}\zeta = \ln z + 2k\pi \mathrm{i} \qquad (k = 0, \pm 1, \pm 2, \cdots)$$

图 2.9 是当 $k = 0, 2, -3$ 情况下，以 1 为起点，z 为终点的路径.

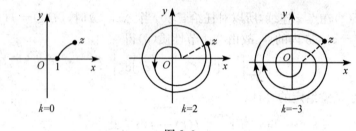

图 2.9

因此，在有些复变函数论教科书中，用这个积分来定义对数函数，即

$$\mathrm{Ln}z = \int_1^z \frac{1}{\zeta} \mathrm{d}\zeta$$

其中的积分路径是 1 为起点，z 为终点的任意一条不经过原点 O 的可求长曲线.

习 题 2

1. 沿着下列路线计算积分 $\int_0^{3+\mathrm{i}} z^2 \mathrm{d}z$：

(1) 自原点到 $3+\mathrm{i}$ 的直线段；

(2) 自原点沿实轴到 3，再由 3 铅直向上到 $3+\mathrm{i}$；

(3) 自原点沿虚轴到 i，再由 i 沿水平方向到 $3+\mathrm{i}$.

2. 计算积分 $\int_C (x^2 + \mathrm{i}y) \mathrm{d}z$. 其中 C 为：

(1) 自原点沿 $y = x$ 到 $1+\mathrm{i}$ 的线段；

(2) 自原点沿抛物线 $y = x^2$ 到 $1+\mathrm{i}$；

(3) 自原点沿抛物线 $y^2 = x$ 到 $1+\mathrm{i}$；

(4) 自原点沿 y 轴至 i，再由 i 沿平行于 x 轴的方向到 $1+\mathrm{i}$；

(5) 自原点沿 x 轴至 1，再由 1 沿平行于 y 轴的方向到 $1+\mathrm{i}$.

3. 设 $f(z)$ 是在单连通区域 D 上的解析函数，C 是 D 内的任意一条光滑的 Jordan 曲线，问

$$\oint_C \mathrm{Re}[f(z)] \mathrm{d}z = 0, \qquad \oint_C \mathrm{Im}[f(z)] \mathrm{d}z = 0$$

是否一定成立,为什么?

4. 设 $f(z)$ 在 $|z-z_0|>r_0(0<r_0<r)$ 时是连续的,令 $M(r)=\max\limits_{|z|=r}|f(z)|$,若

$$\lim_{r\to+\infty} rM(r)=0$$

证明

$$\lim_{r\to+\infty}\oint_{|z-z_0|=r} f(z)\mathrm{d}z=0$$

5. 利用 $|z|^2=z\cdot\bar{z}$ 及 Cauchy 积分公式,求:

(1) $\oint\limits_{|z|=1}\bar{z}\mathrm{d}z$;　　　　　　　　　(2) $\oint\limits_{|z|=2}\dfrac{\bar{z}}{|z|}\mathrm{d}z$;

(3) $\oint\limits_{|z|=4}\dfrac{\bar{z}}{|z|}\mathrm{d}z$,其中曲线均表示正向.

6. 设 C 是单位圆周 $|z|=1$ 的正向,指出下列积分值等于什么? 并说明依据.

(1) $\oint\limits_C\dfrac{\mathrm{d}z}{z^2+4}$;　　　　　　　　(2) $\oint\limits_C\dfrac{\mathrm{d}z}{z^2+2z+4}$;

(3) $\oint\limits_C\dfrac{\mathrm{d}z}{(z-2)^2}$;　　　　　　　(4) $\oint\limits_C\dfrac{\mathrm{d}z}{\left(z-\dfrac{\mathrm{i}}{2}\right)^2}$;

(5) $\oint\limits_C z\mathrm{e}^{z^2}\mathrm{d}z$;　　　　　　　　(6) $\oint\limits_C\dfrac{z\mathrm{d}z}{z-3}$;

(7) $\oint\limits_C\dfrac{\mathrm{d}z}{(2z+1)^2}$;　　　　　　　(8) $\oint\limits_C z^3\cos z\mathrm{d}z$.

7. 计算下列各积分,积分路径均取给定曲线的正向:

(1) $\oint\limits_{|z-2|=1}\dfrac{\mathrm{e}^z}{z-2}\mathrm{d}z$;　　　　　　(2) $\oint\limits_C\dfrac{1}{z^2-a^2}\mathrm{d}z$,其中 C: $|z-a|=a,(a>0)$;

(3) $\oint\limits_{|z-2\mathrm{i}|=\frac{3}{2}}\dfrac{\mathrm{e}^{\mathrm{i}z}}{z^2+1}\mathrm{d}z$;　　　　　(4) $\oint\limits_{|z|=2}\dfrac{\mathrm{e}^{\mathrm{i}z}}{z^2+1}\mathrm{d}z$;

(5) $\oint\limits_{|z|=r}\dfrac{1}{(z^2-1)(z^3-1)}\mathrm{d}z$,其中 $0<r<1$;

(6) $\oint\limits_{|z|=2}\dfrac{z}{(z^2+1)^2}\mathrm{d}z$;　　　　(7) $\oint\limits_{|z|=\frac{3}{2}}\dfrac{1}{(z^2+1)(z^2+4)}\mathrm{d}z$;

(8) $\oint\limits_{|z|=1}\dfrac{\sin z}{z^2}\mathrm{d}z$;　　　　　　(9) $\oint\limits_{|z|=2}\dfrac{\sin z}{\left(z-\dfrac{\pi}{2}\right)^3}\mathrm{d}z$;

(10) $\oint\limits_{|z|=1}\dfrac{\mathrm{e}^{\mathrm{i}z}}{z^4}\mathrm{d}z$.

8. 通过计算

$$\oint\limits_{|z|=1}\left(z+\dfrac{1}{z}\right)^{2n}\cdot\dfrac{1}{z}\mathrm{d}z$$

证明:

$$\int_0^{2\pi}\cos^{2n}\theta\mathrm{d}\theta=2\pi\cdot\dfrac{1\cdot3\cdot5\cdot\cdots\cdot(2n-1)}{2\cdot4\cdot6\cdot\cdots\cdot2n}$$

9. 计算下列积分:

(1) $\oint_C \left(\dfrac{4}{z+1} + \dfrac{3}{z+2\mathrm{i}} \right) \mathrm{d}z$, 其中 C 是 $|z| = 4$ 的正向;

(2) $\oint_C \dfrac{\mathrm{e}^{\mathrm{i}z}}{z^2-1} \mathrm{d}z$, 其中 C 是 $|z-1| = 5$ 的正向;

(3) $\oint_C \dfrac{\mathrm{e}^{\mathrm{i}z}}{z-1} \mathrm{d}z$, 其中 C 是把 i 包含在其内部的按段光滑的 Jordan 曲线;

(4) $\oint_C \dfrac{\mathrm{e}^z}{(z-\alpha)^3} \mathrm{d}z$, 其中 C 是 $|z| = 1$ 的正向, 而 $|\alpha| \neq 1$ 是复数.

10. 设 $f(z)$ 复平面内处处解析, 对所有的 z, 有 $|f(z)| \leqslant a + b|z|^k$, 其中 $a, b \geqslant 0$, k 是正整数, 证明 $f(z)$ 是一多项式.

*11. 设 $f(z)$ 是复平面内处处解析的有界函数, 证明 $f(z)$ 在复平面上恒等于常数(Liouville 定理).

*12. 利用 Liouville 定理证明: 任何高于一次的多项式至少有一个复根, 进而可得 n 次多项式必存在 n 个复根(代数学基本定理). 提示: 利用反证法考虑 $\dfrac{1}{P(z)}$, 其中 $P(z)$ 是多项式.

*13. 设 $f(z)$ 在区域 D 内解析, $z_0 \in D$ 而闭圆域 $|z-z_0| \leqslant R$ 在 D 内部, 证明

$$f(z_0) = \frac{1}{2\pi} \int_0^{2\pi} f(z_0 + R\mathrm{e}^{\mathrm{i}\theta}) \mathrm{d}\theta \qquad \text{(平均值定理)}$$

*14. 设 $f(z)$ 是在区域 D 内解析的函数, 且不恒等于常数, 证明: $|f(z)|$ 只能在 D 的边界点上取最大值(最大模原理). 提示: 利用平均值定理及反证法.

*15. 设 $f(z) = u(x, y) + \mathrm{i}v(x, y)$ 是复平面内处处解析的函数, 且其实部 $u(x, y)$ 上方有界, 即存在实数 M, 使 $u(x, y) < M$, 则在全平面上, $f(z) \equiv C$(其中 C 为常数).

第 3 章　复变函数的级数

本章讨论复变函数项级数,重点是解析函数的 Taylor(泰勒)级数展开定理和 Laurent(洛朗)级数展开定理.

3.1　复数项级数

3.1.1　复数列的极限

设 $\alpha_n = a_n + \mathrm{i}b_n (n=1,2,\cdots)$ 是一串复数,其中 a_n, b_n 均是实数,则称它为复数列,简称为数列,并记为 $\{\alpha_n\}$.

定义 3.1　设 $\{\alpha_n\}$ 是一复数列,$\alpha = a + \mathrm{i}b$ 是一复常数.若对任意 $\varepsilon > 0$,总存在自然数 N,使得当 $n > N$ 时,不等式

$$|\alpha_n - \alpha| < \varepsilon$$

成立.则称当 n 趋于无穷时,α_n 以 α 为极限,或称 $n \to \infty$ 时,$\{\alpha_n\}$ 收敛于 α. 并记为

$$\lim_{n \to \infty} \alpha_n = \alpha \quad 或 \quad \alpha_n \to \alpha \quad (n \to \infty)$$

注意 $\lim\limits_{n \to \infty} \alpha_n = \alpha$ 等价于实数列极限 $\lim\limits_{n \to \infty} |\alpha_n - \alpha| = 0$.

定义 3.1 形式上和实数列的极限定义完全一样.因此,数列极限的一系列性质都能平行地推广到复数列中.事实上,下面的定理说明,复数列的极限和实数列的极限没有本质区别.

定理 3.1　$\lim\limits_{n \to \infty} \alpha_n = \alpha$ 的充分必要条件是 $\lim\limits_{n \to \infty} a_n = a, \lim\limits_{n \to \infty} b_n = b$.

证明　只需注意不等式

$$|\alpha_n - \alpha| \leqslant |a_n - a| + |b_n - b|$$
$$|a_n - a| \leqslant |\alpha_n - \alpha|, \qquad |b_n - b| \leqslant |\alpha_n - \alpha|$$

则由定义 3.1 和实数列极限的定义得证.

3.1.2　复数项级数

设 $\{\alpha_n\} = \{a_n + \mathrm{i}b_n\}$ 是一复数列(其中 $\{a_n\}, \{b_n\}$ 均是实数列),则称

$$\sum_{n=1}^{\infty} \alpha_n = \alpha_1 + \alpha_2 + \cdots + \alpha_n + \cdots \tag{3-1}$$

为复数项级数.而把

$$S_n = \sum_{k=1}^{n} \alpha_k = \alpha_1 + \alpha_2 + \cdots + \alpha_n$$

称为级数(3-1)的前 n 项部分和.

定义 3.2　若级数(3-1)的部分和数列 $\{S_n\}$ 收敛于一复数 S,则称级数(3-1)收敛,这时 S 称为式(3-1)的和,并记做 $\sum\limits_{n=1}^{\infty} \alpha_n = S$. 若 $\{S_n\}$ 不收敛,即 $\lim\limits_{n\to\infty} S_n$ 不存在,则称级数(3-1)发散.

定理 3.2　设 $\{a_n\}, \{b_n\}$ 均是实数列,$\alpha_n = a_n + \mathrm{i}b_n (n = 1, 2, \cdots)$,则级数 $\sum\limits_{n=1}^{\infty} \alpha_n$ 收敛的充分必要条件是实数项级数 a_n 和 b_n 都收敛. 并且当 $\sum\limits_{n=1}^{\infty} \alpha_n$ 收敛时,

$$\sum_{n=1}^{\infty} \alpha_n = \sum_{n=1}^{\infty} a_n + \mathrm{i} \sum_{n=1}^{\infty} b_n$$

证明　只要注意 $S_n = \sum\limits_{k=1}^{n} a_k + \mathrm{i} \sum\limits_{k=1}^{n} b_k$,则由定理 3.1 得证.

推论 3.1　级数 $\sum\limits_{n=1}^{\infty} \alpha_n$ 收敛,则 $\lim\limits_{n\to\infty} \alpha_n = 0$.

证明　由定理 3.2 及实数项级数收敛的必要条件 $a_n \to 0, b_n \to 0$ $(n\to\infty)$,知 $\alpha_n \to 0$.

定义 3.3　设 $\sum\limits_{n=1}^{\infty} \alpha_n$ 是复数项级数,若正项级数 $\sum\limits_{n=1}^{\infty} |\alpha_n|$ 收敛,则称级数 $\sum\limits_{n=1}^{\infty} \alpha_n$ 绝对收敛.

定理 3.3　若级数 $\sum\limits_{n=1}^{\infty} \alpha_n$ 绝对收敛,则它一定是收敛级数.

证明　由 $|\alpha_n| = \sqrt{a^2 + b^2}$,得

$$|a_n| \leqslant |\alpha_n|, \qquad |b_n| \leqslant |\alpha_n| \qquad (n = 1, 2, \cdots)$$

$\sum\limits_{n=1}^{\infty} |\alpha_n|$ 收敛,由正项级数收敛的比较判别法知 $\sum\limits_{n=1}^{\infty} |a_n|, \sum\limits_{n=1}^{\infty} |b_n|$ 收敛. 又由实数项级数的性质,$\sum\limits_{n=1}^{\infty} a_n$ 与 $\sum\limits_{n=1}^{\infty} b_n$ 收敛,由定理 3.2,$\sum\limits_{n=1}^{\infty} \alpha_n$ 收敛.

实数列与实数项级数的很多性质对复数列和复数项级数也都成立. 例如下面定理.

定理 3.4　设 $\{\alpha_n\}$ 是收敛数列,则有界. 即存在 $M > 0$,对一切自然数 n,有 $|\alpha_n| \leqslant M$.

定理 3.5　设 $\sum\limits_{n=1}^{\infty} \alpha_n$ 与 $\sum\limits_{n=1}^{\infty} \beta_n$ 都是绝对收敛级数,令

$$\gamma_n = \alpha_1 \beta_n + \alpha_2 \beta_{n-1} + \cdots + \alpha_n \beta_1 \qquad (n = 1, 2, \cdots)$$

则 $\sum\limits_{n=1}^{\infty} \gamma_n$ 收敛,且

$$\sum_{n=1}^{\infty} \gamma_n = \left(\sum_{n=1}^{\infty} \alpha_n\right)\left(\sum_{n=1}^{\infty} \beta_n\right)$$

定理 3.4 容易证明,可留作习题,定理 3.5 的证明比较复杂,本书省略定理的证明.

例 3.1 对任何复数 z,级数

$$\sum_{n=0}^{\infty} \frac{z^n}{n!}, \qquad \sum_{n=0}^{\infty} (-1)^n \frac{z^{2n}}{(2n)!}, \qquad \sum_{n=0}^{\infty} (-1)^n \frac{z^{2n+1}}{(2n+1)!}$$

都是绝对收敛级数.

证明 对任何正数 M,正项级数

$$\sum_{n=0}^{\infty} \frac{M^n}{n!}, \qquad \sum_{n=0}^{\infty} \frac{M^{2n}}{(2n)!}, \qquad \sum_{n=0}^{\infty} \frac{M^{2n+1}}{(2n+1)!}$$

都收敛(可用比值判别法).因此,所给定的三个级数对任何 z 都绝对收敛.

3.2 幂 级 数

3.2.1 幂级数的概念

设 $f_n(z)$ 是定义在区域 D 上的复变函数列,则称

$$\sum_{n=1}^{\infty} f_n(z) = f_1(z) + f_2(z) + \cdots + f_n(z) + \cdots \tag{3-2}$$

为复变函数项级数.

如果对 $z_0 \in D$,级数 $\sum_{n=1}^{\infty} f_n(z_0)$ 收敛,则称级数(3-2)在 z_0 点收敛,如果级数 (3-2)在 D 内的每一点 z 都收敛,则称级数 $\sum_{n=1}^{\infty} f_n(z)$ 在区域 D 内收敛.

本节讨论如下形式的级数

$$\sum_{n=0}^{\infty} c_n (z-z_0)^n = c_0 + c_1(z-z_0) + \cdots + c_n(z-z_0)^n + \cdots \tag{3-3}$$

和 $z_0 = 0$ 的情形

$$\sum_{n=0}^{\infty} c_n z^n = c_0 + c_1 z + \cdots + c_n z^n + \cdots \tag{3-4}$$

这类级数称为幂级数. 在式(3-3)中 $z_0 = 0$,则式(3-3)变为式(3-4);若式(3-4)中 z 换成 $(z-z_0)$,则式(3-4)变为式(3-3). 因此,只须讨论清楚式(3-4).

定理 3.6(Abel(阿贝尔)定理) 若级数 $\sum_{n=0}^{\infty} c_n z^n$ 在 $z_1 \neq 0$ 处收敛,则当 $|z| <$ $|z_1|$ 时,级数 $\sum_{n=0}^{\infty} c_n z^n$ 绝对收敛;若级数 $\sum_{n=0}^{\infty} c_n z^n$ 在 z_2 处发散,则当 $|z| > |z_2|$ 时,级

数 $\sum\limits_{n=0}^{\infty} c_n z^n$ 发散.

证明 若级数 $\sum\limits_{n=0}^{\infty} c_n z_1^n$ 收敛,则由 3.1 节中介绍过的级数收敛的必要条件 $\lim\limits_{n\to\infty} c_n z_1^n = 0$ 知 $\{c_n z_1^n\}$ 是有界数列,即存在正数 $M > 0$,对所有自然数 n,有 $|c_n z_1^n| \leqslant M$. 于是,当 $|z| < |z_1|$ 时

$$|c_n z^n| = |c_n z_1^n| \cdot \left|\frac{z}{z_1}\right|^n \leqslant M \left|\frac{z}{z_1}\right|^n$$

对每个固定的 z,$|z| < |z_1|$,记 $\left|\dfrac{z}{z_1}\right|^n = q^n (0 < q < 1)$,这时级数 $\sum\limits_{n=0}^{\infty} M q^n$ 收敛. 根据正项级数收敛的比较判别法 $\sum\limits_{n=0}^{\infty} |c_n z^n|$ 收敛,即 $\sum\limits_{n=0}^{\infty} c_n z^n$ 绝对收敛.

后半部用反证法. 在 $z_2 \neq 0$ 处,$\sum\limits_{n=0}^{\infty} c_n z_2^n$ 发散,但若存在 z_3,$|z_3| > |z_2|$,使 $\sum\limits_{n=0}^{\infty} c_n z_3^n$ 收敛,则由已证明的前半部,在 z_2 处,$\sum\limits_{n=0}^{\infty} c_n z_2^n$ 收敛,与假设矛盾.

Abel 定理说明一个重要事实,$\sum\limits_{n=0}^{\infty} c_n z^n$ 的收敛性必有以下三种情形之一:

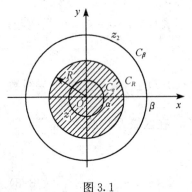

图 3.1

(1) 级数 $\sum\limits_{n=0}^{\infty} c_n z^n$ 仅在 $z = 0$ 点收敛;

(2) 存在 $R > 0$,满足当 $|z| < R$ 时,级数 $\sum\limits_{n=0}^{\infty} c_n z^n$ 绝对收敛,当 $|z| > R$ 时,级数 $\sum\limits_{n=0}^{\infty} c_n z^n$ 处处发散(图 3.1);

(3) 级数 $\sum\limits_{n=0}^{\infty} c_n z^n$ 在复平面内处处收敛.

对于级数 $\sum\limits_{n=0}^{\infty} c_n z^n$,定义收敛半径 R 如下:

(1) 当级数 $\sum\limits_{n=0}^{\infty} c_n z^n$ 符合 Abel 定理第(1)种情形时,规定级数 $\sum\limits_{n=0}^{\infty} c_n z^n$ 的收敛半径为 $R = 0$;

(2) 当级数 $\sum\limits_{n=0}^{\infty} c_n z^n$ 符合 Abel 定理第(2)种情形时,称 R 为级数 $\sum\limits_{n=0}^{\infty} c_n z^n$ 的收敛半径;

(3) 当级数 $\sum\limits_{n=0}^{\infty} c_n z^n$ 符合 Abel 定理第(3)种情形时,规定级数 $\sum\limits_{n=0}^{\infty} c_n z^n$ 的收敛半径为 $R = +\infty$.

例 3.2　级数 $\sum\limits_{n=0}^{\infty} z^n$ 的收敛半径 $R=1$,在收敛圆的内部区域 $|z|<1$ 上绝对收敛,但在 $|z|\geqslant 1$(包括圆周上的点) 上处处发散.

解　当 $z\neq 1$ 时,级数 $\sum\limits_{n=0}^{\infty} z^n$ 的前 n 项部分和

$$S_n = 1 + z + \cdots + z^{n-1} = \frac{(1+z+\cdots+z^{n-1})(1-z)}{1-z} = \frac{1-z^n}{1-z}$$

当 $|z|<1$ 时,$z^n \to 0(n\to\infty)$,因此 $S_n \to \dfrac{1}{1-z}(n\to\infty)$,即级数 $\sum\limits_{n=0}^{\infty} z^n$ 在 $|z|<1$ 内绝对收敛,但当 $|z|\geqslant 1$ 时,级数 $\sum\limits_{n=0}^{\infty} z^n$ 不满足级数收敛的必要条件.

例 3.3　对任何复数 z,级数

(1) $1 + z + \dfrac{z^2}{2!} + \cdots + \dfrac{z^n}{n!} + \cdots$

(2) $1 - \dfrac{z^2}{2!} + \cdots + (-1)^n \dfrac{z^{2n}}{(2n)!} + \cdots$

(3) $z - \dfrac{z^3}{3!} + \cdots + (-1)^n \dfrac{z^{2n+1}}{(2n+1)!} + \cdots$

都绝对收敛,这三个级数的收敛半径 $R=+\infty$.

例 3.4　讨论级数 $\sum\limits_{n=1}^{\infty} \dfrac{z^n}{n}$ 和 $\sum\limits_{n=1}^{\infty} \dfrac{z^n}{n^2}$ 的收敛性.

解　级数 $\sum\limits_{n=1}^{\infty} \dfrac{z^n}{n}$ 在 $z=-1$ 点收敛,但在 $z=1$ 点,级数 $\sum\limits_{n=1}^{\infty} \dfrac{z^n}{n}$ 发散,因此 $\sum\limits_{n=1}^{\infty} \dfrac{z^n}{n}$ 的收敛半径 $R=1$.可以证明当 $|z|=1,z\neq 1$ 时,级数 $\sum\limits_{n=1}^{\infty} \dfrac{z^n}{n}$ 都收敛.

级数 $\sum\limits_{n=1}^{\infty} \dfrac{z^n}{n^2}$ 在 $|z|=1$ 上处处绝对收敛,但当 $z=1+\delta(\delta>0)$ 时, $\lim\limits_{n\to\infty} \dfrac{(1+\delta)^n}{n} = +\infty$,因此当 $z=1+\delta$ 时,级数 $\sum\limits_{n=1}^{\infty} \dfrac{z^n}{n^2}$ 发散,而 $\delta>0$ 是任意的,故 $|z|>1$ 时,级数 $\sum\limits_{n=1}^{\infty} \dfrac{z^n}{n^2}$ 处处发散.因此,该级数的收敛半径 $R=1$,在收敛圆周上处处收敛.

类似于高等数学课中曾采用过的方法可以得出如下定理.

定理 3.7　如果 $\lim\limits_{n\to\infty} \left| \dfrac{c_{n+1}}{c_n} \right| = \lambda$,则:

(1) 当 $\lambda=0$ 时,$R=+\infty$;

(2) $\lambda=+\infty$,$R=0$;

(3) $0 < \lambda < +\infty$ 时，$R = \dfrac{1}{\lambda}$.

定理 3.8　如果 $\lim\limits_{n \to \infty} \sqrt[n]{|c_n|} = \lambda$，则：

(1) $\lambda = 0$ 时，$R = +\infty$；

(2) $\lambda = +\infty$ 时，$R = 0$；

(3) $0 < \lambda < +\infty$ 时，$R = \dfrac{1}{\lambda}$.

3.2.2　幂级数的性质

由于幂级数在收敛圆的内部绝对收敛，因此可得出下面定理.

定理 3.9　设级数 $\sum\limits_{n=0}^{\infty} a_n z^n$ 和 $\sum\limits_{n=0}^{\infty} b_n z^n$ 的收敛半径分别为 R_1 和 R_2，则在 $|z| < \min\{R_1, R_2\}$ 内：

(1) $\sum\limits_{n=0}^{\infty} (a_n \pm b_n) z^n = \sum\limits_{n=0}^{\infty} a_n z^n \pm \sum\limits_{n=0}^{\infty} b_n z^n$；

(2) $\left(\sum\limits_{n=0}^{\infty} a_n z^n \right) \left(\sum\limits_{n=0}^{\infty} b_n z^n \right) = \sum\limits_{n=0}^{\infty} c_n z^n$.

其中，$c_n = a_0 b_n + a_1 b_{n-1} + \cdots + a_n b_0 (n = 0, 1, 2, \cdots)$.

在式(3-4)所讨论的结论中，把 z 换成 $z - z_0$ 之后，可推广到式(3-3)的情形.

例 3.5　把函数 $\dfrac{1}{z-b}$ 表示成形如 $\sum\limits_{n=0}^{\infty} c_n (z-a)^n$ 的幂级数，其中 $a \neq b$ 是复常数.

解　由例 3.2，当 $|z-a| < |b-a|$ 时，

$$\frac{1}{z-b} = \frac{1}{(z-a)-(b-a)} = \frac{-1}{b-a} \times \frac{1}{1 - \dfrac{z-a}{b-a}}$$

$$= -\frac{1}{b-a} \sum_{n=0}^{\infty} \left(\frac{z-a}{b-a} \right)^n = -\sum_{n=0}^{\infty} \frac{1}{(b-a)^{n+1}} (z-a)^n$$

$$= \sum_{n=0}^{\infty} \frac{-1}{(b-a)^{n+1}} (z-a)^n$$

令 $c_n = -\dfrac{1}{(b-a)^{n+1}}$，则在区域 $|z-a| < |b-a|$ 内，

$$\frac{1}{z-b} = \sum_{n=0}^{\infty} c_n (z-a)^n$$

这种方法在 3.3 节和 3.4 节中经常使用.

幂级数还具有以下两个重要性质.

定理 3.10　设幂级数 $\sum\limits_{n=0}^{\infty} c_n(z-z_0)^n$ 的收敛半径为 R，并且在 $|z-z_0| < R$

内，$f(z) = \sum\limits_{n=0}^{\infty} c_n(z-z_0)^n$，则 $f(z)$ 是 $|z-z_0| < R$ 内的解析函数，且在收敛圆
$|z-z_0| < R$ 内，可以逐项求导数和逐项积分，即

(1) 当 $|z-z_0| < R$ 时，$f'(z) = \sum\limits_{n=1}^{\infty} nc_n(z-z_0)^{n-1}$；

(2) 设 C 是 $|z-z_0| < R$ 内的一条按段光滑曲线，则

$$\int_c f(z)\mathrm{d}z = \sum_{n=0}^{\infty} c_n \int_c (z-z_0)^n \mathrm{d}z$$

特别 C 是圆内部的以 z_0 为起点、z 为终点的按段光滑曲线，则

$$\int_{z_0}^{z} f(z)\mathrm{d}z = \sum_{n=0}^{\infty} \frac{c_n}{n+1}(z-z_0)^{n+1}$$

3.3　Taylor 级数

在高等数学中，把一个函数在一点的邻域内展开成 Taylor 级数是非常重要的一个问题，能够展开成 Taylor 级数的条件是函数在该邻域内具有各阶导数，且当 $n \to \infty$ 时，Taylor 展开式的余项 $R_n(x)$ 必须趋于零. 但是验证余项趋于零往往是很困难的事情. 然而，对于把复变函数展开成 Taylor 级数来说，问题就变得很简单了. 在上一节中，我们证明了幂级数收敛于解析函数. 在本节我们将证明解析函数在解析点的某个邻域内一定能够展成 Taylor 级数. 这是解析函数的重要特征，也是与实函数的重大差别之一. 为了证明 Taylor 展开定理，先介绍以下引理.

引理（逐项积分定理）　设 $f_0(z), f_1(z), \cdots, f_n(z), \cdots$，是在按段光滑（或可求长）曲线 C 上的连续函数，且级数 $\sum\limits_{n=0}^{\infty} f_n(z)$ 在 C 上收敛于 $f(z)$. 如果存在一个收敛的正项级数 $\sum\limits_{n=0}^{\infty} M_n$，使得在 C 上，对一切 n，都有 $|f_n(z)| \leqslant M_n (n=0,1,2,\cdots)$，则 $f(z)$ 在 C 上是连续函数，且

$$\int_c f(z)\mathrm{d}z = \sum_{n=0}^{\infty} \int_c f_n(z)\mathrm{d}z$$

证明　$f(z)$ 在 C 上是连续函数的证明比较复杂，在这里不予介绍，现在只证明

$$\lim_{n\to\infty}\left[\int_c f(z)\mathrm{d}z - \sum_{k=0}^{n} \int_c f_k(z)\mathrm{d}z\right] = 0$$

由 2.1 节中积分的性质（5），

$$\left|\int_c f(z)\mathrm{d}z - \sum_{k=0}^{\infty}\int_c f_k(z)\mathrm{d}z\right|$$

$$= \left|\int_c \Big[\sum_{k=0}^{\infty} f_k(z)\Big]\mathrm{d}z - \sum_{k=0}^{n}\int_c f_k(z)\mathrm{d}z\right|$$

$$= \left|\int_c\Big[\sum_{k=n+1}^{\infty} f_k(z)\Big]\mathrm{d}z\right| \leqslant \int_c\left|\sum_{k=n+1}^{\infty} f_k(z)\right|\mathrm{d}s$$

$$\leqslant \int_c\Big[\sum_{k=n+1}^{\infty}|f_k(z)|\Big]\mathrm{d}s \leqslant \int_c\Big[\sum_{k=n+1}^{\infty} M_k\Big]\mathrm{d}s$$

$$= L\sum_{k=n+1}^{\infty} M_k \to 0 \qquad (n\to\infty)$$

其中 L 是 C 的弧长,$\sum\limits_{k=n+1}^{\infty} M_k$ 是收敛的常数项级数 $\sum\limits_{n=0}^{\infty} M_n$ 的余项.

定理 3.11(Taylor 展开定理,1831 年)　设 $f(z)$ 是区域 D 上的解析函数,z_0 是 D 内的一个定点,而 $|z-z_0|<R$ 是包含在 D 内的 z_0 的最大邻域(R 就是 z_0 点和 D 的边界点间的距离的最小值,若 D 是全平面时,$R=+\infty$),则 $f(z)$ 在 $|z-z_0|<R$ 上可展开成为

$$f(z) = \sum_{n=0}^{\infty} c_n(z-z_0)^n \tag{3-5}$$

其中 $c_n=\dfrac{1}{n!}f^{(n)}(z_0)(n=0,1,2,\cdots)$.

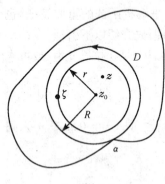

图 3.2

级数(3-5)称为 $f(z)$ 在 z_0 点的 Taylor 级数. 定理实际上同时指出了如何求 Taylor 级数的收敛半径 R. 设 α 是 $f(z)$ 的所有奇点中离 z_0 最近的奇点,则

$$R = |z_0-\alpha|$$

证明　因 $|z-z_0|<R$ 是包含在 D 内的 z_0 的邻域. 对这个邻域内的任何 z,把它固定时,总存在 $0<r<R$,使 $|z-z_0|<r$. 设 C 为 $|\zeta-z_0|=r$ 的正向(图 3.2),由 Cauchy 积分公式,有

$$f(z) = \frac{1}{2\pi\mathrm{i}}\oint_c \frac{f(\zeta)}{\zeta-z}\mathrm{d}\zeta$$

而由例 3.5,当 ζ 在 C 上变化时,$|z-z_0|<|\zeta-z_0|=r$,故

$$\frac{1}{\zeta-z} = \frac{1}{(\zeta-z_0)-(z-z_0)}$$

$$= \frac{1}{\zeta - z_0} \times \frac{1}{1 - \left(\dfrac{z - z_0}{\zeta - z_0}\right)}$$

$$= \sum_{n=0}^{\infty} \frac{1}{(\zeta - z_0)^{n+1}} (z - z_0)^n$$

于是

$$f(z) = \frac{1}{2\pi i} \oint_c \left[\sum_{n=0}^{\infty} \frac{f(\zeta)}{(\zeta - z_0)^{n+1}} (z - z_0)^n \right] d\zeta \tag{3-6}$$

在式(3-6)中, z 是 $|z - z_0| < r$ 内的定点, 与积分变量 ζ 无关. 只需证明积分号下的级数可在 C 上逐项积分, 则由式(3-6)可得式(3-5).

$f(z)$ 是 D 上的解析函数, 在 C 上, $f(z)$ 有界, 即存在 $M > 0$, 当 $\zeta \in C$ 时, $|f(\zeta)| \leqslant M$. 因此, 在 C: $|\zeta - z_0| = r$ 上,

$$\left| \frac{f(\zeta)}{2\pi i (\zeta - z_0)^{n+1}} (z - z_0)^n \right| = \frac{|f(\zeta)|}{2\pi |\zeta - z_0|} \left| \frac{z - z_0}{\zeta - z_0} \right|^n \leqslant \frac{M}{2\pi r} \left(\frac{|z - z_0|}{r} \right)^n$$

$$= \frac{M}{2\pi r} q^n = M_n$$

因为 $q = |z - z_0| / r < 1$, 所以 $\sum_{n=0}^{\infty} M_n$ 收敛. 由引理, 式(3-6)在 C 上关于 ζ 可逐项积分, 再注意 Cauchy 导数公式(2-6)

$$f(z) = \frac{1}{2\pi i} \oint_c \left[\sum_{n=0}^{\infty} \frac{f(\zeta)}{(\zeta - z_0)^{n+1}} (z - z_0)^n \right] dz$$

$$= \sum_{n=0}^{\infty} \left[\frac{1}{2\pi i} \oint_c \frac{f(\zeta)}{(\zeta - z_0)^{n+1}} d\zeta \right] (z - z_0)^n$$

$$= \sum_{n=0}^{\infty} \frac{f^{(n)}(z_0)}{n!} (z - z_0)^n$$

定理 3.12(展开的唯一性)　设 $f(z)$ 是 D 上的解析函数, z_0 是 D 内的定点, 且在 $|z - z_0| < R$ 内可展成幂级数

$$f(z) = \sum_{n=0}^{\infty} c_n' (z - z_0)^n \tag{3-7}$$

则式(3-7)一定是 $f(z)$ 在 z_0 点的 Taylor 级数, 即

$$c_n' = \frac{f^{(n)}(z_0)}{n!} \qquad (n = 0, 1, 2, \cdots)$$

证明　因为在 $|z - z_0| < R$ 内, $\sum_{n=0}^{\infty} c_n' (z - z_0)^n$ 绝对收敛. 取 $0 < r < r_1 < R$, 则由 $\sum_{n=0}^{\infty} c_n' r_1^n$ 的收敛性, 得 $\lim_{n \to \infty} c_n' r_1^n = 0$. 于是 $c_n' r_1^n$ 有界, 即存在 $M > 0$, 使

$|c'_n r_1^n| \leqslant M(n = 0, 1, 2, \cdots)$，则 $|c'_n r^n| = |c'_n r_1^n| \left(\dfrac{r}{r_1}\right)^n \leqslant M \left(\dfrac{r}{r_1}\right)^n = Mq^n.$ 因

$q = \dfrac{r}{r_1} < 1$，所以 $\displaystyle\sum_{n=0}^{\infty} Mq^n$ 是收敛的正项级数. 因此，级数 $\displaystyle\sum_{n=0}^{\infty} c'_n (z - z_0)^n$ 在

$|z - z_0| = r$ 上可以逐项积分(由 Abel 引理)，这样，当 $|z - z_0| = r < R$ 时，

$$\frac{1 \cdot f(z)}{2\pi \mathrm{i} (z - z_0)^{m+1}} = \sum_{n=0}^{\infty} \frac{c'_n}{2\pi \mathrm{i}} (z - z_0)^{n-m-1}$$

上式在 $C: |z - z_0| = r$ 上逐项积分，并利用例 2.2 以及 Cauchy 导数公式

$$\frac{f^{(m)}(0)}{m!} = c'_m$$

m 是任意非负整数，故 $c'_m = c_m.$

定理 3.12 说明，无论利用什么样的方法，所得的形如式(3-7)的幂级数都是 Taylor 级数，这就为间接展开方法提供了理论基础.

例 3.6 $f(z) = \mathrm{e}^z$ 在 z 平面上解析，且

$$f^{(n)}(0) = (\mathrm{e}^z)^{(n)} \big|_{z=0} = \mathrm{e}^z \big|_{z=0} = 1$$

所以它在 $z = 0$ 处的 Taylor 级数为

$$\mathrm{e}^z = \sum_{n=0}^{\infty} \frac{f^{(n)}(0)}{n!} z^n = \sum_{n=0}^{\infty} \frac{z^n}{n!}$$

$$= 1 + z + \frac{z^2}{2!} + \cdots + \frac{z^n}{n!} + \cdots \qquad (|z| < \infty)$$

例 3.7 利用

$$\cos z = \frac{\mathrm{e}^{\mathrm{i}z} + \mathrm{e}^{-\mathrm{i}z}}{2} = \frac{1}{2} \left[\sum_{n=0}^{\infty} \frac{1}{n!} (\mathrm{i}z)^n + \sum_{n=0}^{\infty} \frac{1}{n!} (-\mathrm{i}z)^n \right]$$

右式中奇数次幂正好消去，因此得

$$\cos z = \sum_{n=0}^{\infty} \frac{(-1)^n z^{2n}}{(2n)!}$$

$$= 1 - \frac{z^2}{2!} + \frac{z^4}{4!} + \cdots + (-1)^n \frac{z^{2n}}{(2n)!} + \cdots \qquad (|z| < \infty)$$

例 3.8 $\sin z = \displaystyle\sum_{n=0}^{\infty} \frac{(-1)^n z^{2n+1}}{(2n+1)!}$

$$= z - \frac{z^3}{3!} + \frac{z^5}{5!} + \cdots + (-1)^n \frac{z^{2n+1}}{(2n+1)!} + \cdots \qquad (|z| < \infty)$$

例 3.9 $\dfrac{1}{1-z} = 1 + z + \cdots + z^{n-1} + \cdots \qquad (|z| < 1)$

例 3.10 求 $f(z) = \dfrac{1}{(1+z)^2}$ 在 $z = 0$ 点的邻域内的 Taylor 级数.

解 $z_1 = -1$ 是 $f(z)$ 的唯一奇点，且 $|z_1 - 0| = 1$，故 $R = 1$. 例 3.9 中，用 z 替

换 $-z$,则

$$\frac{1}{1+z} = 1 - z + z^2 + \cdots + (-1)^n z^n + \cdots \qquad (|z| < 1)$$

逐项求导,得

$$-\frac{1}{(1+z)^2} = -1 + 2z + \cdots + (-1)^n n z^{n-1} + \cdots \qquad (|z| < 1)$$

于是

$$\frac{1}{(1+z)^2} = 1 - 2z + 3z^2 + \cdots + (-1)^n (n+1) z^n + \cdots \qquad (|z| < 1)$$

例 3.11　将 $\dfrac{1}{(1+z^2)^2}$ 展开为 z 的幂级数.

解　根据例 3.10,

$$\frac{1}{(1+\zeta)^2} = \sum_{n=0}^{\infty} (-1)^n (n+1) \zeta^n \qquad (|\zeta| < 1)$$

令 $\zeta = z^2$,则

$$\frac{1}{(1+z^2)^2} = \sum_{n=0}^{\infty} (-1)^n (n+1) z^{2n}$$
$$= 1 - 2z^2 + 3z^4 + \cdots + (-1)^n (n+1) z^{2n} + \cdots \qquad (|z| < 1)$$

例 3.12　求 $\ln(1+z)$ 在 $z=0$ 点的 Taylor 级数.

解　根据第 1.6.2 及例 2.10,$\ln(1+z)$
在复平面中割去从点 -1 沿负实轴向左的
射线的区域(图 3.3)上解析,且

$$[\ln(1+z)]' = \frac{1}{1+z}$$

由例 3.10,在 $|z| < 1$ 内,有

$$\frac{1}{1+z} = \sum_{n=0}^{\infty} (-1)^n z^n$$

根据定理 3.10,把上式逐项积分,得

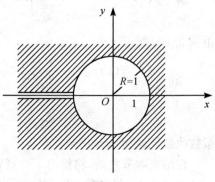

图 3.3

$$\ln(1+z) = \sum_{n=0}^{\infty} \frac{(-1)^n}{n+1} z^{n+1}$$
$$= z - \frac{z^2}{2} + \frac{z^3}{3} + \cdots + \frac{(-1)^{n-1}}{n} z^n + \cdots \qquad (|z| < 1)$$

例 3.13　求幂函数 $(1+z)^\alpha$ (α 为复数)的主值:
$$f(z) = e^{\alpha \ln(1+z)}, \qquad f(0) = 1$$
在 $z=0$ 点的 Taylor 展开式.

解　显然,$f(z)$ 在从 -1 沿负实轴向左剪开的复平面内解析,因此在 $|z| < 1$
内,可展开为 z 的幂级数.

根据复合函数求导法则

$$f'(z) = \alpha e^{\alpha \ln(1+z)} \frac{1}{1+z} = \alpha e^{(\alpha-1)\ln(1+z)}$$

$$f''(z) = \alpha(\alpha-1) e^{(\alpha-2)\ln(1+z)}$$

$$\cdots\cdots$$

$$f^{(n)}(z) = \alpha(\alpha-1)\cdots(\alpha-n+1) e^{(\alpha-n)\ln(1+z)}$$

$$\cdots\cdots$$

令 $z=0$,有

$$f(0)=1, \quad f'(0)=\alpha, \quad f''(0)=\alpha(\alpha-1), \quad \cdots,$$
$$f^{(n)}(0)=\alpha(\alpha-1)\cdots(\alpha-n+1), \quad \cdots$$

于是

$$(1+z)^{\alpha} = 1 + \alpha z + \frac{\alpha(\alpha-1)}{2!}z^2 + \frac{\alpha(\alpha-1)(\alpha-2)}{3!}z^3$$

$$+\cdots+ \frac{\alpha(\alpha-1)\cdots(\alpha-n+1)}{n!}z^n + \cdots \quad (|z|<1)$$

例 3.14 试将函数 $f(z)=\frac{z}{z+1}$ 在 $z_0=1$ 处展开成 Taylor 级数,且指出该级数的收敛范围.

解 $f(z)=\frac{z}{z+1}=1-\frac{1}{z+1}=1-\frac{1}{(z-1)+2}=1-\frac{1}{2}\frac{1}{1+\frac{z-1}{2}}$

由例 3.10,有

$$f(z) = 1 - \frac{1}{2}\sum_{n=0}^{\infty} (-1)^n \left(\frac{z-1}{2}\right)^n \left(\left|\frac{z-1}{2}\right|<1\right)$$

$$= 1 - \sum_{n=0}^{\infty} (-1)^n \frac{(z-1)^n}{2^{n+1}} \quad (|z-1|<2)$$

级数收敛区域为 $|z-1|<2$.

在结束本节之前,将给出下一章要用到的零点概念及解析函数的唯一性定理.

定义 3.4 设函数 $f(z)$ 在解析区域 D 内的一点 z_0 的值为零,则称 z_0 为解析函数 $f(z)$ 的零点.

定义 3.5 如果函数 $f(z)$ 在点 z_0 的某个邻域 $B(z_0,\delta)=\{z||z-z_0|<\delta\}$ 内解析,$f(z_0)=0$,且除了点 z_0 外,在 $B(z_0,\delta)$ 内,$f(z)$ 处处不为零,则称 z_0 为 $f(z)$ 孤立零点.

定义 3.6 如果解析函数 $f(z)$ 在点 z_0 的邻域内可以表示为

$$f(z) = (z-z_0)^m \psi(z)$$

其中 $\psi(z)$ 在点 z_0 解析,且 $\psi(z_0)\neq0$,$m\geq1$,则称 z_0 为 $f(z)$ 的 m 级零点,$m=1$ 时称为单零点.

　　设 $f(z)$ 在 $z=z_0$ 附近解析,不恒为零,$z=z_0$ 是 $f(z)$ 的零点,一定存在正整数 m,使 $f(z)=(z-z_0)^m\varphi(z)$.

　　定理 3.13　不恒为零的解析函数的零点必是孤立零点.

　　证明　设 z_0 为 $f(z)$ 的 m 级零点,于是由定义 3.6,存在着 z_0 的一个邻域 $B(z_0,\delta_1)$,则有

$$f(z) = (z-z_0)^m\psi(z), \qquad z \in B(z_0,\delta_1)$$

其中 $\psi(z)$ 在点 z_0 解析,且 $\psi(z_0)\neq 0$,从而 $\psi(z)$ 在点 z_0 必为连续的.由例 1.7 可知,存在 z_0 的邻域 $B(z_0,\delta_2)$,使在 $B(z_0,\delta_2)$ 内,$\psi(z)$ 恒不为零,所以 $f(z)$ 在邻域 $B(z_0,\delta)(\delta=\min(\delta_1,\delta_2))$ 内,除 z_0 外,再无零点,即 z_0 是 $f(z)$ 的孤立零点.

　　这个定理描述了解析函数有别于实可微函数的又一特性,对于一个实可微函数,其零点不一定是孤立的,例如

$$f(x) = \begin{cases} x^2\sin\dfrac{1}{x}, & x \neq 0 \\ 0, & x = 0 \end{cases}$$

$x=0$ 是 $f(x)$ 的零点,且 $f(x)$ 在 $x=0$ 可微,但 $x_n=\dfrac{1}{n\pi}(n=\pm 1,\pm 2,\cdots)$ 也是 $f(x)$ 的零点,且 $\lim\limits_{n\to\infty}x_n=0$,所以 $x=0$ 是 $f(x)$ 零点 x_n 的极限点,因而不是孤立的.

　　推论 3.2　设 $f(z)$ 在区域 D 内解析,$\{z_n\}(n=1,2,\cdots)$ 是 $f(z)$ 在 D 内的一列零点,$z_m\neq z_n(m\neq n)$,且 $z_n\to z_0(n\to\infty)$,$z_0\in D$,则 $f(z)$ 在 D 中恒为零.

　　推论 3.3(解析函数的唯一性定理)　设函数 $f(z)$ 与 $g(z)$ 在区域 D 内解析,$\{z_n\}(n=1,2,\cdots)$ 是 D 内的点列,$z_m\neq z_n(m\neq n)$,且 $z_n\to z_0(n\to\infty)$,$z_0\in D$.若对一切 n,都有 $f(z_n)=g(z_n)$,则在 D 内,恒有 $f(z)=g(z)$.

　　现在利用推论 3.2 来证明推论 3.3.设 $F(z)=f(z)-g(z)$,由于函数 $f(z)$ 与 $g(z)$ 在区域 D 内解析,$\{z_n\}(n=1,2,\cdots)$ 是 D 内的点列,当 $m\neq n$ 时,$z_m\neq z_n$,$z_n\to z_0(n\to\infty)$,$z_0\in D$,且对一切 n,都有 $f(z_n)=g(z_n)$,所以 $F(z)$ 在区域 D 内解析,并且有 $F(z_n)=0(n=0,1,2,\cdots)$,这样由推论 3.2 知 $F(z)$ 在 D 内必恒为零.

　　推论 3.3 说明了解析函数一个非常重要的特性.它指出定义在区域 D 内的两个解析函数,只要在 D 内的某一部分(子区域或孤段)上的值相等,则它们在整个区域 D 上的值相等.

　　定理 3.14　不恒为零的解析函数 $f(z)$ 以 z_0 为其 m 级零点的充分必要条件是
$$f(z_0) = f'(z_0) = \cdots = f^{(m-1)}(z_0) = 0$$
但 $f^{(m)}(z_0)\neq 0$.

　　证明　必要性.由定义 3.6 及定理 3.13 知,存在 z_0 的一个 δ 邻域 $B(z_0,\delta)$,使
$$f(z) = (z-z_0)^m\psi(z)$$

且 $\psi(z)$ 在点 z_0 解析，$\psi(z_0) \neq 0$. 所以 $\psi(z)$ 在 $B(z_0, \delta)$ 中可展为 Taylor 级数

$$\psi(z) = \psi(z_0) + \frac{\psi'(z_0)}{1!}(z - z_0) + \cdots + \frac{\psi^{(n)}(z_0)}{n!}(z - z_0)^n + \cdots \qquad (|z - z_0| < \delta)$$

所以

$$f(z) = (z - z_0)^m \psi(z)$$

$$= \psi(z_0)(z - z_0)^m + \frac{\psi'(z_0)}{1!}(z - z_0)^{m+1} + \cdots$$

$$+ \frac{\psi^n(z_0)}{n!}(z - z_0)^{m+n} + \cdots \qquad (|z - z_0| < \delta)$$

这就是 $f(z)$ 在 $|z - z_0| < \delta$ 中的 Taylor 展开式，由此可见

$$f(z_0) = f'(z_0) = \cdots = f^{(m-1)}(z_0) = 0, f^{(m)}(z_0) = \psi(z_0)m! \neq 0$$

充分性. 设 $f(z)$ 在点 z_0 解析，由 Taylor 展开定理可知，$f(z)$ 在 z_0 的邻域 $B(z_0, \delta) = \{z \mid |z - z_0| < \delta\}$ 内可展开成 Taylor 级数，由已知条件知，该级数为

$$f(z) = \frac{f^{(m)}(z_0)}{m!}(z - z_0)^m + \frac{f^{(m+1)}(z_0)}{(m+1)!}(z - z_0)^{m+1} + \cdots$$

$$= (z - z_0)^m \left[\frac{f^{(m)}(z_0)}{m!} + \frac{f^{(m+1)}(z_0)}{(m+1)!}(z - z_0) + \cdots \right] \qquad (|z - z_0| < \delta)$$

上式右端方括号内幂级数在 $|z - z_0| < \delta$ 内收敛，设其和函数为

$$\psi(z) = \frac{f^{(m)}(z_0)}{m!} + \frac{f^{(m+1)}(z_0)}{(m+1)!}(z - z_0) + \cdots \qquad (|z - z_0| < \delta)$$

且 $\psi(z_0) = \frac{f^{(m)}(z_0)}{m!} \neq 0$，$\psi(z)$ 在 $|z - z_0| < \delta$ 内解析，所以 $f(z)$ 在 $B(z_0, \delta)$ 内可表示为

$$f(z) = (z - z_0)^m \psi(z)$$

其中 $\psi(z)$ 在点 z_0 解析，且 $\psi(z_0) \neq 0$. 由定义 3.6 知，$z = z_0$ 是 $f(z)$ 的 m 级零点.

例 3.15 讨论函数 $f(z) = 1 - \cos z$ 零点的级.

解 显然，$z_k = 2k\pi (k = 0, \pm 1, \pm 2, \cdots)$ 是 $f(z)$ 的零点，由于

$$f(2k\pi) = 0, \qquad f'(2k\pi) = \sin z \mid_{z=2k\pi} = 0$$

$$f''(2k\pi) = \cos z \mid_{z=2k\pi} = 1 \neq 0$$

所以 $z_k = 2k\pi (k = 0, \pm 1, \pm 2, \cdots)$ 是 $f(z)$ 的二级零点.

例 3.16 是否存在着在原点解析且满足下列条件之一的函数 $f(z)$

(1) $f\left(\frac{1}{2n-1}\right) = 0, f\left(\frac{1}{2n}\right) = \frac{1}{2n}$；

(2) $f\left(\frac{1}{n}\right) = \frac{n}{n+1}$.

其中 $n = 1, 2, \cdots$.

解　(1) 由于 $\left\{\dfrac{1}{2n-1}\right\}$ 及 $\left\{\dfrac{1}{2n}\right\}$ 都以 0 为极限，由解析函数的唯一性定理，

$f(z)=z$ 是在原点解析并满足 $f\left(\dfrac{1}{2n}\right)=\dfrac{1}{2n}$ 的唯一函数；但此函数不满足

$f\left(\dfrac{1}{2n-1}\right)=0$. 因此满足这样两个条件且在原点解析的函数 $f(z)$ 不存在.

(2) $f\left(\dfrac{1}{n}\right)=\dfrac{n}{n+1}=\dfrac{1}{1+\dfrac{1}{n}}$，由解析函数的唯一性定理，$f(z)=\dfrac{1}{1+z}$ 是满足条

件且在原点解析的函数.

3.4　Laurent 级数

若 $f(z)$ 在 z_0 点解析，则在 z_0 的某邻域内，能展开为 Taylor 级数，其各项由
$z-z_0$ 的非负幂组成. 如果 $f(z)$ 在圆环域 $R_1<|z-z_0|<R_2$ 内解析，则 $f(z)$ 在这
个圆环域内不一定都能展开为 $z-z_0$ 的幂级数，但可以展开为含有 $z-z_0$ 的负指
数次幂项的级数，这类级数可表示为

$$\sum_{n=-\infty}^{+\infty} c_n (z-z_0)^n = \sum_{n=0}^{+\infty} c_n (z-z_0)^n + \sum_{n=1}^{+\infty} c_{-n} (z-z_0)^{-n} \qquad (3\text{-}8)$$

形如式(3-8)的级数称为 Laurent 级数. 该级数将在第 4 章讲述的孤立奇点与留数
理论中起重要作用.

级数(3-8)分为两部分，即由幂级数

$$\sum_{n=0}^{+\infty} c_n (z-z_0)^n = c_0 + c_1(z-z_0) + \cdots + c_n (z-z_0)^n + \cdots \qquad (3\text{-}9)$$

和只含负幂项的级数

$$\sum_{n=1}^{+\infty} c_{-n} (z-z_0)^{-n} = c_{-1} (z-z_0)^{-1} + \cdots + c_{-n} (z-z_0)^{-n} + \cdots \qquad (3\text{-}10)$$

组成.

级数(3-8)还可以写成

$$\sum_{n=-\infty}^{+\infty} c_n(z-z_0)^n = \cdots + c_{-n}(z-z_0)^{-n} + \cdots + c_{-1}(z-z_0)^{-1}$$
$$+ c_0 + c_1(z-z_0) + \cdots + c_n (z-z_0)^n + \cdots$$

由于级数(3-9)是幂级数，故存在收敛半径 R_2，使得在 $|z-z_0|<R_2$ 内收敛于
一个解析函数，但在 $|z-z_0|>R_2$ 上此级数发散. 另外，在 $|z-z_0|<R_2$ 内，恒可以
逐项求导和逐项积分.

级数(3-10)不是幂级数，但做变换 $\zeta=(z-z_0)^{-1}$ 后，成为 ζ 的幂级数

$$\sum_{n=1}^{+\infty} c_{-n}\zeta^n = c_{-1}\zeta + c_{-2}\zeta^2 + \cdots + c_{-n}\zeta^n + \cdots \tag{3-11}$$

级数(3-11)作为 ζ 的幂级数,存在收敛半径 R',使得在 $|\zeta| < R'$ 内,式(3-11)收敛于关于 ζ 的解析函数,而在 $|\zeta| > R'$ 内,处处发散.又注意 $\zeta = (z-z_0)^{-1}$ 在 $|z-z_0| > 0$ 内关于 z 解析.因此,式(3-10)在 $|z-z_0| > \dfrac{1}{R'}$ 内收敛于一个 z 的解析函数,但在 $|z-z_0| < \dfrac{1}{R'}$ 内,处处发散.令 $R_1 = \dfrac{1}{R'}$,则式(3-10)在 $|z-z_0| < R_1$ 内发散,而在 $|z-z_0| > R_1$ 内收敛于一个解析函数且可以逐项求导和逐项积分.

定义 3.7 若级数(3-9)和(3-10)都收敛,则称级数(3-8)收敛,这时式(3-9)的和与式(3-10)的和之和称为级数(3-8)的和;在式(3-9)式(3-10)中,至少有一个发散,则称级数(3-8)发散.

显然,当 $R_1 > R_2$ 时,级数(3-8)处处发散;当 $R_1 < R_2$ 时,级数(3-8)在圆环域:$R_1 < |z-z_0| < R_2$ 上收敛于一个解析函数,在 $|z-z_0| < R_1$ 内,级数(3-9)发散,而在 $|z-z_0| > R_2$ 上,式(3-10)发散,故在 $|z-z_0| < R_1$ 和 $|z-z_0| > R_2$ 上,式(3-8)发散(图 3.4).

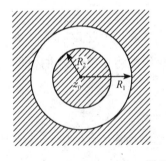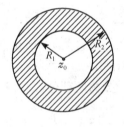

图 3.4

当 $R_1 < R_2$ 时,$R_1 < |z-z_0| < R_2$ 称为式(3-8)的收敛环域.在收敛环域的内圆周 $|z-z_0| = R_1$ 和外圆周 $|z-z_0| = R_2$ 上的点处,式(3-8)既可能收敛,也可能发散.

当 $R_1 < R_2$ 时,R_1 与 R_2 分别称为(3-8)的收敛环域的内半径和外半径.特殊情况下,可以有 $R_1 = 0$ 或 $R_2 = +\infty$.习惯上,式(3-9)称为式(3-8)的解析部分,而式(3-10)称为式(3-8)的主要部分.

定理 3.15(Laurent 展开定理,1843 年) 设 $0 \leqslant R_1 < R_2 \leqslant +\infty$,$f(z)$ 在圆环域:$R_1 < |z-z_0| < R_2$ 内解析,则 $f(z)$ 在此环域内可展开为 Laurent 级数

$$f(z) = \sum_{n=-\infty}^{+\infty} c_n(z-z_0)^n \qquad (R_1 < |z-z_0| < R_2)$$

此处 $c_n = \dfrac{1}{2\pi i} \oint_c \dfrac{f(z)}{(z-z_0)^{n+1}} dz (n=0,\pm 1,\pm 2,\cdots),C$ 是圆周 $|z-z_0|=R(R_1 < R < R_2)$ 的正向. C 也可以是把 z_0 含在其内部的圆环域内的按段光滑 Jordan 曲线.

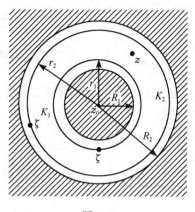

证明　设 z 是 $R_1 < |z-z_0| < R_2$ 内的任意点,把它固定之后,适当选取 r_1, r_2,使 $R_1 < r_1 < |z-z_0| < r_2 < R_2$,并做辅助圆 $K_1: |z-z_0|=r_1$ 和 $K_2: |z-z_0|=r_2$,则 z 是圆环域 $r_1 < |z-z_0| < r_2$ 内的一定点(图 3.5).根据 Cauchy 积分公式

$$f(z) = \frac{1}{2\pi i} \int_{|\zeta-z|=\rho} \frac{f(\zeta)}{\zeta-z} d\zeta$$

图 3.5

此处圆 $C_\rho: |\zeta-z|=\rho$ 包含环域 $r_1 < |z-z_0| < r_2$ 内.

再由复合闭路的 Cauchy 积分定理,有

$$f(z) = \frac{1}{2\pi i} \oint_{K_2} \frac{f(\zeta)}{\zeta-z} d\zeta - \frac{1}{2\pi i} \oint_{K_1} \frac{f(\zeta)}{\zeta-z} d\zeta \tag{3-12}$$

其中积分变量 ζ 分别在 K_2 和 K_1 上变化. 当 ζ 在 K_2 上变化时,$|\zeta-z_0| > |z-z_0|$,即

$$\left| \frac{z-z_0}{\zeta-z_0} \right| = \frac{|z-z_0|}{r_2} < 1$$

故由例 3.9

$$\frac{1}{\zeta-z} = \frac{1}{(\zeta-z_0)-(z-z_0)} = \sum_{n=0}^{+\infty} \frac{1}{(\zeta-z_0)^{n+1}} (z-z_0)^n \tag{3-13}$$

当 ζ 在 K_1 上变化时,$\left| \dfrac{\zeta-z_0}{z-z_0} \right| = \dfrac{r_1}{|z-z_0|} < 1$,类似可得

$$\frac{1}{\zeta-z} = -\sum_{n=0}^{+\infty} \frac{1}{(z-z_0)^{n+1}} (\zeta-z_0)^n = -\sum_{n=1}^{+\infty} \frac{1}{(\zeta-z_0)^{-n+1}} (z-z_0)^{-n}$$

$$\tag{3-14}$$

把式(3-13)与(3-14)代到式(3-12)中,得

$$f(z) = \frac{1}{2\pi i} \oint_{K_2} \left[\sum_{n=0}^{+\infty} \frac{f(\zeta)}{(\zeta-z_0)^{n+1}} (z-z_0)^n \right] d\zeta$$

$$+ \frac{1}{2\pi i} \oint_{K_1} \left[\sum_{n=1}^{+\infty} \frac{f(\zeta)}{(\zeta-z_0)^{-n+1}} (z-z_0)^{-n} d\zeta \right] \tag{3-15}$$

式(3-15)的第一项与定理 3.11 的证明方法完全相同,可知其能逐项积分,而当 ζ 在 K_1 上时,$f(\zeta)$ 有界,即存在 M',使 $\zeta \in K_1$ 时,$|f(\zeta)| \leqslant M'$,因此

$$\left| \frac{f(\zeta)\,(z-z_0)^{-n}}{(\zeta-z_0)^{-n+1}} \right| \leqslant \frac{M'}{r_1} \left| \frac{r_1}{z-z_0} \right|^n = \frac{M'}{r_1} q^n$$

其中 $q = \dfrac{r_1}{|z-z_0|} < 1$，而 $\sum\limits_{n=0}^{+\infty} \dfrac{M'}{r_1} q^n$ 是收敛的正项级数，根据 3.3 节中的引理，作为 ζ 的级数，式(3-15)的第二项可在 K_1 上逐项积分. 因此，

$$
\begin{aligned}
f(z) &= \sum_{n=0}^{+\infty} \left[\frac{1}{2\pi i} \oint_{K_2} \frac{f(\zeta)}{(\zeta-z_0)^{n+1}} d\zeta \right] (z-z_0)^n \\
&\quad + \sum_{n=1}^{+\infty} \left[\frac{1}{2\pi i} \oint_{K_1} \frac{f(\zeta)}{(\zeta-z_0)^{-n+1}} d\zeta \right] (z-z_0)^{-n} \\
&= \sum_{n=0}^{+\infty} c_n\,(z-z_0)^n + \sum_{n=1}^{\infty} c_{-n}\,(z-z_0)^{-n} \\
&= \sum_{n=-\infty}^{+\infty} c_n\,(z-z_0)^n
\end{aligned}
$$

注：由复合闭路定理，$\dfrac{f(\zeta)}{(\zeta-z_0)^{n+1}}$ 在 K_1 和 K_2 上的积分都等于在 $C:|z-z_0|=R$ 上的积分.

这里，系数 $c_n = \dfrac{1}{2\pi i} \oint \dfrac{f(\zeta)}{(\zeta-z_0)^{n+1}} d\zeta$ 与 3.2 节中 Taylor 级数的系数公式形式上完全相同，但这里的 $f(z)$ 不是 $|z-z_0|<R_1$ 内的解析函数，因此不能化为 z_0 处的导数 $\dfrac{1}{n!} f^{(n)}(z_0)$.

定理 3.16（Laurent 展开的唯一性）　设 $f(z)$ 在圆环域 $R_1<|z-z_0|<R_2$ 内解析，则 $f(z)$ 在此圆环域内的 Laurent 展开式是唯一的.

证明　利用证明 Taylor 展开式唯一性的方法，可以证明 Laurent 级数也能逐项积分. 设 $\sum\limits_{n=-\infty}^{+\infty} c_n\,(z-z_0)^n$ 也是在 $R_1<|z-z_0|<R_2$ 上的 Laurent 展开式，则在 $C:|z-z_0|=R(R_1<R<R_2)$ 上

$$\frac{f(z)}{2\pi i\,(z-z_0)^{m+1}} = \frac{1}{2\pi i} \sum_{n=-\infty}^{+\infty} c_n'(z-z_0)^{n-m-1}$$

在 C 上，上式两端取积分，左端等于 c_m，右端逐项积分之后，根据例 2.2，只有当 $n-m-1=-1$ 时，积分不为零，而其余项均为 0，因此上式右端在 C 上积分等于 c_m'，即 $c_m = c_m'(n=0,\pm1,\pm2,\cdots)$，因此，Laurent 展开是唯一的.

例 3.17　把函数 $f(z) = \dfrac{1}{(z-1)(z-2)}$ 在如下不同环域内展开为 Laurent 级数：

(1) $0<|z|<1$；　　　　　　(2) $1<|z|<2$；

(3) $2<|z|<+\infty$；　　　　(4) $0<|z-1|<1$.

解　$f(z)$ 在 $z=1$ 和 $z=2$ 不解析，在其他点处都解析. 且可分解为

$$f(z) = \frac{1}{1-z} - \frac{1}{2-z}$$

(1) 在 $|z|<1$ 内，有

$$\frac{1}{1-z} = 1 + z + z^2 + \cdots + z^n + \cdots$$

而在 $|z|<2$ 内，有

$$\frac{1}{2-z} = \frac{1}{2} \times \frac{1}{1-\frac{z}{2}} = \frac{1}{2} + \frac{z}{2^2} + \frac{z^2}{2^3} + \cdots + \frac{z^n}{2^{n+1}} + \cdots$$

因此，在公共部分 $|z|<1$ 内，有

$$f(z) = (1 + z + z^2 + \cdots) - \left(\frac{1}{2} + \frac{z}{2^2} + \frac{z^2}{2^3} + \cdots\right) = \frac{1}{2} + \frac{3}{4}z + \frac{7}{8}z^2 + \cdots$$

(2) 在 $1<|z|<2$ 内，有

$$\left|\frac{1}{z}\right| < 1, \left|\frac{z}{2}\right| < 1$$

故

$$\frac{1}{1-z} = \frac{-1}{z} \times \frac{1}{1-\frac{1}{z}} = -\frac{1}{z}\left(1 + \frac{1}{z} + \frac{1}{z^2} + \cdots\right) = -\frac{1}{z} - \frac{1}{z^2} - \frac{1}{z^3} - \cdots$$

$$\frac{1}{2-z} = \frac{1}{2} \times \frac{1}{1-\frac{z}{2}} = \frac{1}{2} + \frac{z}{2^2} + \frac{z^2}{2^3} + \cdots$$

综上，在 $1<|z|<2$ 内，有

$$f(z) = \cdots - \frac{1}{z^n} - \frac{1}{z^{n-1}} - \cdots - \frac{1}{z^2} - \frac{1}{z} - \frac{1}{2} - \frac{z}{2^2} - \frac{z^2}{2^3} - \cdots - \frac{z^n}{2^{n+1}} - \cdots$$

(3) 在 $|z|>2$ 内，有 $\left|\frac{1}{z}\right| < 1, \left|\frac{2}{z}\right| < 1$，故

$$\frac{1}{1-z} = -\frac{1}{z} - \frac{1}{z^2} - \frac{1}{z^3} - \cdots$$

$$\frac{1}{2-z} = \frac{-1}{z} \times \frac{1}{1-\frac{2}{z}} = -\frac{1}{z}\left(1 + \frac{2}{z} + \frac{4}{z^2} + \cdots\right)$$

在 $2<|z|<+\infty$ 内，有

$$f(z) = \left(\frac{1}{z} + \frac{2}{z^2} + \frac{4}{z^3} + \cdots\right) - \left(\frac{1}{z} + \frac{1}{z^2} + \frac{1}{z^3} + \cdots\right)$$

$$= \frac{1}{z^2} + \frac{3}{z^3} + \frac{7}{z^4} + \cdots$$

(4) 由 $0<|z-1|<1$ 知 $z_0=1$，展开的级数形式应为 $\sum\limits_{n=-\infty}^{+\infty} c_n(z-1)^n$，所以

$$f(z) = \frac{1}{(z-1)(z-2)} = \frac{1}{z-2} - \frac{1}{z-1}$$

$$= \frac{1}{z-1-1} - \frac{1}{z-1} = -\frac{1}{1-(z-1)} - \frac{1}{z-1}$$

$$= -\sum_{n=0}^{+\infty} (z-1)^n - \frac{1}{z-1} \qquad (0<|z-1|<1)$$

从例 3.17 可见，对不同的圆环域，Laurent 展开式各不相同. 这与定理 3.16 中所讲的唯一性并不矛盾. 定理 3.16 所指的唯一性是对一个确定的圆环域而言的. 在例 3.17 中的 $f(z)$ 还可以在 $1<|z-1|<+\infty$，$0<|z-2|<1$，$1<|z-2|<+\infty$，$0<|z-2|<1$，$1<|z-2|<+\infty$ 等不同环域内展开为 Laurent 级数，且在这些不同环域内的展开式各不相同.

例 3.18　将函数 $f(z)=\dfrac{1}{(z-2)(z-3)^2}$ 在 $0<|z-2|<1$ 中展开 Laurent 级数.

解　因为在 $0<|z-2|<1$ 内展开，所以 $z_0=2$，级数形式应为 $\sum\limits_{n=-\infty}^{+\infty} c_n(z-2)^n$. 因为

$$\frac{1}{z-3} = \frac{1}{(z-2)-1} = -\frac{1}{1-(z-2)}$$

$$= -\sum_{n=0}^{+\infty} (z-2)^n \qquad (|z-2|<1)$$

而

$$\frac{1}{(z-3)^2} = -\left(\frac{1}{z-3}\right)'$$

$$= \left[\sum_{n=0}^{+\infty} (z-2)^n\right]' \qquad (|z-2|<1)$$

$$= 1 + 2(z-2) + \cdots + n(z-2)^{n-1} + \cdots \qquad (|z-2|<1)$$

所以

$$f(z) = \frac{1}{(z-2)(z-3)^2} = \frac{1}{z-2} \cdot \frac{1}{(z-3)^2}$$

$$= \frac{1}{z-2}\left[1 + 2(z-2) + \cdots + n(z-2)^{n-1} + \cdots\right]$$

$$= \frac{1}{z-2} + 2 + 3(z-2) + \cdots + n(z-2)^{n-2} + \cdots$$

$$= \sum_{n=1}^{+\infty} n (z-2)^{n-2} \qquad (0 < |z-2| < 1)$$

例 3.19　把 $f(z) = z^2 \mathrm{e}^{\frac{1}{z}}$ 在 $0 < |z| < +\infty$ 内展开为 Laurent 级数.

解　除 $z=0$ 点之外, $f(z)$ 在复平面内处处解析, 而对任何复数 ζ, 由例 3.6,

$$\mathrm{e}^{\zeta} = 1 + \zeta + \frac{\zeta^2}{2!} + \cdots + \frac{\zeta^n}{n!} + \cdots$$

当 $z \neq 0$ 时, 令 $z^{-1} = \zeta$, 则

$$\mathrm{e}^{\frac{1}{z}} = 1 + z^{-1} + \frac{z^{-2}}{2!} + \cdots + \frac{z^{-n}}{n!} + \cdots$$

故在 $0 < |z| < +\infty$ 上,

$$f(z) = z^2 \mathrm{e}^{\frac{1}{z}} = z^2 + z + \frac{1}{2!} + \frac{z^{-1}}{3!} + \cdots + \frac{z^{2-n}}{n!} + \cdots$$

这就是所要求的 Laurent 级数.

以上例子中所采用的都是间接方法, 利用了已知函数的 Taylor 级数, 这是 Laurent 级数展开的主要方法. 利用公式 $c_n = \dfrac{1}{2\pi \mathrm{i}} \oint_C \dfrac{f(z)}{(z-z_0)^{n+1}} \mathrm{d}z$ 计算系数 c_n 的方法比较复杂.

3.5　调　和　函　数

3.5.1　调和函数的概念与实例

如果二元函数 $\varphi(x, y)$ 在区域 D 上存在二阶连续偏导数, 且满足二阶偏微分方程

$$\frac{\partial^2 \varphi}{\partial x^2} + \frac{\partial^2 \varphi}{\partial y^2} = 0 \tag{3-16}$$

则称 $\varphi(x, y)$ 是区域 D 上的调和函数. 方程(3-16)称为 Laplace(拉普拉斯)方程.

工程中的许多问题, 如平面上的稳定温度场、静电场和稳定流场等都满足 Laplace 方程. 下面简单推导平面稳定温度场中温度函数是一个调和函数.

设所考虑物质的导热性能在某一区域 D 内是均匀且各向同性的, 导热系数是常数, 且 D 内没有热源, 这样, 在 D 内就形成一个稳定的温度场. 设 $T(x, y)$ 表示其温度分布函数, 在 D 内任取一条其内部属于 D 的简单闭曲线 C, 以 σ 表示其内部. 根据物理学中的 Fourier 定律, 在单位时间内, 通过 C 上一个小弧段 $\mathrm{d}s$ 自 C 的内部 σ 流出的热量是

$$-k \frac{\partial T}{\partial n} \mathrm{d}s$$

其中 n 表示外法线方向. 因此,通过整个曲线 C 流出的热量应是

$$-k\int_C \frac{\partial T}{\partial n} = -k\int_C \left[\frac{\partial T}{\partial x}\cos(n,x) + \frac{\partial T}{\partial y}\cos(n,y)\right]\mathrm{d}s$$

$$= -k\iint_\sigma \left(\frac{\partial^2 T}{\partial x^2} + \frac{\partial^2 T}{\partial y^2}\right)\mathrm{d}x\mathrm{d}y$$

因为 σ 内各点的温度不随时间改变,并且没有热源存在,所以应有

$$\iint_\sigma \left(\frac{\partial^2 T}{\partial x^2} + \frac{\partial^2 T}{\partial y^2}\right)\mathrm{d}x\mathrm{d}y = 0$$

由于 C 的任意性,有

$$\frac{\partial^2 \varphi}{\partial x^2} + \frac{\partial^2 \varphi}{\partial y^2} = 0$$

即温度分布函数是一个调和函数(图 3.6).

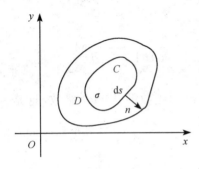

图 3.6

3.5.2　解析函数与调和函数的关系

第 2 章讲述了区域 D 内的解析函数的导函数仍在区域 D 内解析. 因此,当 $f(z)$ 在区域 D 内解析时,$f'(z)$,$f''(z)$,$\cdots$都在 D 内解析,所以,解析函数 $f(x)=u(x,y)+\mathrm{i}v(x,y)$ 的实部 $u(x,y)$ 和虚部 $v(x,y)$ 在区域 D 内存在各阶连续偏导数. 下面讨论 $u(x,y)$ 与 $v(x,y)$ 的性质.

定理 3.17　设 $f(z)=u(x,y)+\mathrm{i}v(x,y)$ 是区域 D 内的解析函数,则 $u(x,y)$ 和 $v(x,y)$ 都是区域 D 内的调和函数,即都满足方程(3-16).

证明　$f(z)$ 在 D 内解析,满足 Cauchy-Riemann 条件

$$\frac{\partial u}{\partial x} = \frac{\partial v}{\partial y}, \qquad \frac{\partial v}{\partial x} = -\frac{\partial u}{\partial y}$$

已经指出,u 与 v 存在各阶连续偏导数,两个方程分别对 x 和 y 求导,则

$$\frac{\partial^2 u}{\partial x^2} = \frac{\partial}{\partial x}\left(\frac{\partial v}{\partial y}\right), \qquad \frac{\partial^2 u}{\partial y^2} = -\frac{\partial}{\partial y}\left(\frac{\partial v}{\partial x}\right)$$

当混合偏导数连续时,求导次序可以变换. 因此,两式相加后得

$$\frac{\partial^2 u}{\partial x^2} + \frac{\partial^2 u}{\partial y^2} = 0$$

用类似的方法可得 $\dfrac{\partial^2 v}{\partial x^2} + \dfrac{\partial^2 v}{\partial y^2} = 0$.

如果 $u(x,y)$,$v(x,y)$ 都是区域 D 内的调和函数,且 $u+\mathrm{i}v$ 是 D 内的解析函数,则称 v 是 u 的共轭调和函数. 也就是说,u,v 是区域 D 内满足方程组(1-22)的调和函数,则称 v 是 u 的共轭调和函数.

不难证明,当 $u(x,y),v(x,y)$ 为某一解析函数实部与虚部(即 v 是 u 的共轭调和函数)时,则它们的等高线 $u(x,y)=c_1$ 和 $v(x,y)=c_2(c_1,c_2$ 是常数)互相正交(即交点处的切线互相垂直),此处不再详细讨论这个问题.

读者也许会提出:已知 $u(x,y)$ 是区域 D 内的调和函数,是否存在调和函数 $v(x,y)$,使得函数 $f(z)=u+iv$ 是 D 内的解析函数呢? 或者已知调和函数 $v(x,y)$ 时,是否存在调和函数 $u(x,y)$,使得 $f(z)=u+iv$ 是 D 内的解析函数呢? 答案是肯定的,以下用举例的方法说明这个问题.

例 3.20　证明 $u(x,y)=y^3-3x^2y$ 是全平面内的调和函数,进而求以它为实部的解析函数 $f(z)$.

解　因为

$$\frac{\partial u}{\partial x}=-6xy, \qquad \frac{\partial^2 u}{\partial x^2}=-6y$$

$$\frac{\partial u}{\partial y}=3y^2-3x^2, \qquad \frac{\partial^2 u}{\partial y^2}=6y$$

所以 $\dfrac{\partial^2 u}{\partial x^2}+\dfrac{\partial^2 u}{\partial y^2}=0$ 处处成立,因此,$u(x,y)$ 是全平面内的调和函数. 由式(1-22)得

$$\frac{\partial v}{\partial x}=3x^2-3y^2, \qquad \frac{\partial v}{\partial y}=-6xy \qquad\qquad (3\text{-}17)$$

可以通过解方程组或计算曲线积分的方法,从式(3-17)中求出函数 $v(x,y)$. 这里将介绍更为简便而不易出错的方法. 根据式(1-23),

$$f'(z)=\frac{\partial u}{\partial x}-i\frac{\partial u}{\partial y}=-6xy+3i(x^2-y^2) \qquad\qquad (3\text{-}18)$$

在式(3-18)中,令 $y=0$,即 z 在实轴上取值,则

$$f'(x)=3ix^2$$

对自变量 x 积分,则

$$f(x)=i(x^3+C)$$

由解析函数的唯一性定理,将上式中的 x 替换成 z,有

$$f(z)=i(z^3+C)$$

这就是所要求的解析函数,其中 C 是实常数.

例 3.21　已知调和函数 $v(x,y)=e^x(y\cos y+x\sin y)+x+y$ 是解析函数 $f(z)$ 的虚部,且 $f(0)=1$,求 $f(z)$ 的表达式.

解　由式(1-23),

$$f'(z)=\frac{\partial v}{\partial y}+i\frac{\partial v}{\partial x}=e^x(\cos y-y\sin y+x\cos y)+1$$
$$+i[e^x(y\cos y+x\sin y+\sin y)+1]$$

令 $y=0$,即 z 在实轴取值,则

$$f'(x) = xe^x + e^x + 1 + i = e^x(1+x) + 1 + i$$

对 x 积分后得

$$f(x) = xe^x + (1+i)x + C$$

把 x 替换成 z,则

$$f(z) = ze^z + (1+i)z + C$$

而由 $f(0)=1$ 知 $C=1$,于是

$$f(z) = ze^z + (1+i)z + 1$$

例 3.22　求以调和函数 $v = \arctan \dfrac{y}{x}$ $(x>0)$ 为虚部的解析函数 $f(z)$.

解　根据式(1-23),

$$f'(z) = \frac{\partial v}{\partial y} + i \frac{\partial v}{\partial x} = \frac{x}{x^2+y^2} + i \frac{-y}{x^2+y^2}$$

令 $y=0$,即当 $z=x$ 时,$f'(x) = \dfrac{1}{x}$,因此 $f(x) = \ln x + C$,由解析函数的唯一性定理,把 x 替换成 z,则

$$f(z) = \ln z + C \quad (C \text{ 为实数})$$

习　题　3

1. 幂级数 $\displaystyle\sum_{n=0}^{\infty} c_n (z-2)^n$ 能否在 $z=0$ 处收敛,而在 $z=3$ 处发散? 为什么?

2. 如果 $\displaystyle\sum_{n=0}^{\infty} c_n z^n$ 的收敛半径为 R,证明级数 $\displaystyle\sum_{n=0}^{\infty} (\mathrm{Re}\,c_n)z^n$ 和 $\displaystyle\sum_{n=0}^{\infty} (\mathrm{Im}\,c_n)z^n$ 的收敛半径都不小于 R.

3. 对任何实数 x,$f(x) = \dfrac{1}{1+x^2}$ 存在各阶导数,但是级数

$$\frac{1}{1+x^2} = 1 - x^2 + x^4 - x^6 + \cdots$$

却只在 $|x|<1$ 时收敛. 利用复变函数论中的幂级数理论,说明其理由.

4. 把下列函数展开成 z 的幂级数,并指出它的收敛半径:

(1) $\dfrac{1}{1+z^3}$；

(2) $\dfrac{1}{(1+z^2)^2}$；

(3) $\cos z^2$；

(4) $\mathrm{sh}\, z$；

(5) $\mathrm{ch}\, z$；

(6) $\mathrm{e}^{\frac{z}{z-1}}$(提示:利用直接法).

5. 把下列各函数展开成指定点 z_0 的 Taylor 级数,并指出它的收敛半径(至少写出前三项):

(1) $\dfrac{z-1}{z+1}$, $z_0 = 1$；

(2) $\dfrac{z}{(z+1)(z+2)}$, $z_0 = 1$；

(3) $\dfrac{z}{z^2-2z+1}$, $z_0 = i$；

(4) $\tan z$, $z_0 = \dfrac{\pi}{4}$；

(5) $\sin(2z - z^2), z_0 = 1;$ (6) $\int_0^z e^{\zeta^2} \, d\zeta, z_0 = 0.$

6. 设幂级数 $\sum\limits_{n=0}^{\infty} c_n (z-1)^n$ 在 $z_1 = 0$ 处收敛,而在 $z_2 = 2$ 处发散,问此级数在 $z = \dfrac{1}{2}$ 和 $z = 3$ 处是否收敛?为什么?

7. 利用解析函数的唯一性定理证明:$\cos^2 z + \sin^2 z = 1.$

8. 设 $f(z) = u + iv$ 解析且 $u - v = x^2 - y^2$,求 $f(z).$

9. 设函数 $f(z)$ 在 D 内解析,证明:若对某一点 $z_0 \in D$,有
$$f^{(n)}(z_0) = 0, \qquad n = 1, 2, \cdots$$
那么,函数 $f(z)$ 在 D 内为常数.

10. 把下列各函数在指定的圆环域内展开为 Laurent 级数:

(1) $\dfrac{1}{(z^2+1)(z-2)}, 1 < |z| < 2;$

(2) $\dfrac{1}{z(1-z)^2}, 0 < |z| < 1, 0 < |z-1| < 1;$

(3) $\dfrac{1}{(z-1)(z-2)}, 0 < |z-1| < 1, 1 < |z-2| < +\infty;$

(4) $\dfrac{1}{z^2(z-i)}, 0 < |z-i| < 1;$

(5) $e^{\frac{1}{1-z}}, 1 < |z| < +\infty$(提示:利用习题 3 题 4(6));

(6) $\dfrac{1}{1-z} e^z, 0 < |z-1| < +\infty;$

(7) $z^2 \sin \dfrac{1}{z-1}, 0 < |z-1| < +\infty;$

(8) $\sin \dfrac{z}{1-z}, 0 < |z-1| < 1.$

11. 下列函数能否在原点的某一去心邻域内展开成 Laurent 级数?说明其理由.

(1) $\cos \dfrac{1}{z};$ (2) $\sec \dfrac{1}{z};$

(3) $\operatorname{th} \dfrac{1}{z};$ (4) $\dfrac{1}{\sin \dfrac{1}{z}};$

(5) $\ln z.$

12. 设 k 是实数,且 $k^2 < 1.$ 利用 $\dfrac{1}{1-z}$ 在 $z = 0$ 的 Taylor 级数证明:

(1) $\sum\limits_{n=0}^{\infty} k^n \sin(n+1)\theta = \dfrac{\sin\theta}{1 - 2k\cos\theta + k^2};$

(2) $\sum\limits_{n=0}^{\infty} k^n \cos(n+1)\theta = \dfrac{\cos\theta - k}{1 - 2k\cos\theta + k^2}.$

13. $u = x + y$ 和 $v = x + y + 1$ 是不是调和函数?v 是不是 u 的共轭调和函数?

14. 证明:$u = x^2 - y^2$ 和 $v = \dfrac{y}{x^2 + y^2}$ 都是调和函数,但 $f(z) = u + iv$ 不是解析函数.

15. 已知调和函数 u(或 v),求解析函数 $f(z)=u+\mathrm{i}v$.

(1) $u=(x-y)(x^2+y^2+4xy)$;

(2) $v=\dfrac{y}{x^2+y^2}$,$f(2)=0$;

(3) $u=2xy-2y$,$f(2)=-\mathrm{i}$;

(4) $u=\dfrac{1}{2}\ln(x^2+y^2)$(在去掉原点和负实轴的区域内);

(5) $v=\ln(x^2+y^2)-x^2+y^2$;

(6) $u=\mathrm{e}^x(x\cos y-y\sin y)+2\sin x\,\mathrm{sh}y$;

(7) $v=\ln(x^2+y^2)+x-2y$;

(8) $v=3+x^2-y^2-\dfrac{y}{2(x^2+y^2)}$.

第 4 章 留数及其应用

4.1 孤 立 奇 点

本节将利用 Laurent 级数展开式研究函数在孤立奇点处的性质.

如果函数 $f(z)$ 在 z_0 点不解析,则称 z_0 是 $f(z)$ 的一个奇点. 如果 z_0 是 $f(z)$ 的一个奇点,且存在 $\delta > 0$,使 $f(z)$ 在 $0 < |z-z_0| < \delta$ 内解析,则称 z_0 是 $f(z)$ 的孤立奇点.

若 z_0 是 $f(z)$ 的孤立奇点,此时 $f(z)$ 在圆环域 $0 < |z-z_0| < \delta$ 内解析,根据 Laurent 级数展开定理,则 $f(z)$ 可以展开为

$$f(z) = \sum_{n=-\infty}^{+\infty} c_n (z-z_0)^n \tag{4-1}$$

其中 $c_n = \dfrac{1}{2\pi i} \oint_C \dfrac{f(\zeta)}{(\zeta-z_0)^{n+1}} \mathrm{d}\zeta (n = 0, \pm 1, \pm 2, \cdots)$,而 C 是以 z_0 为中心,半径小于 δ 的圆周的正向.

根据式(4-1)中 c_n 的不同情况,可以把 $f(z)$ 的孤立奇点 z_0 分为 3 种不同类型.

4.1.1 可去奇点

定义 4.1 如果 $f(z)$ 在 $0 < |z-z_0| < \delta$ 内的展开式(4-1)中不含有 $z-z_0$ 的负幂项,即当 $n = -1, -2, -3, \cdots$ 时,式(4-1)中的 $c_n = 0$,则称 z_0 是 $f(z)$ 的可去奇点.

例 4.1 $z = 0$ 是 $f(z) = \dfrac{\sin z}{z}$ 的可去奇点.

解 对任何 z,

$$\sin z = z - \frac{z^3}{3!} + \cdots + (-1)^n \frac{z^{2n+1}}{(2n+1)!} + \cdots$$

则在 $0 < |z| < \infty$ 内,有

$$\frac{\sin z}{z} = 1 - \frac{z^2}{3!} + \frac{z^4}{5!} + \cdots + (-1)^n \frac{z^{2n}}{(2n+1)!} + \cdots$$

显然 $f(z)$ 在 $0 < |z| < \infty$ 的 Laurent 级数展开式中不含 z 的负幂项,因此,$z = 0$ 是 $f(z) = \dfrac{\sin z}{z}$ 的可去奇点.

设 z_0 是 $f(z)$ 的可去奇点,则式(4-1)变为

$$f(z) = \sum_{n=0}^{+\infty} c_n(z-z_0)^n = c_0 + c_1(z-z_0) + c_2(z-z_0)^2 + \cdots \qquad (4\text{-}2)$$

式(4-2)的右端是幂级数,收敛半径至少为 δ,因此,其和函数在 $|z-z_0| < \delta$ 内解析,于是 $\lim\limits_{z \to z_0} f(z) = c_0$.

反之,设 $f(z)$ 在 $0 < |z-z_0| < \delta$ 上解析,且 $\lim\limits_{z \to z_0} f(z)$ 存在,由极限的存在性,函数 $f(z)$ 在 z_0 点的某个去心邻域内有界,即存在两个正数 M 及 $\rho_0 < \delta$,使得在 $0 < |z-z_0| \leqslant \rho_0$ 内,有 $|f(z)| \leqslant M$. 又因为 $f(z)$ 在 $0 < |z-z_0| < \delta$ 上解析,所以式(4-1)成立. 下面,估计式(4-1)中的系数 c_n. 为此,任取 $0 < \rho < \rho_0$, $c_\rho : |z-z_0| = \rho$,

$$|c_n| = \left| \frac{1}{2\pi i} \oint_{C_\rho} \frac{f(z)}{(z-z_0)^{n+1}} \mathrm{d}z \right| \leqslant \frac{M}{2\pi\rho^{n+1}} 2\pi\rho = \frac{M}{\rho^n}$$

因此,当 n 为负整数时,令 $\rho \to 0$,得 $c_n = 0$. 由此可知,式(4-1)中负幂项系数为零,于是 z_0 是 $f(z)$ 的可去奇点.

这样,我们得到了 $f(z)$ 在可去奇点处的特性.

定理 4.1　设 $f(z)$ 在 $0 < |z-z_0| < \delta$ 上解析,则 z_0 是 $f(z)$ 的可去奇点的充分必要条件是存在极限 $\lim\limits_{z \to z_0} f(z) = c_0$($c_0$ 是有限复常数).

4.1.2　极点

定义 4.2　如果 $f(z)$ 在 $0 < |z-z_0| < \delta$ 内的 Laurent 级数展开式(4-1)中只含有有限个 $z-z_0$ 的负幂次项,即只有有限个(至少一个)整数 $n < 0$,使得 $c_n \neq 0$,则称 z_0 是 $f(z)$ 的极点. 如果存在正整数 $m, c_{-m} \neq 0$,而对于整数 $n < -m, c_n = 0$,此时,我们称 z_0 是 $f(z)$ 的 m 级极点. 如果 $m = 1$,我们也说 z_0 是 $f(z)$ 的单极点.

当 z_0 是 $f(z)$ 的 m 级极点时,式(4-1)变成

$$\begin{aligned} f(z) = {} & c_{-m}(z-z_0)^{-m} + c_{-m+1}(z-z_0)^{-m+1} + \cdots + c_{-1}(z-z_0)^{-1} \\ & + c_0 + c_1(z-z_0) + c_2(z-z_0)^2 + \cdots \end{aligned} \qquad (4\text{-}3)$$

其中 $c_{-m} \neq 0 (m \geqslant 1)$. 式(4-3)可改写为

$$f(z) = (z-z_0)^{-m}[c_{-m} + c_{-m+1}(z-z_0) + c_{-m+2}(z-z_0)^2 + \cdots]$$

令

$$g(z) = c_{-m} + c_{-m+1}(z-z_0) + \cdots + c_n(z-z_n)^{n+m} + \cdots$$

则 $g(z)$ 在 $|z-z_0| < \delta$ 上解析,且 $g(z_0) = c_{-m} \neq 0$. 因此当 z_0 为 $f(z)$ 的 m 级极点时

$$f(z) = (z-z_0)^{-m} g(z) \qquad (4\text{-}4)$$

其中 $g(z)$ 是 $|z-z_0| < \delta$ 上的解析函数,且 $g(z_0) \neq 0$.

反之,如果存在 $|z-z_0| < \delta$ 上的解析函数 $g(z), g(z_0) \neq 0$,且在 $0 < |z-z_0| < \delta$ 上,有

$$f(z) = (z - z_0)^{-m}g(z)$$

则 z_0 是 $f(z)$ 的 m 级极点.

由此,我们得到了函数 $f(z)$ 在极点处的特性.

定理 4.2　设 $f(z)$ 在 $0 < |z - z_0| < \delta (0 < \delta \leqslant \infty)$ 内解析,则 z_0 是 $f(z)$ 的极点的充分必要条件是 $\lim\limits_{z \to z_0} f(z) = \infty$.

式(4-4)对于判别函数的极点是十分有用的.

例 4.2　设函数 $f(z) = \dfrac{z-2}{(z^2+1)(z-1)^3}$,则 $z = 1$ 是 $f(z)$ 的 3 级极点,$z = \pm i$ 是 $f(z)$ 的 1 级极点.

解　显然,$z = \pm i$ 和 $z = 1$ 是 $f(z)$ 的孤立奇点,把 $f(z)$ 写成式(4-4)的形式,有 $f(z) = (z-1)^{-3}(z-i)^{-1}(z+i)^{-1}(z-2)$,从而可得,$z = \pm i$ 是 $f(z)$ 的 1 级极点,$z = 1$ 是 $f(z)$ 的 3 级极点.

利用零点定义与极点的性质,还可以得到如下定理.

定理 4.3　设 z_0 是 $f(z)$ 的 m 级零点,则 z_0 是 $\dfrac{1}{f(z)}$ 的 m 级极点;设 z_0 是 $f(z)$ 的 m 级极点,则 z_0 是 $\dfrac{1}{f(z)}$ 的可去奇点.

证明　记 $f(z) = (z-z_0)^m \varphi(z)$,由 $\varphi(z)$ 在 z_0 处解析,且 $\varphi(z_0) \neq 0$,则 $\dfrac{1}{\varphi(z)}$ 在 z_0 处也解析,且 $\dfrac{1}{\varphi(z_0)} \neq 0$,因此,$\dfrac{1}{f(z)} = (z-z_0)^{-m} \dfrac{1}{\varphi(z)}$,于是,由式(4-4)可知,$z_0$ 是 $\dfrac{1}{f(z)}$ 的 m 级极点;反之,设 z_0 是 $f(z)$ 的 m 级极点,记 $f(z) = (z-z_0)^{-m} \varphi(z)$,则 $\varphi(z)$ 也在 z_0 处解析,且 $\varphi(z_0) \neq 0$. 因此,$\dfrac{1}{\varphi(z)}$ 在 z_0 处解析,且 $\dfrac{1}{\varphi(z_0)} \neq 0$,$\dfrac{1}{\varphi(z)}$ 在 z_0 处可以展开成 Taylor 级数 $\dfrac{1}{\varphi(z)} = \sum\limits_{n=0}^{\infty} c_n (z-z_0)^n$,且 $c_0 = \dfrac{1}{\varphi(z_0)} \neq 0$,$\dfrac{1}{f(z)} = \sum\limits_{n=0}^{\infty} c_n (z-z_0)^{n+m}$,根据可去奇点的定义知,$z_0$ 是函数 $\dfrac{1}{f(z)}$ 的可去奇点. 定理得证.

例 4.3　求 $f(z) = \dfrac{1}{e^z+1}$ 的孤立奇点,并指出奇点的类型.

解　$z_k = (2k+1)\pi i$ 是 e^z+1 的零点,但 $(e^z+1)' = e^z$,而 $e^{(2k+1)\pi i} = -1 \neq 0$,故 $z_k (k = 0, \pm 1, \pm 2, \cdots)$ 是 e^z+1 的 1 级零点,因此,它是 $\dfrac{1}{e^z+1}$ 的 1 级极点.

下面的推论是很有用的.

推论　设 $f(z) = \dfrac{P(z)}{Q(z)}$,$z_0$ 是 $P(z)$ 的 m 级零点,也是 $Q(z)$ 的 n 级零点,则当

$n>m$ 时，z_0 是 $f(z)$ 的 $n-m$ 级极点；而 $n \leqslant m$ 时，z_0 是 $f(z)$ 的可去奇点.

例 4.4　设 $f(z)=\dfrac{1-\cos z}{z^5}$，问 $z=0$ 是否是 $f(z)$ 的极点？若是极点，$z=0$ 是 $f(z)$ 的几级极点？

解　设 $P(z)=1-\cos z$，$Q(z)=z^5$，则 $z=0$ 是 $Q(z)$ 的 5 级零点，是 $P(z)$ 的 2 级零点（因 $P(0)=P'(0)=0$，但 $P''(0)=1 \neq 0$）. 故 $z=0$ 是 $f(z)$ 的 3 级极点.

同样可以由该推论得出，例 4.1 中的 $z=0$ 是 $f(z)=\dfrac{\sin z}{z}$ 的可去奇点.

4.1.3　本性奇点

定义 4.3　如果 $f(z)$ 在 $0<|z-z_0|<\delta$ 内的 Laurent 展开式（4-1）中含有无穷多个系数非零的 $z-z_0$ 负幂项，即存在无限个整数 $n<0$，使得 $c_n \neq 0$，则称 z_0 是 $f(z)$ 的本性奇点.

例 4.5　$z=0$ 是 $\mathrm{e}^{\frac{1}{z}}$，$\sin \dfrac{1}{z}$ 的本性奇点. 因为

$$\mathrm{e}^{\frac{1}{z}}=1+z^{-1}+\frac{z^{-2}}{2!}+\cdots+\frac{z^{-n}}{n!}+\cdots \qquad (0<|z|<+\infty)$$

$$\sin \frac{1}{z}=z^{-1}-\frac{z^{-3}}{3!}+\frac{z^{-5}}{5!}-\cdots \qquad (0<|z|<+\infty)$$

由定义可知，不是可去奇点与极点的孤立奇点必是本性奇点. 因此，结合关于可去奇点与极点的特性，可以得到本性奇点的如下特性.

定理 4.4　设 $f(z)$ 在 $0<|z-z_0|<\delta(0<\delta \leqslant \infty)$ 内解析，则 z_0 是 $f(z)$ 的本性奇点的充分必要条件是当 $z \rightarrow z_0$ 时，$f(z)$ 不存在有限或无穷的极限 $\lim\limits_{z \rightarrow z_0} f(z)$.

更进一步地，Weierstrass 得到了如下重要结论：设 $f(z)$ 在 $0<|z-z_0|<\delta$ $(0<\delta \leqslant \infty)$ 内解析，则 z_0 是 $f(z)$ 的本性奇点的充分必要条件是：对任何有限或无穷的复数 w_0，都存在点列 $\{z_n\}$，使 $z_n \rightarrow z_0$，且 $\lim\limits_{n \rightarrow \infty} f(z_n)=w_0$.

不仅如此，关于函数的本性奇点，还有更深刻的结果，本书不作深入讨论.

最后必须指出的是：函数 $f(z)$ 的奇点并不都是孤立的. 例如，$z=0$ 是函数 $f(z)=\ln z$ 的奇点，但不是 $f(z)$ 的孤立奇点. 又如 $z=0$ 是 $f(z)=\dfrac{1}{\sin \dfrac{1}{z}}$ 的奇点，

也不是 $f(z)$ 的孤立奇点.

4.2　留数的一般理论

4.2.1　留数定义及留数基本定理

留数是复变函数中的重要概念，留数理论在数学及工程技术中有着广泛应用.

我们知道,如果 $f(z)$ 在 z_0 点解析,必有 $f(z)$ 在 z_0 点的充分小的邻域内解析,则对位于 z_0 点的充分小邻域内且把 z_0 包含在其内部的按段光滑 Jordan 曲线的正向 C,积分

$$\oint_C f(z)\mathrm{d}z = 0$$

设 z_0 是 $f(z)$ 的孤立奇点,则存在 $R>0$,使得函数 $f(z)$ 在 $0<|z-z_0|<R$ 内解析,此时,对位于 z_0 点的充分小邻域内且把 z_0 包含在其内部的按段光滑 Jordan 曲线的正向 C,一般来说,积分

$$\oint_C f(z)\mathrm{d}z \neq 0$$

同时注意到,该积分值只与函数 $f(z)$ 及 z_0 点有关,与曲线 C 在 $0<|z-z_0|<R$ 内的选取无关. 为此,我们给出留数的定义.

定义 4.4 设 z_0 是 $f(z)$ 的孤立奇点,C 位于 z_0 点的充分小邻域内且把 z_0 包含在其内部的分段光滑 Jordan 曲线的正向,积分

$$\frac{1}{2\pi\mathrm{i}}\oint_C f(z)\mathrm{d}z$$

称为 $f(z)$ 在 z_0 点的留数(Residue),并记做 $\mathrm{Res}[f(z), z_0]$,即

$$\mathrm{Res}[f(z), z_0] = \frac{1}{2\pi\mathrm{i}}\oint_C f(z)\mathrm{d}z$$

对照 Laurent 级数展开定理,如果 z_0 是 $f(z)$ 的孤立奇点,则存在 $R>0$,使得函数 $f(z)$ 在 $0<|z-z_0|<R$ 内可以展开成 Laurent 级数

$$f(z) = \sum_{n=-\infty}^{+\infty} c_n(z-z_0)^n \tag{4-5}$$

其中 $c_n = \dfrac{1}{2\pi\mathrm{i}}\oint_C \dfrac{f(z)}{(z-z_0)^{n+1}}\mathrm{d}z (n=0,\pm 1,\pm 2,\cdots)$,而 C 是把 z_0 包含在其内部的按段光滑 Jordan 曲线的正向.

在展开式(4-5)的系数 $\{c_n\}$ 中,注意到

$$c_{-1} = \frac{1}{2\pi\mathrm{i}}\oint_C f(z)\mathrm{d}z \tag{4-6}$$

这样,我们得到

$$\mathrm{Res}[f(z), z_0] = c_{-1} = \frac{1}{2\pi\mathrm{i}}\oint_C f(z)\mathrm{d}z$$

根据复合闭路定理,可以很容易得到留数基本定理.

定理 4.5 (留数基本定理)设 D 是复平面上的有界区域,其边界 C 是一条或有限条分段光滑 Jordan 曲线的正向(如图 4.1,C 由 C_0,C_1 及 C_2 组成). 设函数 $f(z)$ 在 D 内除有限个奇点 $z_1, z_2, \cdots, z_n$ 外处处解析,且在 C 上每一点也解析,则

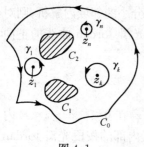

图 4.1

$$\oint_C f(z)\mathrm{d}z = 2\pi\mathrm{i}\sum_{k=1}^{n}\mathrm{Res}[f(z),z_k] \qquad (4\text{-}7)$$

证明　分别以 $z_1,z_2,\cdots z_n$ 为中心,做半径适当小的圆 $\gamma_1,\gamma_2,\cdots,\gamma_n$,使得它们中的每个都在其余的外部,而都在 C 的内部(图 4.1).

根据复合闭路定理

$$\oint_C f(z)\mathrm{d}z = \sum_{k=1}^{n}\oint_{\gamma_k} f(z)\mathrm{d}z \qquad (4\text{-}8)$$

又根据留数的定义

$$\mathrm{Res}[f(z),z_k] = \frac{1}{2\pi\mathrm{i}}\oint_{\gamma_k}(z)\mathrm{d}z$$

故

$$\oint_{\gamma_k} f(z)\mathrm{d}z = 2\pi\mathrm{i}\mathrm{Res}[f(z),z_k]$$

于是,把上式代到式(4-8)后,得式(4-7).

根据这个定理,函数在闭曲线上的积分可归结为函数在曲线内部各孤立奇点处留数的计算问题.

4.2.2　留数的计算

如果 z_0 是 $f(z)$ 的可去奇点,由式(4-6)可知,则 $\mathrm{Res}[f(z),z_0]=0$.

如果 z_0 是 $f(z)$ 的极点时,我们给出下面几个计算法则.

法则 4.1　设 z_0 是 $f(z)$ 的 1 级极点,则

$$\mathrm{Res}[f(z),z_0] = \lim_{z\to z_0}[(z-z_0)f(z)] \qquad (4\text{-}9)$$

证明　由于 z_0 是 $f(z)$ 的 1 级极点,所以在 z_0 的某个去心邻域内的 Laurent 级数展开式为

$$f(z) = c_{-1}(z-z_0)^{-1} + c_0 + c_1(z-z_0) + \cdots$$

故

$$(z-z_0)f(z) = c_{-1} + c_0(z-z_0) + c_1(z-z_0)^2 + \cdots$$

令 $z\to z_0$,则得

$$\lim_{z\to z_0}[(z-z_0)f(z)] = c_{-1} = \mathrm{Res}[f(z),z_0]$$

例 4.6　求 $f(z)=\dfrac{\mathrm{e}^z}{(z-1)(z-2)}$ 与 $g(z)=\dfrac{\sin z}{z^2}$ 在孤立奇点处的留数.

解　易知,$z=1$ 和 $z=2$ 都是 $f(z)$ 的 1 级极点,故

$$\mathrm{Res}[f(z),1] = \lim_{z\to 1}[(z-1)f(z)] = \lim_{z\to 1}\frac{\mathrm{e}^z}{z-2} = -\mathrm{e}$$

$$\text{Res}[f(z),2]=\lim_{z\to2}[(z-2)f(z)]=\lim_{z\to2}\frac{\mathrm{e}^z}{z-1}=\mathrm{e}^2$$

由定理 4.3 的推论，$z=0$ 是 $g(z)$ 的 1 级极点，

$$\text{Res}[g(z),0]=\lim_{z\to0}[zg(z)]=\lim_{z\to0}\frac{\sin z}{z}=1$$

法则 4.2　设 z_0 是 $f(z)$ 的 1 级极点，$f(z)=\dfrac{P(z)}{Q(z)}$，$P(z),Q(z)$ 都在 z_0 处解析，且 $Q(z_0)=0,Q'(z_0)\neq0,P(z_0)\neq0$，则

$$\text{Res}[f(z),z_0]=\frac{P(z_0)}{Q'(z_0)}$$

证明　由法则 4.1 及导数定义，有

$$\text{Res}[f(z),z_0]=\lim_{z\to z_0}[(z-z_0)f(z)]$$

$$=\lim_{z\to z_0}\frac{P(z)}{\dfrac{Q(z)-Q(z_0)}{z-z_0}}=\frac{P(z_0)}{Q'(z_0)}$$

例 4.7　求 $f(z)=\dfrac{\mathrm{e}^{\mathrm{i}z}}{1+z^2}$ 在孤立奇点处的留数.

解　$z=\pm\mathrm{i}$ 是 $f(z)$ 的 1 级极点，$P(z)=\mathrm{e}^{\mathrm{i}z}$ 和 $Q(z)=1+z^2$ 都在 $z=\pm\mathrm{i}$ 处解析，且 $P(\pm\mathrm{i})=\mathrm{e}^{\mp1}\neq0,Q(\pm\mathrm{i})=0,Q'(\pm\mathrm{i})=\pm2\mathrm{i}\neq0$，故

$$\text{Res}[f(z),\mathrm{i}]=\frac{\mathrm{e}^{\mathrm{i}z}}{2z}\bigg|_{z=\mathrm{i}}=-\frac{\mathrm{i}}{2\mathrm{e}}\qquad\text{Res}[f(z),-\mathrm{i}]=\frac{\mathrm{e}^{\mathrm{i}z}}{2z}\bigg|_{z=-\mathrm{i}}=\frac{\mathrm{e}}{2}\mathrm{i}$$

法则 4.3　设 z_0 是 $f(z)$ 的 m 级极点 $(m>1)$，取自然数 $(n\geqslant m)$，则

$$\text{Res}[f(z),z_0]=\frac{1}{(n-1)!}\lim_{z\to z_0}\frac{\mathrm{d}^{n-1}}{\mathrm{d}z^{n-1}}[(z-z_0)^nf(z)]\qquad(4\text{-}10)$$

证明　由于 z_0 是 $f(z)$ 的 m 级极点，则在 z_0 的某个去心邻域内的 Laurent 级数展开式为

$$f(z)=c_{-m}(z-z_0)^{-m}+c_{-m+1}(z-z_0)^{-m+1}+\cdots+c_{-1}(z-z_0)^{-1}+\cdots$$
$$+c_0+c_1(z-z_0)+\cdots+c_n(z-z_0)^n+\cdots$$

因此

$$(z-z_0)^nf(z)=c_{-m}(z-z_0)^{n-m}+\cdots+c_{-1}(z-z_0)^{n-1}+\cdots$$
$$+c_0(z-z_0)^n+c_1(z-z_0)^{n+1}+\cdots$$

上式两边关于 z 求 $n-1$ 阶导数，则右端仍为幂级数，且常数项为 $(n-1)!c_{-1}$，其余各项均含有 $z-z_0$ 的正幂. 令 $z\to z_0$，两边除以 $(n-1)!$，则得式 (4-10).

例 4.8　求 $\dfrac{z^{2n}}{(z+1)^n}$ 在 $z=-1$ 处的留数.

解　$z=-1$ 是 $\dfrac{z^{2n}}{(z+1)^n}$ 的 n 级极点，由式 (4-10)，

$$\text{Res}\Big[\frac{z^{2n}}{(n+1)!}, -1\Big] = \frac{1}{(n-1)!} \lim_{z \to -1}[z^{2n}]^{(n-1)}$$

$$= \lim_{z \to -1} \frac{2n(2n-1)\cdots(2n-n+2)}{(n-1)!}z^{2n-n+1}$$

$$= (-1)^{n+1} \frac{2n(2n-1)\cdots(2n-n+2)}{(n-1)!}$$

$$= (-1)^{n+1} \frac{(2n)!}{(n+1)!(n-1)!}$$

如果 z_0 是 $f(z)$ 的 m 级极点,有时,取 n 大于 m 时,计算起来也很方便.

例 4.9　求 $f(z) = \dfrac{1-\cos z}{z^5}$ 在 $z=0$ 处的留数.

解　根据例 4.4,$z=0$ 是 $f(z)$ 的 3 级极点,在式(4-10)中取 $n=5$,则

$$\text{Res}[f(z),0] = \frac{1}{4!} \lim_{z \to 0}(1-\cos z)^{(4)} = -\frac{1}{24}$$

如果在式(4-10)中取 $n=3$,有

$$\text{Res}[f(z),0] = \frac{1}{2!} \lim_{z \to 0}\Big(\frac{1-\cos z}{z^2}\Big)''$$

$$= \frac{1}{2!} \lim_{z \to 0}\Big[\frac{z^2\cos z - 4z\sin z + 6(1-\cos z)}{z^4}\Big]$$

$$= -\frac{1}{24}$$

从导数与极限的计算过程可知,取 $n=5$ 比取 $n=3$ 时的计算简便得多.

例 4.10　计算积分 $\displaystyle\oint_C \frac{z}{z^4-1}\mathrm{d}z$,其中 C 是 $|z|=2$ 的正向.

解　记 $f(z) = \dfrac{z}{z^4-1}$,除 $z_1=1, z_2=\mathrm{i}, z_3=-1, z_4=-\mathrm{i}$ 之外,$f(z)$ 处处解析,它们都在 C 的内部,且都是 $f(z)$ 的 1 级极点,根据留数基本定理

$$\oint_C f(z)\mathrm{d}z = 2\pi\mathrm{i}\sum_{k=1}^{4}\text{Res}[f(z),z_k]$$

而由法则 4.2,有

$$\text{Res}[f(z),z_k] = \frac{z}{(z^4-1)'}\Big|_{z=z_k} = \frac{1}{4z_k^2}$$

因此

$$\oint_C f(z)\mathrm{d}z = 2\pi\mathrm{i}\Big(\frac{1}{4} - \frac{1}{4} + \frac{1}{4} - \frac{1}{4}\Big) = 0$$

例 4.11　计算积分 $\displaystyle\oint_{|z|=2} \frac{z-2}{z^3(z-1)(z-3)}\mathrm{d}z.$

解　记 $f(z) = \dfrac{z-2}{z^3(z-1)(z-3)}$，除 $z=0, z=1, z=3$ 外，函数 $f(z)$ 处处解析.
$z=0$ 是 $f(z)$ 的 3 级极点，$z=1$ 是 $f(z)$ 的 1 级极点，都在 $C: |Z|=2$ 的内部. 而
$z=3$ 在 $C: |z|=2$ 的外部.

$$\mathrm{Res}[f(z), 0] = \frac{1}{2!} \lim_{z \to 0} \left[\frac{z-2}{(z-1)(z-3)} \right]''$$

$$= \frac{1}{4} \lim_{z \to 0} \left(\frac{1}{z-1} + \frac{1}{z-3} \right)''$$

$$= \frac{1}{2} \lim_{z \to 0} \left[\frac{1}{(z-1)^3} + \frac{1}{(z-3)^3} \right]$$

$$= -\frac{14}{27}$$

$$\mathrm{Res}[f(z), 1] = \lim_{z \to 1} [(z-1)f(z)] = \frac{1}{2}$$

于是，根据留数基本定理

$$\oint_{|z|=2} \frac{z-2}{z^3(z-1)(z-3)} \mathrm{d}z = 2\pi i \left(-\frac{14}{27} + \frac{1}{2} \right) = -\frac{\pi}{27} i$$

如果 z_0 是 $f(z)$ 的本性奇点，根据公式 $\mathrm{Res}[f(z), z_0] = c_{-1} = \dfrac{1}{2\pi i} \oint_C f(z) \mathrm{d}z$，需
要求出 $f(z)$ 在 z_0 处的 Laurent 级数展开式中 $(z-z_0)^{-1}$ 的系数 c_{-1}. 为此，往往利
用间接展开方法将 $f(z)$ 在 z_0 处展开成 Laurent 级数（要求含 $(z-z_0)^{-1}$ 项）.

例 4.12　求 $f(z) = z^2 \mathrm{e}^{\frac{1}{z}}$ 在 $z=0$ 处的留数，并求 $\displaystyle\oint_{|z|=1} z^2 \mathrm{e}^{\frac{1}{z}} \mathrm{d}z$.

解　容易知道，$z=0$ 是 $f(z) = z^2 \mathrm{e}^{\frac{1}{z}}$ 的本性奇点，则在 $0 < |z| < +\infty$ 上，有

$$f(z) = z^2 + z + \frac{1}{2!} + \frac{z^{-1}}{3!} + \frac{z^{-2}}{4!} + \cdots$$

因此

$$\mathrm{Res}[f(z), 0] = \frac{1}{3!}$$

于是

$$\oint_{|z|=1} z^2 \mathrm{e}^{\frac{1}{z}} \mathrm{d}z = \frac{\pi}{3} i$$

例 4.13　求 $f(z) = \mathrm{e}^{z + \frac{1}{z}}$ 在 $z=0$ 处的留数.

解　因为

$$f(z) = \mathrm{e}^{z + \frac{1}{z}} = \mathrm{e}^z \mathrm{e}^{\frac{1}{z}} = \left(\sum_{n=0}^{\infty} \frac{z^n}{n!} \right) \left(\sum_{n=0}^{\infty} \frac{z^{-n}}{n!} \right)$$

所以

$$\text{Res}[f(z),0] = c_{-1} = \frac{1}{0!1!} + \frac{1}{1!2!} + \cdots = \sum_{n=0}^{\infty} \frac{1}{n!(n+1)!}$$

4.3　函数在无穷远点的留数

4.3.1　函数在无穷远点的性质

由第 1 章的知识我们知道无穷远点(以后简记为 ∞)是扩充复平面上的一点；进而,我们称区域 $|z|>R$ 为 ∞ 点的一个邻域,称 $R<|z|<+\infty$ 为 ∞ 点的去心邻域.

如果 $f(z)$ 在 ∞ 点的去心邻域 $R<|z|<+\infty$ 内解析,则称 $z=\infty$ 是 $f(z)$ 的孤立奇点. 这时 $f(z)$ 可展开为

$$f(z) = \sum_{n=-\infty}^{+\infty} c_n z^n \tag{4-11}$$

$$c_n = \frac{1}{2\pi i} \oint_C \frac{f(\zeta)}{\zeta^{n+1}} d\zeta \qquad (n=0,\pm 1,\pm 2,\cdots) \tag{4-12}$$

其中,C 是圆周 $|z|=r(r>R)$ 的正向.

如果令 $z=\dfrac{1}{\zeta}$,则 $\varphi(\zeta)=f\left(\dfrac{1}{\zeta}\right)$ 在去心邻域 $0<|\zeta|<\dfrac{1}{R}$(或当 $R=0$ 时,$0<|\zeta|<+\infty$)解析. 而 $\zeta=0$ 是 $\varphi(\zeta)$ 的孤立奇点. 当 $\zeta=0$ 为 $\varphi(\zeta)$ 的可去奇点、极点及本性奇点时,我们称 $z=\infty$ 为 $f(z)$ 的可去奇点、极点及本性奇点,即

定义 4.5　设 $f(z)$ 在 $R<|z|<+\infty$ 内解析,且在此区域上的 Laurent 展开式为

$$f(z) = \sum_{n=-\infty}^{+\infty} c_n z^n$$

如果式(4-11)中不含有 z 的正幂项,即当 $n=1,2,\cdots$ 时,$c_n=0$,称 $z=\infty$ 是 $f(z)$ 的可去奇点.

如果式(4-11)中含有 z 的有限个正幂项(至少含有一项)时,称 $z=\infty$ 是 $f(z)$ 的极点. 当 $c_m \neq 0(m \geqslant 1)$,且 $n>m$ 时,$c_n=0$,称 $z=\infty$ 是 $f(z)$ 的 m 级极点.

如果式(4-11)中含有无穷多个 z 的正幂项,称 $z=\infty$ 是 $f(z)$ 的本性奇点.

类似于 4.1 节,可以得到以下结论.

定理 4.6　设 $f(z)$ 在 $R<|z|<+\infty$ 上解析,则:

(1) $z=\infty$ 为 $f(z)$ 的可去奇点的充分必要条件是 $\lim\limits_{z\to\infty} f(z)$ 存在有限的极限;

(2) $z=\infty$ 为 $f(z)$ 极点的充分必要条件是 $\lim\limits_{z\to\infty} f(z)=\infty$,即 $\lim\limits_{z\to\infty}|f(z)|=+\infty$;

(3) $z=\infty$ 为 $f(z)$ 的本性奇点的充分必要条件是 $\lim\limits_{z\to\infty} f(z)$ 不存在有限与无穷的极限.

4.3.2　函数在无穷远点的留数

由 4.2 节可知,当 z_0 是 $f(z)$ 在复平面内的孤立奇点时,留数定义为

$$\mathrm{Res}[f(z),z_0] = \frac{1}{2\pi\mathrm{i}}\oint_C f(z)\mathrm{d}z$$

其中 C 是以 z_0 为中心、半径充分小的圆周的正向. 这时点 z_0 的邻域(C 内部区域)始终在 C 的正向的左侧.

如果 C 表示 $|z|=r$ 的正向,则当 z 在 C 上沿负向变化时,$z=\infty$ 的邻域 $|z|>r$ 始终在 C 的左侧. 由此,可以类似地定义 $f(z)$ 在 $z=\infty$ 的留数.

定义 4.6　设 $z=\infty$ 是 $f(z)$ 的孤立奇点,即 $f(z)$ 在 $z=\infty$ 的去心邻域 $R<|z|<+\infty$ 内解析,记 $r>R$,称积分

$$\frac{1}{2\pi\mathrm{i}}\oint_{C^-} f(z)\mathrm{d}z$$

为 $f(z)$ 在 $z=\infty$ 的留数,并记做 $\mathrm{Res}[f(z),\infty]$,即

$$\mathrm{Res}[f(z),\infty] = \frac{1}{2\pi\mathrm{i}}\oint_{C^-} f(z)\mathrm{d}z \tag{4-13}$$

其中 C^- 表示圆周 $|z|=r(r>R)$ 的负向(即顺时针方向).

如果式(4-11)是 $f(z)$ 在 $R<|z|<+\infty$ 上的 Laurent 级数展开式,则由式(4-12)及式(4-13),有

$$\mathrm{Res}[f(z),\infty] = -c_{-1}$$

即,如果 $f(z)$ 在 $R<|z|<+\infty$ 上解析,则 $f(z)$ 在 $z=\infty$ 的去心邻域内的 Laurent 级数展开式中 z^{-1} 的系数 c_{-1} 乘以 -1 就是 $\mathrm{Res}[f(z),\infty]$.

定理 4.7　设 $f(z)$ 在扩充复平面内只有有限个孤立奇点 $z_1,z_2,\cdots,z_N$(其中 $z_N=\infty$),则 $f(z)$ 在所有各孤立奇点留数的总和等于零,即

$$\sum_{k=1}^N \mathrm{Res}[f(z),z_k] = 0$$

证明　设 $z_1,z_2,\cdots,z_{N-1}$ 是 $f(z)$ 在复平面内的所有孤立奇点,$z_N=\infty$. 由于 N 为有限的正整数,可以取到充分大的 r,使得 $z_1,z_2,\cdots,z_{N-1}$ 均在圆 $|z|=r$ 的内部区域,根据留数基本定理

$$\oint_{|z|=r} f(z)\mathrm{d}z = 2\pi\mathrm{i}\sum_{k=1}^{N-1} \mathrm{Res}[f(z),z_k]$$

即

$$\frac{1}{2\pi\mathrm{i}}\oint_{|z|=r} f(z)\mathrm{d}z - \sum_{k=1}^{N-1} \mathrm{Res}[f(z),z_k] = 0$$

根据无穷远点的留数定义

$$\operatorname{Res}[f(z),z_N]=-\frac{1}{2\pi i}\oint_{|z|=r}f(z)\mathrm{d}z$$

于是

$$\sum_{k=1}^{N}\operatorname{Res}[f(z,z_k)]=0$$

下面介绍求无穷远点留数的方法.

法则 4.4　设 $f(z)$ 在 $R<|z|<+\infty$ 内解析,则

$$\operatorname{Res}[f(z),\infty]=-\operatorname{Res}\Big[f\Big(\frac{1}{z}\Big)\frac{1}{z^2},0\Big] \tag{4-14}$$

证明　根据定义,当 $r>R$ 时,

$$\begin{aligned}
\operatorname{Res}[f(z),\infty]&=-\frac{1}{2\pi i}\oint_{|z|=r}f(z)\mathrm{d}z\\
&=-\frac{1}{2\pi i}\int_0^{2\pi}f(re^{i\theta})ire^{i\theta}\mathrm{d}\theta\\
&=-\frac{1}{2\pi i}\int_0^{2\pi}f\Big(\frac{1}{r^{-1}e^{-i\theta}}\Big)\frac{ir^{-1}e^{-i\theta}}{r^{-2}e^{-2i\theta}}\mathrm{d}\theta\\
&=\frac{1}{2\pi i}\int_0^{-2\pi}f\Big(\frac{1}{r^{-1}e^{i\varphi}}\Big)\frac{1}{(r^{-1}e^{i\varphi})^2}\mathrm{d}\Big(\frac{e^{i\varphi}}{r}\Big)\\
&=-\frac{1}{2\pi i}\int_{-2\pi}^0 f\Big(\frac{1}{r^{-1}e^{i\varphi}}\Big)\frac{1}{(r^{-1}e^{i\varphi})^2}\mathrm{d}(r^{-1}e^{i\varphi})\\
&=-\frac{1}{2\pi i}\oint_{|\zeta|=\frac{1}{r}}f\Big(\frac{1}{\zeta}\Big)\frac{1}{\zeta^2}\mathrm{d}\zeta\\
&=-\operatorname{Res}\Big[f\Big(\frac{1}{\zeta}\Big)\frac{1}{\zeta^2},0\Big]\\
&=-\operatorname{Res}\Big[f\Big(\frac{1}{z}\Big)\frac{1}{z^2},0\Big]
\end{aligned}$$

于是得到式(4-14).

例 4.14　计算积分 $I=\displaystyle\oint_{|z|=4}\frac{z^{15}}{(z^2+1)^2(z^4+2)^3}\mathrm{d}z$.

解　记 $f(z)=\dfrac{z^{15}}{(z^2+1)^2(z^4+2)^3}$,则由法则 4.4,

$$\begin{aligned}
2\pi i\operatorname{Res}[f(z),\infty]&=-2\pi i\operatorname{Res}\Big[f\Big(\frac{1}{z}\Big)\frac{1}{z^2},0\Big]\\
&=-2\pi i\operatorname{Res}\Big[\frac{1}{z(z^2+1)^2(1+2z^4)^3},0\Big]\\
&=-2\pi i
\end{aligned}$$

又 $f(z)$ 在 $|z|=4$ 的外部只有 $z=\infty$ 是奇点,$f(z)$ 在 $|z|=4$ 的内部仅有有限个奇

点,因此,由定理 4.7,有

$$I = -2\pi i \operatorname{Res}[f(z),\infty] = 2\pi i$$

注意:对于无穷远点而言,$f(z)$ 在可去奇点的留数为 0 的结论已不再适用. 例如,$z=\infty$ 是 $\sin\dfrac{1}{z}$ 的可去奇点,且有

$$\operatorname{Res}\left[\sin\frac{1}{z},\infty\right] = -1$$

一般情况下,可以用公式(4-14)来求无穷远点的留数. 对于特殊情况,我们给出一个较简便的计算方法.

法则 4.5　设 $f(z)=\dfrac{P(z)}{Q(z)}$ 是有理分式,且多项式 $Q(z)$ 的次数比 $P(z)$ 的次数至少高 2 次,则 $\operatorname{Res}[f(z),\infty]=0$.

证明　设

$$P(z) = a_0 z^n + a_1 z^{n-1} + \cdots + a_{n-1}z + a_n$$
$$Q(z) = b_0 z^m + b_1 z^{m-1} + \cdots + b_{m-1}z + b_m \quad (b_0 \neq 0)$$

则存在常数 A,使得

$$\lim_{z\to\infty} z^2 f(z) = A$$

故存在 $R>0$,当 $|z|>R$ 时,$|z^2 f(z)| \leqslant |A|+1$,于是,存在常数 $M>0$,当 $|z|>R$ 时,

$$|f(z)| \leqslant \frac{M}{|z|^2}$$

因此,由无穷远点留数的定义,当 $r>R$ 时

$$\operatorname{Res}[f(z),\infty] = -\frac{1}{2\pi i}\oint_{|z|=r} f(z)\mathrm{d}z$$

经计算可得

$$|\operatorname{Res}[f(z),\infty]| \leqslant \frac{1}{2\pi}\oint_{|z|=r}\frac{M}{r^2}\mathrm{d}s = \frac{M}{r} \to 0 \quad (r\to\infty)$$

于是

$$\operatorname{Res}[f(z),\infty] = 0$$

对于有理分式情形,法则 4.5 使用起来很方便.

例 4.15　计算积分 $I = \oint_C \dfrac{1}{(z^5-1)(z-3)}\mathrm{d}z$,其中 C 是 $|z|=2$ 的正向.

解　被积函数在扩充复平面内有 7 个孤立奇点,在 C 内部,$f(z)$ 有 5 个 1 级极点,而在 C 外部,$f(z)$ 有 1 个 1 级极点 $z=3$ 和可去奇点 $z=\infty$.应用定理 4.7,我们只需要计算 $f(z)$ 在 $z=3$ 和 $z=\infty$ 的留数.

由法则 4.5,被积函数在 $z=\infty$ 的留数等于 0.而

$$\mathrm{Res}[f(z),3] = \lim_{z \to 3} \frac{1}{z^5 - 1} = \frac{1}{242}$$

根据定理 4.7,

$$\frac{1}{2\pi\mathrm{i}}I + \mathrm{Res}[f(z),3] + \mathrm{Res}[f(z),\infty] = 0$$

因此

$$I = -2\pi\mathrm{i}\{\mathrm{Res}[f(z),3] + \mathrm{Res}[f(z),\infty]\} = -\frac{\pi\mathrm{i}}{121}$$

利用这样的方法也可以很方便地计算例 4.10、例 4.11.

4.4　留数的应用

高等数学中的 Newton-Leibniz 公式在定积分的计算过程中起着十分重要的作用,但是在数学与工程技术问题出现的一些定积分或广义积分,被积函数的原函数不能用初等函数表示出来,或者即使可以求出被积函数的原函数,计算却往往很复杂.

利用留数理论,可以计算某些类型的定积分或广义积分,其基本思想是把实函数的积分化为复变函数的积分,然后根据留数基本定理,把它归结为留数的计算问题,这样就把问题大大简化了. 但要说明的是,利用留数计算定积分或广义积分时,没有普遍适用的方法.

我们仅考虑几种特殊类型的积分.

4.4.1　三角有理式的积分

考虑积分

$$\int_0^{2\pi} R(\cos\theta, \sin\theta)\,\mathrm{d}\theta$$

其中 $R(\cos\theta, \sin\theta)$ 是 $\cos\theta, \sin\theta$ 的有理式,且关于 θ 连续. 令 $z = \mathrm{e}^{\mathrm{i}\theta}$,则由 Euler 公式

$$\cos\theta = \frac{1}{2}(\mathrm{e}^{\mathrm{i}\theta} + \mathrm{e}^{-\mathrm{i}\theta}) = \frac{z^2 + 1}{2z} \tag{4-15}$$

$$\sin\theta = \frac{1}{2\mathrm{i}}(\mathrm{e}^{\mathrm{i}\theta} - \mathrm{e}^{-\mathrm{i}\theta}) = \frac{z^2 - 1}{2\mathrm{i}z} \tag{4-16}$$

且 $\mathrm{d}z = \mathrm{i}\mathrm{e}^{\mathrm{i}\theta}\mathrm{d}\theta$,即 $\mathrm{d}\theta = \frac{1}{\mathrm{i}z}\mathrm{d}z$,于是

$$\int_0^{2\pi} R(\cos\theta, \sin\theta)\,\mathrm{d}\theta = \oint_{|z|=1} R\left(\frac{z^2+1}{2z}, \frac{z^2-1}{2\mathrm{i}z}\right)\frac{1}{\mathrm{i}z}\mathrm{d}z \tag{4-17}$$

式(4-17)右端的被积函数是 z 的有理函数.

设 $z_1, z_2, \cdots, z_n$ 是函数 $R\left(\dfrac{z^2+1}{2z}, \dfrac{z^2-1}{2iz}\right)\dfrac{1}{iz}$ 在 $|z|<1$ 内的孤立奇点,则根据留数基本定理

$$\int_0^{2\pi} R(\cos\theta, \sin\theta)\,\mathrm{d}\theta = 2\pi i \sum_{k=1}^{n} \mathrm{Res}\left[\left(\frac{z^2+1}{2z}, \frac{z^2-1}{2iz}\right)\frac{1}{iz}, z_k\right] \tag{4-18}$$

例 4.16 计算积分 $I=\displaystyle\int_0^{2\pi} \frac{\mathrm{d}\theta}{3+\cos\theta}$.

解 令 $z=\mathrm{e}^{i\theta}$,则 $\cos\theta=\dfrac{z^2+1}{2z}$,$\mathrm{d}\theta=\dfrac{1}{iz}\mathrm{d}z$,因此 $I=\displaystyle\int_0^{2\pi} \frac{\mathrm{d}\theta}{3+\cos\theta}$ 可化为

$$I = \oint_{|z|=1} \frac{-2i}{z^2+6z+1}\mathrm{d}z$$

易知,$z_1=-3+2\sqrt{2}$ 和 $z_2=-3-2\sqrt{2}$ 分别是 $f(z)=\dfrac{-2i}{z^2+6z+1}$ 的 1 级极点,且 $|z_1|<1$,$|z_2|>1$,因此,由式(4-18),

$$I = 2\pi i \mathrm{Res}\left[\frac{-2i}{z^2+6z+1}, z_1\right]$$

$$= 2\pi i \frac{-2i}{2z_1+6} = \frac{\pi}{\sqrt{2}}$$

例 4.17 当 $0<p<1$ 时,证明

$$I = \int_0^{2\pi} \frac{\mathrm{d}\theta}{1-2p\cos\theta+p^2} = \frac{2\pi}{1-p^2}$$

证明 令 $z=\mathrm{e}^{i\theta}$,则 $\cos\theta=\dfrac{z^2+1}{2z}$,$\mathrm{d}\theta=\dfrac{1}{iz}\mathrm{d}z$,因此

$$I = \oint_{|z|=1} \frac{\mathrm{d}z}{i(1-pz)(z-p)}$$

由于 $0<p<1$,则在 $|z|<1$ 内,$f(z)=\dfrac{1}{i(1-pz)(z-p)}$ 只有一个奇点 $z=p$,且是 1 级极点. 于是

$$I = 2\pi i \mathrm{Res}\left[\frac{1}{i(1-pz)(z-p)}, p\right] = \frac{2\pi}{1-p^2}$$

例 4.18 设 m 为正整数,计算 $I=\displaystyle\int_0^{\pi} \frac{\cos m\theta}{5-4\cos\theta}\mathrm{d}\theta$.

解 因 $\cos\theta$ 和 $\cos m\theta$ 都是以 2π 为周期的偶函数,则

$$I = \frac{1}{2}\int_{-\pi}^{\pi} \frac{\cos m\theta}{5-4\cos\theta}\mathrm{d}\theta = \frac{1}{2}\int_0^{2\pi} \frac{\cos m\theta}{5-4\cos\theta}\mathrm{d}\theta$$

令 $z=\mathrm{e}^{i\theta}$,则 $\cos\theta=\dfrac{z^2+1}{2z}$,$\mathrm{e}^{im\theta}=z^m$,$\mathrm{d}\theta=\dfrac{1}{iz}\mathrm{d}z$,因此

$$\int_0^{2\pi} \frac{\mathrm{e}^{im\theta}}{5-4\cos\theta}\mathrm{d}\theta = \frac{1}{i}\oint_{|z|=1} \frac{z^m}{5z-2(z^2+1)}\mathrm{d}z$$

$$= -\frac{1}{i}\oint_{|z|=1}\frac{z^m}{(2z-1)(z-2)}\mathrm{d}z$$

注意到 $z=2$ 是 $|z|=1$ 外部的奇点,由留数基本定理,只须计算被积函数在 $z=\frac{1}{2}$ 处的留数,这样

$$\oint_{|z|=1}\frac{z^m}{(2z-1)(z-2)}\mathrm{d}z = 2\pi i\mathrm{Res}\left[\frac{z^m}{(2z-1)(z-2)},\frac{1}{2}\right] = \frac{-2\pi i}{3\times2^m}$$

于是

$$I = \frac{1}{2}\mathrm{Re}\int_0^{2\pi}\frac{\mathrm{e}^{im\theta}}{5-4\cos\theta}\mathrm{d}\theta = \frac{\pi}{3\times2^m}$$

4.4.2　有理函数的无穷积分

考虑积分

$$\int_{-\infty}^{+\infty}f(x)\mathrm{d}x$$

为了计算有理函数的无穷积分,我们先给出如下定理.

定理 4.8　设 $f(z)$ 在实轴上处处解析,在上半平面 $\mathrm{Im}z>0$ 除有限个孤立奇点 $z_1,z_2,\cdots,z_n$ 外,处处解析,且存在常数 $R_0>0,M>0,\delta>0$,使得当 $|z|>R_0$,且 $\mathrm{Im}z>0$ 时,$|f(z)|\leqslant\dfrac{M}{|z|^{1+\delta}}$,则

$$\int_{-\infty}^{+\infty}f(x)\mathrm{d}x = 2\pi i\sum_{k=1}^n\mathrm{Res}[f(z),z_k] \tag{4-19}$$

证明　显然,$f(x)$ 在 $(-\infty,+\infty)$ 上连续,且当 $|x|>R_0$ 时,$|f(x)|\leqslant\dfrac{M}{|x|^{1+\delta}}$,由比较判别法,$\displaystyle\int_{-\infty}^{+\infty}f(x)\mathrm{d}x$ 收敛,且

$$\lim_{R\to+\infty}\int_{-R}^R f(x)\mathrm{d}x = \int_{-\infty}^{+\infty}f(x)\mathrm{d}x \tag{4-20}$$

取 $R>R_0$,作以原点为中心、半径为 R 的上半圆 $C_R:|z|=R,\mathrm{Im}z\geqslant0$,方向取逆时针方向. 因 $z_1,z_2,\cdots,z_n$ 是有限个点,因此,只要取 R 充分大,使上半平面 $\mathrm{Im}z>0$ 的孤立奇点 $z_1,z_2,\cdots,z_n$ 都在由实轴和 C_R 所围成的区域内(图 4.2).

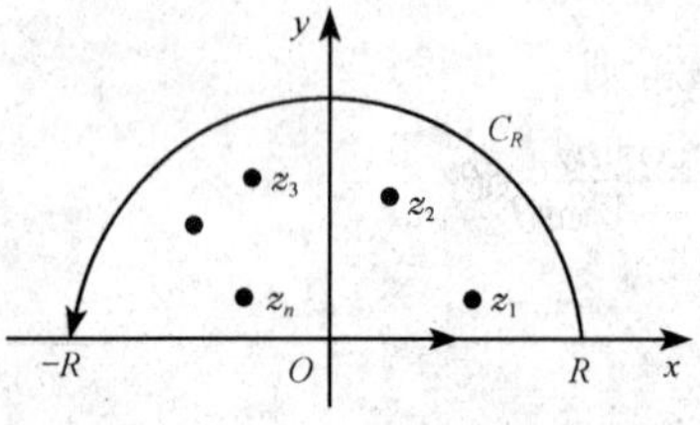

利用留数基本定理,

图 4.2

$$\int_{-R}^R f(x)\mathrm{d}x + \oint_{C_R}f(z)\mathrm{d}z = 2\pi i\sum_{k=1}^n\mathrm{Res}[f(z),z_k]$$

$$\tag{4-21}$$

根据定理的假设及 2.1 节中的积分性质(5),

$$\left|\int_{C_R} f(z)\mathrm{d}z\right| \leqslant \int_{C_R} |f(z)|\,\mathrm{d}s \leqslant \int_{C_R} \frac{M}{R^{1+\delta}}\mathrm{d}s = \frac{\pi M}{R^\delta}$$

因此

$$\lim_{R\to+\infty}\int_{C_R} f(z)\mathrm{d}z = 0 \tag{4-22}$$

在式(4-21)中令 $R\to+\infty$,并利用式(4-20)与式(4-22),定理得证.

推论　设 $f(z)=\dfrac{P(z)}{Q(z)}$ 是有理函数,多项式 $Q(z)$ 的次数比 $P(z)$ 至少高 2 次,$Q(z)$ 在实轴上没有零点,$z_1,z_2,\cdots,z_n$ 是 $f(z)$ 在上半平面 $\mathrm{Im}z>0$ 的孤立奇点,则

$$\int_{-\infty}^{+\infty} f(x)\mathrm{d}x = 2\pi\mathrm{i}\sum_{k=1}^{n}\mathrm{Res}[f(z),z_k] \tag{4-23}$$

证明　因 $Q(z)$ 的次数至少比 $P(z)$ 高 2 次,则 $\lim\limits_{z\to\infty}z^2 f(z)=A$(常数),于是,存在 $R_0>0,M>0$,使得当 $|z|>R_0$ 时,$|f(z)|\leqslant\dfrac{M}{|z|^2}$. 由定理 4.8,推论得证.

例 4.19　计算广义积分

$$I = \int_{-\infty}^{+\infty} \frac{x^2}{(x^2+a^2)(x^2+b^2)}\mathrm{d}x \qquad (a>b>0)$$

解　记 $f(z)=\dfrac{z^2}{(z^2+a^2)(z^2+b^2)}$,显然 $f(z)$ 满足推论的条件,且 $z_1=ai$ 和 $z_2=bi$ 是 $f(z)$ 在上半平面的孤立奇点,这两个点都是 $f(z)$ 的 1 级极点. 因此,

$$\mathrm{Res}[f(z),ai] = \lim_{z\to ai} \frac{z^2}{(z+ai)(z^2+b^2)} = \frac{-a^2}{2ai(b^2-a^2)} = \frac{a}{2i(a^2-b^2)}$$

$$\mathrm{Res}[f(z),bi] = \lim_{z\to bi} \frac{z^2}{(z^2+a^2)(z+bi)} = \frac{b}{2i(b^2-a^2)}$$

于是,根据式(4-23)

$$I = 2\pi\mathrm{i}\left[\frac{a}{2i(a^2-b^2)} - \frac{b}{2i(a^2-b^2)}\right] = \frac{\pi(a-b)}{a^2-b^2} = \frac{\pi}{a+b}$$

例 4.20　计算积分 $I=\displaystyle\int_0^{+\infty}\dfrac{\mathrm{d}x}{x^4+a^4}(a>0)$.

解　被积函数是偶函数,则 $I=\dfrac{1}{2}\displaystyle\int_{-\infty}^{+\infty}\dfrac{\mathrm{d}x}{x^4+a^4}$

首先求方程 $z^4+a^4=0$ 的根.

由 $z^4=-a^4=a^4\mathrm{e}^{(2k+1)\pi\mathrm{i}}$,得 $z=a\mathrm{e}^{\frac{(2k+1)\pi\mathrm{i}}{4}}$,即

$$z_0 = a\mathrm{e}^{\frac{\pi}{4}\mathrm{i}},\quad z_1 = a\mathrm{e}^{\frac{3\pi}{4}\mathrm{i}},\quad z_2 = a\mathrm{e}^{\frac{5\pi}{4}\mathrm{i}},\quad z_3 = a\mathrm{e}^{\frac{7\pi}{4}\mathrm{i}}$$

都是方程 $z^4+a^4=0$ 的单根,所以 $f(z)=\dfrac{1}{z^4+a^4}$ 的 4 个 1 级极点,其中只有 z_0 和

z_1 在上半平面,而 z_2,z_3 在下半平面. 又 $f(z)$在实轴上解析. 由法则 4.2,有

$$\mathrm{Res}\left[\frac{1}{z^4+a^4},z_k\right]=\frac{1}{4z_k^3}=\frac{z_k}{4z_k^4}=-\frac{z_k}{4a^4}$$

于是,根据式(4-23)

$$\int_{-\infty}^{+\infty}\frac{\mathrm{d}x}{x^4+a^4}=2\pi\mathrm{i}\left(-\frac{z_0}{4a^4}-\frac{z_1}{4a^4}\right)=2\pi\mathrm{i}\left(-\frac{a\mathrm{e}^{\frac{\pi}{4}\mathrm{i}}}{4a^4}-\frac{a\mathrm{e}^{\frac{3\pi}{4}\mathrm{i}}}{4a^4}\right)$$

$$=-\frac{\pi\mathrm{i}}{2a^3}\left(\frac{\sqrt{2}}{2}+\frac{\sqrt{2}}{2}\mathrm{i}-\frac{\sqrt{2}}{2}+\frac{\sqrt{2}}{2}\mathrm{i}\right)=\frac{\pi}{a^3\sqrt{2}}$$

因此,得 $\displaystyle\int_0^{+\infty}\frac{\mathrm{d}x}{x^4+a^4}=\frac{\pi}{2\sqrt{2}a^3}$.

4.4.3　有理函数与三角函数乘积的积分

考虑积分

$$\int_{-\infty}^{+\infty}f(x)\cos mx\,\mathrm{d}x,\quad\int_{-\infty}^{+\infty}f(x)\sin mx\,\mathrm{d}x$$

为了利用留数计算上述积分,先给出著名的 Jordan 引理.

Jordan 引理　设 $f(z)$在区域$|z|\geqslant R_0$,$\mathrm{Im}z\geqslant0$ 上解析,且当$|z|\geqslant R_0$ 时

$$|f(z)|\leqslant M(|z|) \tag{4-24}$$

其中 $R_0>0$ 是常数,$M(r)$是 r 的实值函数,且 $\lim\limits_{r\to+\infty}M(r)=0$,则对任何实数 $m>0$,都有

$$\lim_{R\to+\infty}\int_{C_R}f(z)\mathrm{e}^{\mathrm{i}mz}\,\mathrm{d}z=0 \tag{4-25}$$

其中 C_R 为上半圆(图 4.2).

证明　根据 2.1 节中的积分性质(5),

$$\left|\int_{C_R}f(z)\mathrm{e}^{\mathrm{i}mz}\,\mathrm{d}z\right|=\left|\int_{C_R}f(z)\mathrm{e}^{\mathrm{i}m(x+\mathrm{i}y)}\,\mathrm{d}z\right|$$

$$\leqslant\int_{C_R}|f(z)|\mathrm{e}^{-my}\,\mathrm{d}s\leqslant M(R)\int_0^\pi\mathrm{e}^{-mR\sin\theta}R\,\mathrm{d}\theta$$

$$=RM(R)\left[\int_0^{\frac{\pi}{2}}\mathrm{e}^{-mR\sin\theta}\,\mathrm{d}\theta+\int_{\frac{\pi}{2}}^\pi\mathrm{e}^{-mR\sin\theta}\,\mathrm{d}\theta\right]$$

$$=2RM(R)\int_0^{\frac{\pi}{2}}\mathrm{e}^{-mR\sin\theta}\,\mathrm{d}\theta$$

利用高等数学中的不等式:$\dfrac{2}{\pi}\leqslant\dfrac{\sin\theta}{\theta}<1,\theta\in\left(0,\dfrac{\pi}{2}\right]$,可以得到

$$\int_0^{\frac{\pi}{2}}\mathrm{e}^{-mR\sin\theta}\,\mathrm{d}\theta\leqslant\int_0^{\frac{\pi}{2}}\mathrm{e}^{-\frac{2mR}{\pi}\theta}\,\mathrm{d}\theta$$

$$= -\frac{\pi}{2mR}\mathrm{e}^{-\frac{2mR}{\pi}\theta}\Big|_{0}^{\frac{\pi}{2}}$$

$$= \frac{\pi}{2mR}(1 - \mathrm{e}^{-mR}) \to 0(R \to +\infty)$$

于是

$$\left|\int_{C_R} f(z)\mathrm{e}^{imz}\,\mathrm{d}z\right| \leqslant \frac{\pi}{m}M(R)(1 - \mathrm{e}^{-mR})$$

这是 Jordan 引理的一种形式.

Jordan 引理的另一种形式：设 $f(z)$ 在区域 $|z| \geqslant R_0$，$\mathrm{Re}z \leqslant \beta_0$ 解析，且当 $|z| \geqslant R_0$ 时，

$$|f(z)| \leqslant M(|z|)$$

其中 $R_0 > 0$ 是常数，$M(r)$ 是 r 的实值函数，且 $\lim\limits_{r \to +\infty} M(r) = 0$. 则对任何实数 $m > 0$，都有

$$\lim_{R \to +\infty}\int_{C_R} f(z)\mathrm{e}^{mz}\,\mathrm{d}z = 0$$

其中 $C_R: |z| = R$，$\mathrm{Re}z \leqslant \beta_0$（$\beta_0$ 是实常数）.

第 7 章将应用 Jordan 引理的这一形式，给出应用留数计算 Laplace 反演积分公式.

定理 4.9　设 $f(z) = \dfrac{P(z)}{Q(z)}$ 是有理函数，$Q(z)$ 在实轴上没有零点，多项式 $Q(z)$ 的次数至少比 $P(z)$ 的次数高 1 次，$z_1, z_2, \cdots, z_n$ 是 $f(z)$ 在上半平面内的所有孤立奇点，则

$$\int_{-\infty}^{+\infty} f(x)\mathrm{e}^{imx}\,\mathrm{d}x = 2\pi\mathrm{i}\sum_{k=1}^{n}\mathrm{Res}[f(z)\mathrm{e}^{imz}, z_k] \tag{4-26}$$

证明　由于 $Q(z)$ 与 $P(z)$ 都是多项式，且 $Q(z)$ 的次数至少比 $P(z)$ 的次数高 1 次，则存在 $R_0 > 0$，使 $f(x)$ 在 $(-\infty, -R_0]$，$[R_0, +\infty)$ 上单调，且 $\lim\limits_{x \to \pm\infty} f(x) = 0$. 又 $f(x)$ 在 $(-\infty, +\infty)$ 上连续. 因此，根据广义积分的判别法，$\displaystyle\int_{-\infty}^{+\infty} f(x)\sin mx\,\mathrm{d}x$ 与 $\displaystyle\int_{-\infty}^{+\infty} f(x)\cos mx\,\mathrm{d}x$ 都收敛，于是 $\displaystyle\int_{-\infty}^{+\infty} f(x)\mathrm{e}^{imx}\,\mathrm{d}x$ 收敛.

取 R 充分大，使 $z_1, z_2, \cdots, z_n$ 都含在由实轴和 C_R 所围成的区域内部. 根据留数基本定理

$$\int_{-R}^{R} f(x)\mathrm{e}^{imx}\,\mathrm{d}x + \int_{C_R} f(z)\mathrm{e}^{imz}\,\mathrm{d}z = 2\pi\mathrm{i}\sum_{k=1}^{n}\mathrm{Res}[f(z)\mathrm{e}^{imz}, z_k] \tag{4-27}$$

由 Jordan 引理

$$\lim_{R \to +\infty} \int_{C_R} f(z) e^{imz} dz = 0$$

在式(4-27)中,令 $R \to +\infty$,得

$$\int_{-\infty}^{+\infty} f(x) e^{imx} dx = 2\pi i \sum_{k=1}^{n} \text{Res}[f(z) e^{imz}, z_k]$$

例 4. 21　计算积分 $I = \displaystyle\int_{-\infty}^{+\infty} \frac{\cos x}{(x^2+1)(x^2+9)} dx$.

解　记 $f(z) = \dfrac{1}{(z^2+1)(z^2+3^2)}$,则 $f(z)$ 在实轴上无奇点,且分母次数高于分子次数. $z_1 = i, z_2 = 3i$ 是 $f(z)$ 在上半平面的 1 级极点,除此两点之外,$f(z)$ 在上半平面处处解析. 由定理 4.9,

$$\int_{-\infty}^{+\infty} \frac{e^{ix}}{(x^2+1)(x^2+9)} dx$$

$$= 2\pi i \{\text{Res}[f(z) e^{iz}, i] + \text{Res}[f(z) e^{iz}, 3i]\}$$

$$= 2\pi i \lim_{z \to i} \left[\frac{e^{iz}}{(z+i)(z^2+9)} + \lim_{z \to 3i} \frac{e^{iz}}{(z^2+1)(z+3i)}\right]$$

$$= 2\pi i \left(\frac{e^{-1}}{16i} - \frac{e^{-3}}{48i}\right)$$

$$= \frac{\pi}{24e^3}(3e^2 - 1)$$

其实部(虚部为零)就是所要求的积分,即

$$\int_{-\infty}^{+\infty} \frac{\cos x}{(x^2+1)(x^2+9)} dx = \frac{\pi}{24e^3}(3e^2 - 1)$$

例 4. 22　计算 $I = \displaystyle\int_{0}^{+\infty} \frac{x \sin x}{x^2+a^2} dx \ (a > 0)$.

解　因为

$$I = \frac{1}{2} \int_{-\infty}^{+\infty} \frac{x \sin x}{x^2+a^2} dx = \frac{1}{2} \text{Im}\left[\int_{-\infty}^{+\infty} \frac{x e^{ix}}{x^2+a^2} dx\right]$$

记 $f(z) = \dfrac{z}{z^2+a^2}$,则 $f(z)$ 是有理真分式,且在实轴没有奇点,$z_0 = ai$ 是上半平面内唯一的孤立奇点,且是 1 级极点,则

$$\text{Res}\left[\frac{z}{z^2+a^2} e^{iz}, ai\right] = \frac{z_0}{2z_0} e^{iz_0} = \frac{1}{2} e^{-a}$$

由式(4-26),

$$\int_{-\infty}^{+\infty} \frac{x e^{ix}}{x^2+a^2} dx = \pi i e^{-a}$$

因此

$$\int_{-\infty}^{+\infty} \frac{x\sin x}{x^2+a^2}\,\mathrm{d}x = \pi\mathrm{e}^{-a}$$

这样

$$\int_{0}^{+\infty} \frac{x\sin x}{x^2+a^2}\,\mathrm{d}x = \frac{\pi}{2}\mathrm{e}^{-a}$$

定理 4.9 要求 $f(z)$ 在实轴上没有奇点, 但有些广义积分, 例如

$$\int_{0}^{+\infty} \frac{\sin x}{x}\,\mathrm{d}x,\quad \int_{-\infty}^{+\infty} \frac{\sin x}{x(1+x^2)}\,\mathrm{d}x,\quad \int_{-\infty}^{+\infty} \frac{\sin \pi x}{x(1-x^2)}\,\mathrm{d}x$$

都是收敛的广义积分, 也都属于 $\displaystyle\int_{-\infty}^{+\infty} f(x)\sin mx\,\mathrm{d}x$ 型积分, 但 $f(z)$ 在实轴上有 1 级极点. 这种情况也可以利用留数定理计算.

定理 4.10　设 $f(z)=\dfrac{P(z)}{Q(z)}$ 是有理真分式, 即 $Q(z)$ 与 $P(z)$ 是互质的多项式, $Q(z)$ 的次数至少比 $P(z)$ 的次数高 1 次. 如果 $z_1,z_2,\cdots,z_n$ 是上半平面内的所有孤立奇点, $z'_1,z'_2,\cdots,z'_N$ 是 $f(z)$ 在实轴上的所有孤立奇点, 且都是 1 级极点, 则当广义积分 $\displaystyle\int_{-\infty}^{+\infty} f(x)\sin mx\,\mathrm{d}x$ 收敛 $(m>0)$ 时,

$$\int_{-\infty}^{+\infty} f(x)\sin mx\,\mathrm{d}x = \mathrm{Im}\Big\{ 2\pi\mathrm{i}\sum_{k=1}^{n} \mathrm{Res}[f(z)\mathrm{e}^{\mathrm{i}mz},z_k]$$

$$+ \pi\mathrm{i}\sum_{k=1}^{N} \mathrm{Res}[f(z)\mathrm{e}^{\mathrm{i}mz},z'_k]\Big\} \tag{4-28}$$

$\displaystyle\int_{-\infty}^{+\infty} f(x)\cos mx\,\mathrm{d}x$ 型的积分也可以得出类似的结论.

证明　不妨设实轴上只有一个 1 级极点 z'_1, 取 R 充分大, r 充分小时, $z_1,z_2,\cdots,z_n$ (上半平面的奇点) 都在由 C_R、$[-R,z_1'-r]$、C_r 以及 $[z_1'+r,R]$ ($[-R,z_1'-r]$ 与 $[z_1'+r,R]$ 表示实轴上的区间) 所围成的区域内 (图 4.3).

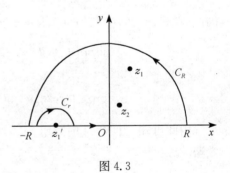

图 4.3

根据留数基本定理, 仍然可以得出

$$\int_{C_R} f(z)\mathrm{e}^{\mathrm{i}mz}\,\mathrm{d}z + \int_{-R}^{z_1'-r} f(x)\,\mathrm{d}x + \int_{C_r} f(z)\mathrm{e}^{\mathrm{i}mz}\,\mathrm{d}z + \int_{z_1'+r}^{R} f(x)\mathrm{e}^{\mathrm{i}mz}\,\mathrm{d}x$$

$$= 2\pi\mathrm{i}\sum_{k=1}^{n} \mathrm{Res}[f(z)\mathrm{e}^{\mathrm{i}mz},z_k] \tag{4-29}$$

这里的 $f(z)$ 仍满足 Jordan 引理的条件, 因此

$$\lim_{R \to +\infty} \int_{C_R} f(z) e^{imz} \, dz = 0$$

而

$$\lim_{\substack{R \to +\infty \\ r \to 0^+}} \int_{-R}^{z'_1 - r} f(x) e^{imx} \, dx + \lim_{\substack{R \to +\infty \\ r \to 0^+}} \int_{z'_1 + r}^{R} f(x) e^{imx} \, dx = \int_{-\infty}^{+\infty} f(x) e^{imx} \, dx$$

下面考虑 $\displaystyle\lim_{r \to 0^+} \int_{C_r} f(z) e^{imz} \, dz$.

由于 z'_1 是 $f(z) e^{imz}$ 的 1 级极点，在 z'_1 的某个去心邻域内，$f(z) e^{imz}$ 可以展开成 Laurent 级数

$$f(z) e^{imz} = \frac{c_{-1}}{z - z'_1} + \varphi(z)$$

其中 $c_{-1} = \mathrm{Res}[f(z) e^{imz}, z'_1]$，$\varphi(z)$ 在 z'_1 的邻域内有界且解析，即存在 $M > 0$，使 $|\varphi(z)| \leqslant M$. 故

$$\left| \int_{C_r^-} \varphi(z) \, dz \right| \leqslant M\pi r \to 0 \qquad (r \to 0)$$

$$\int_{C_r^-} \frac{c_{-1}}{z - z'_1} \, dz = \int_{\pi}^{0} \frac{c_{-1} i r e^{i\theta}}{r e^{i\theta}} \, d\theta = -\pi i c_{-1}$$

$$\int_{C_r^-} f(z) e^{imz} \, dz = \int_{C_r^-} \varphi(z) \, dz + \int_{C_r^-} \frac{c_{-1}}{z - z'_1} \, dz \longrightarrow -\pi i c_{-1} \qquad (r \to 0)$$

因此，在式(4-29)中，令 $r \to 0, R \to +\infty$，则得

$$\lim_{\substack{R \to +\infty \\ r \to 0^+}} \left[\int_{-R}^{z'_1 - r} f(x) e^{imx} \, dx + \int_{z'_1 + r}^{R} f(x) e^{imx} \, dx \right]$$

$$= \pi i \mathrm{Res}[f(z) e^{imz}, z'_1] + 2\pi i \sum_{k=1}^{n} \mathrm{Res}[f(z) e^{imz}, z_k]$$

由此可知，当 $N = 1$ 时，式(4-29)成立. 当 $N \geqslant 2$ 时，可以完全类似地证明，此处略.

例 4.23 设 $m > 0$，证明 $\displaystyle\int_{0}^{+\infty} \frac{\sin mx}{x} \, dx = \frac{\pi}{2}$.

证明 因 $\displaystyle\int_{0}^{+\infty} \frac{\sin mx}{x} \, dx = \frac{1}{2} \int_{-\infty}^{+\infty} \frac{\sin mx}{x} \, dx$，记 $f(z) = \frac{1}{z}$，则 $f(z)$ 在复平面上只有一个 1 级极点 $z = 0$，且在实轴上，故由式(4-28)，有

$$\int_{-\infty}^{+\infty} \frac{\sin mx}{x} \, dx = \mathrm{Im} \left\{ \pi i \mathrm{Res} \left[\frac{e^{imz}}{z}, 0 \right] \right\}$$

而

$$\text{Res}\left[\frac{\mathrm{e}^{imz}}{z},0\right]=\mathrm{e}^{imz}\Big|_{z=0}=1$$

从而

$$\int_{-\infty}^{+\infty}\frac{\sin mx}{x}\mathrm{d}x=\text{Im}[\pi\mathrm{i}]=\pi$$

于是

$$\int_{0}^{+\infty}\frac{\sin mx}{x}\mathrm{d}x=\frac{\pi}{2}$$

利用定理 4.10,不难求出 $\int_{0}^{+\infty}\dfrac{\sin x}{x(1+x^2)}\mathrm{d}x=\dfrac{\pi}{2}(1-\mathrm{e}^{-1})$，$\int_{0}^{+\infty}\dfrac{\sin\pi x}{x(1-x^2)}\mathrm{d}x=\pi$

等(留作习题).

利用复变函数方法,还可以求出其他类型的积分. 例如,

$$\int_{0}^{+\infty}\sin x^2\mathrm{d}x=\int_{0}^{+\infty}\cos x^2\mathrm{d}x=\frac{1}{2}\sqrt{\frac{\pi}{a}}\qquad(a>0)$$

$$\int_{0}^{+\infty}\mathrm{e}^{-ax^2}\cos bx\,\mathrm{d}x=\frac{1}{2}\mathrm{e}^{\frac{b^2}{4a}}\sqrt{\frac{\pi}{a}}\qquad(a>0)$$

$$\int_{-\infty}^{+\infty}\frac{\mathrm{e}^{ax}}{1+\mathrm{e}^x}\mathrm{d}x=\frac{\pi}{\sin a\pi}\qquad(0<a<1)$$

这些积分的计算都需要特殊技巧,在此不再详细讨论.

4.4.4　零点的分布

在一些实际问题中,求方程的根(函数的零点)往往是较困难的. 在利用计算机近似计算中,常常需要知道函数的零点分布情况. 下面我们以留数理论为基础作初步的探讨.

例 4.24　设 $z=a$ 是解析函数 $f(z)$ 的 m 级零点,则 $z=a$ 必是 $\dfrac{f'(z)}{f(z)}$ 的 1 级极点,且有

$$\text{Res}\left[\frac{f'(z)}{f(z)},a\right]=m$$

证明　因 $z=a$ 是 $f(z)$ 的 m 级零点,则在 $z=a$ 的某邻域内,有

$$f(z)=(z-a)^m\varphi(z),\quad\varphi(a)\neq0$$

因此

$$\frac{f'(z)}{f(z)}=\frac{m}{z-a}+\frac{\varphi'(z)}{\varphi(z)}$$

由于 $\varphi(a)\neq0$,则 $\dfrac{\varphi'(z)}{\varphi(z)}$ 在 $z=a$ 点解析,从而 $z=a$ 是 $\dfrac{f'(z)}{f(z)}$ 的 1 级极点,且

$$\text{Res}\left[\frac{f'(z)}{f(z)},\quad a\right]=m$$

例 4.25　设 $f(z)$ 在闭路 C 及其内部解析,且在 C 上无零点,则

$$\frac{1}{2\pi\mathrm{i}}\oint_c\frac{f'(z)}{f(z)}\mathrm{d}z=N$$

这里 N 表示 $f(z)$ 在 C 的内部零点的总数(约定每个 k 级零点算 k 个零点).

　　证明　设 $f(z)$ 在 C 的内部有 n 个零点 $a_1,a_2,\cdots,a_n$,它们的级数分别是 α_1, $\alpha_2,\cdots,\alpha_n$. 由例 4.24 知,$a_1,a_2,\cdots,a_n$ 都是 $\dfrac{f'(z)}{f(z)}$ 的 1 级极点,且

$$\text{Res}\left[\frac{f'(z)}{f(z)},a_k\right]=\alpha_k,\qquad k=1,2,\cdots,n$$

除这些极点外,由所设条件知 $\dfrac{f'(z)}{f(z)}$ 在 C 及其内部解析. 于是,由留数定理得

$$\frac{1}{2\pi\mathrm{i}}\oint_c\frac{f'(z)}{f(z)}\mathrm{d}z=\sum_{k=1}^n\alpha_k=N$$

下面以 $f(z)=z^3$ 及 $C:|z|=1$ 为例说明 $\dfrac{1}{2\pi\mathrm{i}}\oint_c\dfrac{f'(z)}{f(z)}\mathrm{d}z=N$ 的几何意义.

当 z 在 Z 平面上沿闭曲线 C 逆时针方向绕行一周时,相应 $w=f(z)=z^3$ 就在 W 平面上画出一条闭曲线 l,点 w 在该曲线 l 上逆时针方向绕原点三周. 即当 z 在 Z 平面上沿闭曲线 C 逆时针方向绕行一周时,相应 w 的辐角改变了 6π.

如果记 $\Delta_C\arg f(z)$ 为当 z 绕曲线 C 的正向一周 $\arg f(z)$ 的改变量,则有

$$N=\frac{1}{2\pi}\Delta_C\arg f(z)$$

这一结果是辐角原理的特殊情形. 进一步,还有下面的儒歇定理.

　　Rouche(儒歇)定理　设函数 $f(z)$ 及 $g(z)$ 在闭路 C 及其内部解析,且在 C 上有不等式

$$|f(z)|>|g(z)|$$

则在 C 的内部 $f(z)+g(z)$ 和 $f(z)$ 的零点个数相等.

我们略去辐角原理与 Rouche 定理的证明,有兴趣的读者可见参考文献[1]. 下面应用 Rouche 定理判别方程根的分布情况.

　　例 4.26　问 $z^6-z^4-5z^3+2=0$ 在 $|z|<1$ 内有多少个根?

　　解　取 $f(z)=-5z^3,g(z)=z^6-z^4+2$. 且在 $|z|=1$ 上,有

$$|f(z)|=5,\ |g(\dot z)|=|z^6-z^4+2|\leqslant|z^6|+|z^4|+2=4$$

即在 $|z|=1$ 上,有 $|f(z)|>|g(z)|$. 由 Rouche 定理,$f(z)+g(z)$ 和 $f(z)$ 在 $|z|<1$ 的零点个数相等,而 $f(z)=-5z^3$ 在 $|z|<1$ 内有一个三级零点 $z=0$,即 $f(z)=-5z^3$ 在 $|z|<1$ 内有三个零点,故

$$f(z) + g(z) = z^6 - z^4 - 5z^3 + 2$$

在 $|z| < 1$ 内也有三个零点. 即方程

$$z^6 - z^4 - 5z^3 + 2 = 0$$

在 $|z| < 1$ 内有三个根.

例 4.27　如果 $a > e$, 证明方程 $e^z = az^n$ 在单位圆内有 n 个根.

证明　只须证明 $h(z) = az^n - e^z$ 在 $|z| < 1$ 内有 n 个零点. 为此, 令

$$f(z) = az^n, \quad g(z) = -e^z$$

由于当 $|z| = |e^{i\theta}| = 1$ 时,

$$|f(z)| = a|z|^n = a > e$$

$$|g(z)| = e^{\cos\theta} \leqslant e$$

因此, $h(z) = az^n - e^z$ 与 $f(z) = az^n$ 在 $|z| < 1$ 内零点个数相同, 又 $f(z) = az^n$ 在 $|z| < 1$ 内有 n 个零点. 因此, 方程 $e^z = az^n$ 在单位圆内有 n 个根.

习　题　4

1. 设函数 $f(z)$ 及 $g(z)$ 满足下列条件之一:

(1) $z = z_0$ 分别是 $f(z)$ 与 $g(z)$ 的 m 级与 n 级极点;

(2) $z = z_0$ 分别是 $f(z)$ 与 $g(z)$ 的 m 级与 n 级零点;

(3) $f(z)$ 在 z_0 点解析或 $z = z_0$ 是 $f(z)$ 的可去奇点或是极点, 而 $z = z_0$ 是 $g(z)$ 的本性奇点.

试问: $f(z) + g(z)$, $f(z)g(z)$, $g(z)/f(z)$ 在 $z = z_0$ 处分别具有什么性质?

2. 试确定下列函数的奇点及其类型, 若是极点, 指出它的级:

(1) $\dfrac{1}{z - z^3}$;

(2) $\dfrac{1}{\sin z - \sin \alpha}$;

(3) $\dfrac{\ln(1+z)}{z}$;

(4) $\sin \dfrac{1}{1-z}$;

(5) $\dfrac{\cos z}{z^2}$;

(6) $\tan z$;

(7) $\dfrac{1 - \cos(z-2)}{(z-2)^2}$;

(8) $\dfrac{e^{\frac{1}{z-1}}}{e^z - 1}$;

(9) $\dfrac{e^z}{z^3(1 - e^{-z})}$;

(10) $\dfrac{z}{(1+z^2)(1 + e^{\pi z})}$.

3. 求下列各函数在有限复平面内各孤立奇点处的留数.

(1) $\dfrac{1}{z^3 - z^5}$;

(2) $\dfrac{z}{(z-a)^m(z-b)}$　($a \neq b$, m 是自然数, $a \neq 0$, $b \neq 0$);

(3) $\dfrac{1}{1 - e^z}$;

(4) $\dfrac{1}{z \sin z}$;

(5) $\dfrac{\ln(z+2)}{z^2(z-1)}$;

(6) $\dfrac{z^{2n}}{(z-1)^n}$　(n 为正整数);

(7) $\cos \dfrac{1}{z-2}$;

(8) $z^n \sin \dfrac{1}{z}$　(n 为正整数);

(9) $z^2 \mathrm{e}^{\frac{1}{z-1}}$;　　　　　　　　　　(10) $\sin \dfrac{z}{z+1}$.

4. 利用留数理论计算下列积分,其中所给闭曲线均取正向:

(1) $\displaystyle\oint_{|z|=1} \frac{z+1}{z^3(z+4)} \mathrm{d}z$;　　　　　(2) $\displaystyle\oint_{|z|=1} \frac{\mathrm{e}^{6z}}{6z^2+5z+1} \mathrm{d}z$;

(3) $\displaystyle\oint_{|z|=5} \frac{z}{\sin z(1-\cos z)} \mathrm{d}z$;　　　(4) $\displaystyle\oint_{|z|=3} \tan \pi z \mathrm{d}z$;

(5) $\displaystyle\oint_{|z|=2} \frac{z}{\dfrac{1}{2}-\sin^2 z} \mathrm{d}z$;　　　(6) $\displaystyle\oint_{|z|=1} (1+z+z^2) \mathrm{e}^{\frac{1}{z}} \mathrm{d}z$.

5. 判定 $z=\infty$ 是下列函数什么类型的孤立奇点? 并计算它们在 $z=\infty$ 处的留数:

(1) $1+z^2$;　　　　　　　　　(2) $\dfrac{z^2+z-1}{z^2(z-1)}$;

(3) $\mathrm{e}^{\frac{1}{z^2}}$;　　　　　　　　　(4) $\sin z$;

(5) $\dfrac{\mathrm{e}^z}{z^2-1}$.

6. 计算下列积分,其中曲线均取正向:

(1) $\displaystyle\oint_{|z|=2} \frac{(z^2+1)^2}{(z-1)^2(z^3-1)} \mathrm{d}z$;

(2) $\displaystyle\oint_{|z|=2} \left(1+\sin \frac{1}{z}\right)^n \mathrm{d}z$　(n 为自然数);

(3) $\displaystyle\oint_{|z|=r} \frac{z^{2n}}{1+z^n} \mathrm{d}z$　(n 为自然数,$r>1$).

7. 利用留数计算下列积分:

(1) $\displaystyle\int_0^{2\pi} \frac{\sin m\theta}{5+4\sin\theta} \mathrm{d}\theta$　(m 为正整数);

(2) $\displaystyle\int_0^{\pi} \frac{a}{a^2+\sin^2\theta} \mathrm{d}\theta$　($a>0$);

(3) $\displaystyle\int_{-\infty}^{+\infty} \frac{x}{(x^2+1)(x^2+2x+2)} \mathrm{d}x$;

(4) $\displaystyle\int_0^{+\infty} \frac{1+x^2}{1+x^4} \mathrm{d}x$;

(5) $\displaystyle\int_{-\infty}^{+\infty} \frac{x\cos x}{x^2-2x+10} \mathrm{d}x$;

(6) $\displaystyle\int_0^{+\infty} \frac{x\sin x}{x^2+9} \mathrm{d}x$;

(7) $\displaystyle\int_0^{+\infty} \frac{\sin x}{x(1+x^2)} \mathrm{d}x$;

(8) $\displaystyle\int_0^{+\infty} \frac{\sin \pi x}{x(1-x^2)} \mathrm{d}x$.

8. 证明:方程 $z^4+7z+1=0$ 有三个根位于圆环域 $1<|z|<2$ 内.

9. 利用 Rouche 定理证明代数基本定理.

第 5 章 保 角 映 射

保角映射在热力学、空气动力学以及电磁场理论等的研究中都有重要应用. 本章从解析函数导数的几何意义出发,引出保角映射的概念,重点讨论分式线性映射及若干初等函数所构成的保角映射及其性质.

5.1 映射与保角映射的概念

5.1.1 映射的概念

对于一元函数与二元函数,人们常常用几何图形直观地帮助理解和研究函数的性质. 对于复变函数,由于它是两对变量 x,y 与 u,v 之间的对应,不可能用一个几何图形表示这种对应关系.

通常我们用 z 平面上的点表示自变量 z 的值,用 w 平面上的点表示函数 w 的值. 设 $w=f(z)$ 是复平面点集 D 上的复变函数,平面点集 D 称为定义域,用 G 表示由函数值 w 所组成的数集,称为 $f(z)$ 的值域.

对于 $z_0 \in D$,称 $w_0 = f(z_0)$ 为从 z 平面上的点 z_0 变到 w 平面上的点 w_0 的映射. 此时称 $w_0 = f(z_0)$ 为在映射 $w=f(z)$ 下点 z_0 在 w 平面上的像,而称 z_0 为在映射 $w=f(z)$ 下 w_0 在 z 平面上的原像.

对 D 中的每个点 z,由 $w=f(z)$ 构成了 w 平面上的点集 G,此时,称 $w=f(z)$ 把从 z 平面上的点集 D 映射成 w 平面上的点集 G,该映射通常称为由 $w=f(z)$ 构成的从 D 到 G 的映射,记为 $G=f(D)$. 这样,把 G 称为在映射 $w=f(z)$ 下 D 在 w 平面上的像,而 D 称为映射 $w=f(z)$ 下 G 在 z 平面上的原像.

如果 $w=f(z)$ 把 D 内不同点映射成 G 上的不同点,即如果 z_1, z_2 都是 D 内的点,$z_1 \neq z_2$,有 $f(z_1) \neq f(z_2)$,则称 $w=f(z)$ 是从 D 到 G 的双方单值的映射或一对一的映射.

例 5.1 平移映射 $w=z+\alpha$(α 是复常数)是从 z 平面到 w 平面的双方单值映射.

例 5.2 旋转映射 $w=e^{i\theta}z$ 与相似映射 $w=rz$($r>0$ 是常数)是从 z 平面到 w 平面的双方单值映射. $w=\beta z$(β 为复常数)是这两个映射的复合映射.

例 5.3 反演映射 $w=\dfrac{1}{z}$ 是从扩充 z 平面到扩充 w 平面的双方单值映射.

5.1.2 导数的几何意义

首先考虑 z 平面内经过点 z_0 的一条光滑曲线 C:

$$z = z(t) = x(t) + \mathrm{i}y(t) \qquad (\alpha \leqslant t \leqslant \beta)$$

其中, $x(t)$ 与 $y(t)$ 是 $z(t)$ 的实部与虚部.

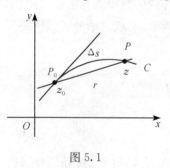

图 5.1

设 $z_0 = z(t_0)$ $t_0 \in (\alpha, \beta)$, 由于

$$z'(t_0) = x'(t_0) + \mathrm{i}y'(t_0) \neq 0$$

则曲线 C 在 $z = z_0$ 点的切线与实轴的夹角等于 $z'(t_0)$ 的辐角 $\mathrm{Arg}z'(t_0)$.

事实上, 作经过曲线 C 上点 $z_0 = z(t_0)$ 与点 $z = z(t)$ 的割线(图 5.1), 如果规定割线的方向与向量 $\dfrac{z(t)-z(t_0)}{t-t_0}$ 的方向一致, 则向量 $\dfrac{z(t)-z(t_0)}{t-t_0}$ 与实轴正向的夹角为 $\mathrm{Arg}\dfrac{z(t)-z(t_0)}{t-t_0}$.

由于曲线 C 光滑, 当 z 趋于 z_0 时, 割线有极限位置, 即极限

$$\lim_{t \to t_0} \frac{z-z_0}{t-t_0} = z'(t_0) \neq 0$$

由函数 $\mathrm{Arg}z$ 的连续性, 有

$$\lim_{t \to t_0}\mathrm{Arg}\frac{z-z_0}{t-t_0} = \mathrm{Arg}z'(t_0)$$

因此, 如果规定 $z'(t_0) \neq 0$ 的向量方向作为 C 上 z_0 处切线的正向, 则

(1) $\mathrm{Arg}z'(t_0)$ 就是 x 轴的正向与曲线 C 上 z_0 处切线的正向之间的夹角;

(2) 设 $C_1 : z = z_1(t)$, $C_2 : z = z_2(t)$ $(\alpha \leqslant t \leqslant \beta)$ 是相交于 z_0 处的两条光滑曲线, 且 $z_1(t_0) = z_2(t_0) = z_0$, 则 C_1 与 C_2 在 z_0 处的交角等于 $\mathrm{Arg}z'_2(t_0) - \mathrm{Arg}z'_1(t_0)$ (图 5.2).

现在讨论解析函数导数 $f'(z)$ 的几何意义. 设 $w = f(z)$ 是区域 D 上的解析函数, 且在 D 内, $f'(z) \neq 0$.

设曲线 C 是 D 内过定点 z_0 的任意一条光滑曲线, $C : z = z(t)$ $(\alpha \leqslant t \leqslant \beta)$, $z_0 = z(t_0)$. 由光滑曲线的定义, 有 $z'(t_0) \neq 0$.

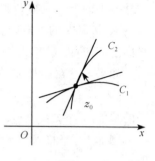

图 5.2

函数 $w = f(z)$ 把 z 平面上的曲线 C 映射成 w 平面上过点 $w_0 = f(z_0)$ 的曲线 Γ, 则曲线 Γ 在 w 平面上的参数方程可表示为

$$w = f[z(t)] \qquad (\alpha \leqslant t \leqslant \beta)$$

根据复合函数求导法则, $w'(t) = f'[z(t)] \cdot z'(t)$. 因此, 曲线 Γ 仍然是 w 平

面上的一条光滑曲线. 且有 $w'(t_0) = f'(z_0)z'(t_0) \neq 0$ 是曲线 Γ 在 w_0 处的切向量 (在 w 平面内),这样

$$\mathrm{Arg}w'(t_0) = \mathrm{Arg}f'(z_0) + \mathrm{Arg}z'(t_0)$$

于是

$$\mathrm{Arg}f'(z_0) = \mathrm{Arg}w'(t_0) - \mathrm{Arg}z'(t_0) \tag{5-1}$$

$\mathrm{Arg}w'(t_0)$ 是曲线 Γ 在 w 平面上点 w_0 处 u 轴的正向与 Γ 之间的夹角,而 $\mathrm{Arg}z'(t_0)$ 是曲线 C 在 z 平面上点 z_0 处 x 轴与曲线 C 之间的夹角. 选定 x 轴和 u 轴,y 轴与 v 轴重叠,即把 z 平面和 w 平面放在同一个复平面. 于是,当 $f'(z_0) \neq 0$ 时,曲线 C 在 z_0 处的切线转动 $\mathrm{Arg}f'(z_0)$ 之后与曲线 Γ 在 w_0 处的切线方向一致. 换句话说,$\mathrm{Arg}f'(z_0)$ 就是曲线 C 在 z_0 处的方向角(即 z_0 处 x 轴与 C 的夹角),转动到曲线 Γ 在 w_0 处的方向角(即 u 轴与 Γ 的夹角)的转动角.

在上面的讨论中,C 是过点 z_0 的任意光滑曲线,因此,这个转动角与 C 的选法无关.

如果 $C_1: z = z_1(t), C_2: z = z_2(t) (\alpha \leqslant t \leqslant \beta)$ 是过 z_0 点的两条光滑曲线,$z_1(t_0) = z_2(t_0) = z_0$,则在映射 $w = f(z)$ 下,C_1 与 C_2 在 w 平面上的像分别为

$$\Gamma_1: w = w_1(t) = f[z_1(t)] \quad (\alpha \leqslant t \leqslant \beta)$$
$$\Gamma_2: w = w_2(t) = f[z_2(t)] \quad (\alpha \leqslant t \leqslant \beta)$$

且 $w_0 = f[z_1(t_0)] = f[z_2(t_0)]$. 因此,根据式(5-1)

$$\mathrm{Arg}w_2'(t_0) - \mathrm{Arg}w_1'(t_0) = \mathrm{Arg}z_2'(t_0) - \mathrm{Arg}z_1'(t_0)$$

该等式说明:过 z_0 的两条光滑曲线 C_1 与 C_2 在 z_0 处的夹角和在映射 $w = f(z)$ 下的像 Γ_1 与 Γ_2 在 w_0 处的夹角相等(图 5.3).

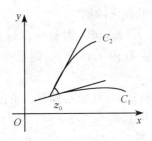
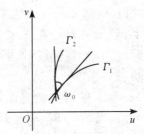

图 5.3

这就是当 $f'(z_0) \neq 0$ 时,$\mathrm{Arg}f'(z_0)$ 的几何意义. 导数的这个特性称为保角性.

下面讨论 $|f'(z_0)|$ 的几何意义,仍然设 $f'(z_0) \neq 0$. 由导数的定义

$$f'(z_0) = \lim_{z \to z_0} \frac{f(z) - f(z_0)}{z - z_0}$$

于是

$$| f'(z_0) | = \lim_{z \to z_0} \frac{| f(z) - f(z_0) |}{| z - z_0 |} = \lim_{z \to z_0} \frac{| w - w_0 |}{| z - z_0 |}$$

其中，$| w - w_0 |$ 是 w 与 w_0 间的距离，$| z - z_0 |$ 是 z 与 z_0 间的距离. 我们称 $\frac{| w - w_0 |}{| z - z_0 |}$

是在映射 $w = f(z)$ 下线段 $\overline{z_0 z}$（连接 z 与 z_0 的线段）的平均伸缩率，$\lim_{z \to z_0} \frac{| w - w_0 |}{| z - z_0 |}$ 是

映射 $w = f(z)$ 在 z_0 处的伸缩率. 当 $f'(z_0)$ 存在时，这个伸缩率与 $z \to z_0$ 的方式及所选取的方向无关，且等于 $| f'(z_0) |$. 也就是说，当 $f'(z_0) \neq 0$ 时，经过 z_0 点的任何曲线 C 在 $w = f(z)$ 映射后的伸缩率等于 $| f'(z_0) |$，与曲线 C 的形状及方向无关，在 z_0 处沿各个方向的伸缩率都等于 $| f'(z_0) |$. 导数的这个特性称为伸缩率不变性.

总之，当 $f'(z_0) \neq 0$ 时，$w = f(z)$ 在 z_0 处具有"转动角"不变性和"伸缩率"不变性.

5.1.3　保角映射的概念

上面谈到当 $f'(z_0)$ 存在且 $f'(z_0) \neq 0$ 时，映射 $w = f(z)$ 在 z_0 处具有沿着各个方向转动角不变性和伸缩率不变性. 满足这两个特性的映射称为保角映射.

定义 5.1　设 $w = f(z)$ 在 z_0 处的邻域内有定义，如果 $w = f(z)$ 在 z_0 处具有转动角不变性和伸缩率不变性. 即设 C_1 与 C_2 是过 z_0 点的任意两条光滑曲线，Γ_1 和 Γ_2 为映射 $w = f(z)$ 下 C_1 与 C_2 在 w 平面上的像，则 C_1 与 C_2 的交角等于 Γ_1 与 Γ_2 的交角（这里的交角包括方向），且映射 $w = f(z)$ 在 z_0 处沿任何方向的伸缩率都相等，则称映射 $w = f(z)$ 在 z_0 处是保角映射. 如果 $w = f(z)$ 在区域 D 内的每一点都是保角映射，则称 $w = f(z)$ 是区域 D 上的保角映射.

定理 5.1　设 $w = f(z)$ 在 z_0 处解析，且 $f'(z_0) \neq 0$，则 $w = f(z)$ 是 z_0 的邻域内的保角映射；若 $f(z)$ 在区域 D 内解析，且在 D 内 $f'(z) \neq 0$，则 $w = f(z)$ 是区域 D 上的保角映射.

例 5.4　$w = z^2$ 在 $z \neq 0$ 处是保角映射，但在 $z = 0$ 处不具有保角性.

解　$w' = 2z$，当 $z \neq 0$ 时，$w' \neq 0$，由定理 5.1，$w = z^2$ 在 $z \neq 0$ 处是保角映射. 但 $w'(0) = 0$ 不满足定理 5.1 的条件，无法由定理 5.1 确定 $w = z^2$ 在 $z = 0$ 点是否保角. 为此，我们取两条经过 $z = 0$ 点的射线，射线 $\arg z = 0$（正实轴）和射线 $\arg z = \frac{\pi}{4}$

的夹角等于 $\frac{\pi}{4}$，因为当 $z = re^{i\theta}$ 时，$w = z^2 = r^2 e^{2i\theta}$，因此，这两条射线在映射 $w = z^2$ 下

的像分别是 $\arg w = 0$ 和 $\arg w = \frac{\pi}{2}$，其交角等于 $\frac{\pi}{2}$. 因此 $w = z^2$ 在 $z = 0$ 处不具有保

角性（图 5.4）.

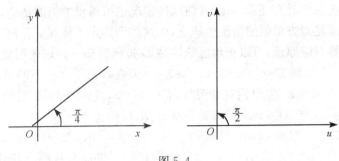

图 5.4

5.1.4　关于保角映射的一般理论

关于保角映射,已经建立了完整的理论,但这些理论的证明超出本课程的基本要求,因此,本教材只能作简要介绍,省略所有证明.

前面已经证明解析函数在导数不为零的点处所构成的映射是保角映射,在此我们指出其逆定理也成立,即映射 $w=f(z)$ 在区域 D 内保角的充分必要条件是 $f(z)$ 在 D 上解析,且 $f'(z)\neq0$.

不仅如此,还可以证明:$f(z)$ 是区域 D 上的解析函数,则点集 $G=f(D)$ 是 w 平面上的区域,即解析函数把区域映射成区域.

保角映射的基本问题是:给定两个区域 D 和 G,是否存在一个双方单值的保角映射,把 D 变成 G? 如果存在这样的映射,怎样找出来?

关于保角映射的存在性问题,有如下的 Riemann 定理.

定理 5.2(Riemann 定理)　设 D 和 G 分别是 z 平面和 w 平面上边界多于一个点的单连通区域,则必存在双方单值的解析函数 $w=f(z)$,把区域 D 保角映射成区域 G.

Riemann 定理中的保角映射 $f(z)$ 不一定唯一. 但如果再加一些条件,例如 $f(z_0)=w_0$,$\mathrm{Arg}f'(z_0)=\theta_0$(其中 $z_0\in D$,$w_0\in G$,$0\leqslant\theta_0\leqslant2\pi$),则存在唯一的保角映射 $w=f(z)$,使 $G=f(D)$.

通过 Riemann 定理,我们知道两个什么样的区域之间存在保角映射,但 Riemann 定理并未告诉我们怎样找出所要求的映射.

定理 5.3(边界对应原理)　设 D 是 z 平面内由一条按段光滑 Jordan 曲线 C 围成的区域,$f(z)$ 是 D 及其边界 C 上的解析函数,并把 C 双方单值地映射成 w 平面上的按段光滑曲线 Γ. 如果 C 的正向映射成 Γ 的正向,则在映射 $w=f(z)$ 下 C 的内部区域 D 映射成 Γ 正向的左侧(若 Γ 也是 Jordan 曲线,则映射成 Γ 的内部)区域;如果 C 的正向映射成 Γ 的负向,则 C 的内部映射成 Γ 的右侧(若 Γ 也是 Jordan 曲线,则映射成 Γ 的外部)区域.

　　边界对应原理对 C 不是 Jordan 曲线的情况也可得出类似的结论,并且在边界的个别点不满足双方单值的情况也成立,但这些个别点不能保证保角性.

　　应用边界对应原理,可以求出已给区域 D 被函数 $w=f(z)$ 映射成的区域 G.

　　例 5.5　求区域 $D=\{z\,|\,xy>1,x>0,y>0\}$ 在映射 $w=z^2$ 下的像 $G=f(D)$.

　　解　显然,$w=z^2$ 在 D 内处处可导,$f'(z)=2z$,且 $f'(z)\neq0$,因此 $w=z^2$ 在 $\overline{D}$ 上保角. 而由 $w=f(z)=z^2=x^2-y^2+2xy\mathrm{i}$ 知,D 的边界

$$C=\partial D=\{(x,y)\mid xy=1,x>0,y>0\}$$

在 w 平面上的像为 $\Gamma=\{(u,v)\,|\,v=2\}$. 曲线 C 把 z 平面分成两个部分,曲线 Γ 也把 w 平面分成两个部分. 又 D 的内点 $z_0=\sqrt{2}(1+\mathrm{i})$ 映射成 w 平面上的点 $w_0=4\mathrm{i}$. 根据边界对应原理,$w_0=4\mathrm{i}$ 也应该是 G 的内点. 又因 $\Gamma=\partial G=\{w\,|\,v=2\}$,从而有 $G=\{w\,|\,v>2\}$(图 5.5).

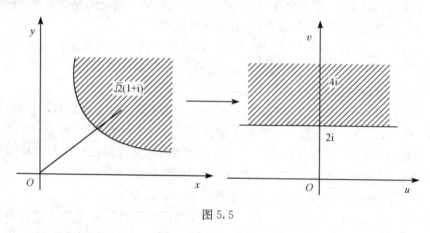

图 5.5

5.2　分式线性映射

　　分式线性映射是保角映射中比较简单但又很重要的一类映射.

　　所谓分式线性映射是指

$$w=\frac{az+b}{cz+d} \tag{5-2}$$

其中 a,b,c,d 都是复常数,且 $\delta=ad-bc\neq0$.

　　显然,平移、旋转、相似、反演等映射都是分式线性映射的特殊情况.

　　在式(5-2)中,如果 $c=0$,则由 $\delta\neq0$ 知,$d\neq0$,$a\neq0$,且

$$w=\alpha z+\beta \tag{5-3}$$

其中 $\alpha=\dfrac{a}{d}$,$\beta=\dfrac{b}{d}$. 如果 $c\neq0$,式(5-2)可化为

$$w = A + \frac{B}{z+C} \tag{5-4}$$

其中 $A=\dfrac{a}{c}$，$B=\dfrac{bc-ad}{c^2}$，$C=\dfrac{d}{c}$ 均为复常数.

根据式(5-3)和式(5-4)，分式线性映射是平移、旋转、相似以及反演映射的复合映射. 因此，只要弄清这几个特殊情况下映射的特性，就能明白分式线性映射的一般性质. 所以先来讨论这几个特殊映射.

(1) 平移映射 $w=z+b$. 显然，这是扩充 z 平面到扩充 w 平面的双方单值映射. 当两个复平面放在一起时，它把点 z 平移 b 得到点 w(图 5.6).

(2) 旋转映射 $w=\mathrm{e}^{\mathrm{i}\alpha}z$($\alpha$ 是实数). 它把点 z 以原点为中心旋转 α 角($\alpha>0$ 时按逆时针，$\alpha<0$ 时按顺时针)得到点 w(图 5.7).

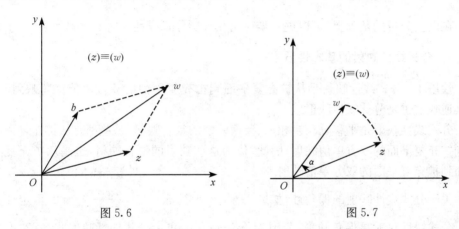

图 5.6 图 5.7

(3) 相似(即放大或缩小)映射 $w=rz$($r>1$ 时放大，$0<r<1$ 时缩小). 这是模变化为 r 倍，而辐角不变的映射(图 5.8).

(4) 反演映射 $w=\dfrac{1}{z}$. 该映射分解为 $w=\bar{\zeta}$，$\zeta=\dfrac{1}{\bar{z}}$ 的复合映射. 把 z,ζ,w 放在同一个复平面，w 是 ζ 关于实轴的对称点，而 ζ 是 z 关于单位圆 $|z|=1$ 的对称点(图 5.9). 这是因为 $\arg w = -\arg \zeta$，而 z 与 ζ 在同一条以原点为起点的射线上，且 $|z||\zeta|=1$.

注：圆内点 z_1 与圆外点 z_2 关于圆对称，是指 z_1 和 z_2 在同一条从圆心出发的射线上，且 z_1 与圆心的距离和 z_2 与圆心的距离的乘积等于该圆半径的平方. 例如，z_1 与 z_2 关于 $|z-z_0|=R$ 对称，则 z_0,z_1,z_2 在同一条直线上，且 $|z_1-z_0||z_2-z_0|=R^2$. 圆心与无穷远点关于圆互为对称点. 圆周上的点关于圆的对称点就是它本身.

因此，反演映射是扩充复平面到扩充复平面的双方单值映射，且把点 z 先映射成关于单位圆 $|z|=1$ 的对称点之后，再映射成关于实轴的对称点.

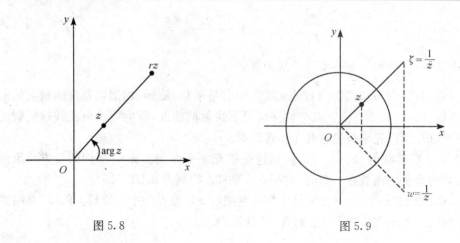

图 5.8　　　　　　　　　　　　　　　　　图 5.9

在以上分析的基础上,可以进一步讨论和分析分式线性映射的一般性质.

5.2.1　分式线性映射的基本性质

性质 1　分式线性映射是从扩充复平面到扩充复平面的双方单值保角映射,且其逆映射也是分式线性映射.

分式线性映射是平移、旋转、相似、反演映射的复合映射,这些都是从扩充复平面到扩充复平面的双方单值映射,因此,作为这些映射的复合映射,也是从扩充复平面到扩充复平面的双方单值映射.

关于分式线性映射的保角性,如果 $cz+d \neq 0$,那么 $\dfrac{\mathrm{d}w}{\mathrm{d}z}=\dfrac{ad-bc}{(cz+d)^2}\neq 0$,由定理 5.1,分式线性映射是保角映射. 又因为 $da-bc \neq 0$,可由分式线性映射式(5-2)中求出反函数

$$z = \frac{dw-b}{-cw+a} \tag{5-5}$$

而 $ad-bc=ad-(-b)(-c)$,所以,式(5-5)也是分式线性映射.

如 $cz+d=0$,则分式线性映射把 $z=-\dfrac{d}{c}$ 映射成无穷远点. 因此,必须研究分式线性映射在扩充复平面上的保角性. 为此,引入曲线在无穷远点交角的概念.

设 C_1 和 C_2 是 z 平面上过无穷远点的曲线,如果 C_1 与 C_2 在反演映射 $w=\dfrac{1}{z}$ 下的像为 Γ_1 和 Γ_2,则 Γ_1 与 Γ_2 在原点 $w=0$ 处的交角称为 C_1 与 C_2 在 $z=\infty$ 处的交角.

当 $c=0$ 时,式(5-2)变为 $w=\alpha z+\beta(\alpha \neq 0)$,于是 $\dfrac{\mathrm{d}w}{\mathrm{d}z}=\alpha \neq 0$. 此时,该映射在有限点处处保角. 而 $z=\infty$ 对应 $w=\infty$. 由无穷远点交角概念,令 $z'=\dfrac{1}{z}$,$w'=\dfrac{1}{w}$,则

式(5-3)变为

$$w' = \frac{z'}{\alpha + \beta z'}, \qquad \frac{\mathrm{d}w'}{\mathrm{d}z'} = \frac{\alpha}{(\alpha + \beta z')^2}$$

当 $z' = 0$ 时,$\dfrac{\mathrm{d}w'}{\mathrm{d}z'} = \dfrac{1}{\alpha} \neq 0$,因此,$w'$ 在 $z' = 0$ 处保角,故 w 在 $z = \infty$ 处保角.

当 $c \neq 0$ 时,在分式线性映射(5-2)下,$z = -\dfrac{d}{c}$ 对应于 $w = \infty$,$z = \infty$ 对应于 $w = \dfrac{a}{c}$.

令 $w' = \dfrac{1}{w}$,则

$$w' = \frac{cz + d}{az + b}, \qquad \frac{\mathrm{d}w'}{\mathrm{d}z} = \frac{bc - d}{(az + b)^2}$$

当 $z = -\dfrac{d}{c}$ 时,

$$\frac{\mathrm{d}w'}{\mathrm{d}z} = \frac{bc - ad}{\left(-a\dfrac{d}{c} + b\right)^2} = \frac{c^2}{bc - ad} \neq 0$$

因此,在 $z = -\dfrac{d}{c}$ 处,分式线性映射(5-2)是保角映射.

设 $z' = \dfrac{1}{z}$,则

$$w = \frac{a + bz'}{c + dz'}, \qquad \frac{\mathrm{d}w}{\mathrm{d}z'} = \frac{bc - ad}{(c + dz')^2}$$

当 $z' = 0$ 时,

$$\frac{\mathrm{d}w}{\mathrm{d}z'} = \frac{bc - ad}{c^2} \neq 0$$

故 w 在 $z' = 0$ 处是保角映射,即 w 在 $z = \infty$ 处的分式线性映射(5-2)是保角映射.

总之,分式线性映射把扩充 z 平面上的点处处(包括无穷远点)保角映射成扩充 w 平面上的点.

性质 2　分式线性映射是具有保圆性的保角映射. 换句话说,在分式线性映射之下,z 平面上的圆或者直线映射成 w 平面上的圆或者直线.

直观上,直线可认为是半径为无穷大的圆,或者认为是通过无穷远点的圆. 因此,"保圆性"中的圆应包含直线.

下面证明该性质.

显然,平移、旋转、相似映射下保圆性成立,因此,如果能证明反演映射具有保圆性,则分式线性映射一定具有保圆性.

在直角坐标系下,圆和直线的方程可统一表示成

$$a(x^2 + y^2) + 2bx + 2cy + d = 0 \qquad (5\text{-}6)$$

其中 $a = 0, b$ 与 c 不全为零时,式(5-6)是直线,而 $a \neq 0, b^2 + c^2 - ad > 0$ 时,式(5-6)是圆,这里的 a, b, c, d 都是实常数.

设 $z = x + iy, w = u + iv$,在反演映射 $w = \dfrac{1}{z}$ 下,

$$z = \frac{1}{w} = \frac{1}{u + iv} = \frac{u}{u^2 + v^2} - i\frac{v}{u^2 + v^2}$$

即

$$x + iy = \frac{u}{u^2 + v^2} - i\frac{v}{u^2 + v^2}$$

故

$$x = \frac{u}{u^2 + v^2}, \qquad y = -\frac{v}{u^2 + v^2} \qquad (5\text{-}7)$$

把式(5-7)代入式(5-6),整理得

$$d(u^2 + v^2) + 2bu - 2cv + a = 0 \qquad (5\text{-}8)$$

式(5-8)是在映射 $w = \dfrac{1}{z}$ 下式(5-6)的像. 当 $d = 0$ 时,式(5-8)表示直线,$d \neq 0$ 时,因 $b^2 + c^2 - ad > 0$,式(5-8)表示 w 平面上的一个圆. 于是,$w = \dfrac{1}{z}$ 具有保圆性. 因此,由式(5-4),分式线性映射具有保圆性.

性质 3　分式线性映射是具有保对称性的保角映射. 即设 C 是 z 平面上的圆(或直线),z_1, z_2 是关于 C 的对称点,在分式线性映射下,w_1, w_2 及 Γ 分别是 z_1, z_2 及 C 在 w 平面上的像,则 w_1, w_2 是关于 Γ 的对称点.

为证明该性质,先给出关于对称点的一个有用的结果.

引理　不同两点 z_1 及 z_2 是关于圆 C 的对称点的必要与充分条件是:通过 z_1 及 z_2 的任何圆必与圆 C 直交.

证明　如果 C 是直线(半径为无穷大的圆),或者 C 是半径为有限的圆,z_1 及 z_2 之中有一个是无穷远点,那么这一引理的结论是明显的.

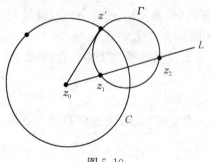

现在考虑圆 C 为 $|z - z_0| = R(0 < R < +\infty)$,而 z_1 及 z_2 都是有限点的情形.

首先证明条件的必要性. 设 z_1 及 z_2 关于圆 C 对称,则通过 z_1 及 z_2 的直线(半径无穷大的圆)显然与圆 C 直交. 作过 z_1 及 z_2 的任何(半径为有限的)圆 Γ(图 5.10). 过 z_0 做圆 Γ 的切线,且设其切点是 z',于是由切割线定理

$$|z' - z_0|^2 = |z_1 - z_0||z_2 - z_0| = R^2$$

图 5.10

从而 $|z'-z_0|=R$. 这表明了 $z'\in C$, 而上述 Γ 的切线恰好是圆 C 的半径. 因此 Γ 与 C 直交.

其次证明条件的充分性. 过 z_1 及 z_2 作(半径为有限的)圆 Γ, 与圆 C 交于一点 z'. 由于圆 Γ 与 C 直交, Γ 在 z' 的切线通过 C 的圆心 z_0. 显然, z_1 及 z_2 在这切线的同一侧. 又过 z_1 及 z_2 作一直线 L, 由于 L 与 C 直交, 所以它通过圆心 z_0. 于是 z_1 及 z_2 在通过 z_0 的一条射线上. 再由切割线定理有

$$|z_1-z_0|\cdot|z_2-z_0|=|z'-z_0|^2=R^2$$

这样就证明了 z_1 及 z_2 是关于圆 C 的对称点, 引理得证.

现在来证明性质 3. 设 z_1 及 z_2 是关于圆 C 的对称点, 分式线性映射把 z_1 及 z_2 映射成 w_1 及 w_2. 由引理, 过 z_1 及 z_2 的任何圆必与圆 C 直交, 从而由分式线性映射的保角性, 过 w_1 及 w_2 的任何圆与圆 Γ 直交(Γ 是 C 在分式线性映射下的像). 又由引理, w_1 及 w_2 关于圆 Γ 为对称.

5.2.2 唯一确定分式线性映射的条件

分式线性映射式(5-2)中含有 a,b,c,d 四个常数, 一般而言, 它们不是独立的: 实际上, 式(5-2)中只含有三个独立的常数. 因此, 给定三个条件后, 就能唯一确定分式线性映射.

性质 4 设 z_1,z_2,z_3 是扩充 z 平面上的三个互不相同的点, w_1,w_2,w_3 是扩充 w 平面上的三个互不相同的点, 则存在唯一的一个分式线性映射, 将点 z_1,z_2,z_3 依次映射成 w_1,w_2,w_3.

证明 如果 z_1,z_2,z_3 和 w_1,w_2,w_3 都是有限点, 设 $w=\dfrac{az+b}{cz+d}(ad-bc\neq0)$ 将 z_1,z_2,z_3 依次映射成 w_1,w_2,w_3, 则

$$w_k=\frac{az_k+b}{cz_k+d}\qquad(k=1,2,3)$$

于是

$$w-w_1=\frac{(ad-bc)(z-z_1)}{(cz+d)(cz_1+d)}$$

$$w-w_2=\frac{(ad-bc)(z-z_2)}{(cz+d)(cz_2+d)}$$

$$w_3-w_1=\frac{(ad-bc)(z_3-z_1)}{(cz_3+d)(cz_1+d)}$$

$$w_3-w_2=\frac{(ad-bc)(z_3-z_2)}{(cz_3+d)(cz_2+d)}$$

上面的第一式与第二式相除, 第三式与第四式相除, 再把两个结果相除, 得

$$\frac{w-w_1}{w-w_2}:\frac{w_3-w_1}{w_3-w_2}=\frac{z-z_1}{z-z_2}:\frac{z_3-z_1}{z_3-z_2} \tag{5-9}$$

$\dfrac{w_3-w_1}{w_3-w_2},\dfrac{z_3-z_1}{z_3-z_2}$ 都是非零的有限常数.因此,由式(5-9)中可解出 w,使其成为形如式(5-2)的分式线性映射.这就证明了当 z_1,z_2,z_3 和 w_1,w_2,w_3 都是有限数且把 z_1,z_2,z_3 依次映射成 w_1,w_2,w_3 的分式线性映射的存在性,实际上这也包含了它的唯一性.

如果 z_k 和 w_k 中含有无穷远点,先把无穷远点用模充分大的有限数代替后,得出形如式(5-9)的分式线性映射,然后让该点趋于无穷远点即得到要证明的结论.

例如,若 $z_3=\infty$,则用 $z_3{'}$ 代替 z_3,得到形如式(5-9)的分式线性映射,然后令 $z_3{'}\to\infty$,则 $\dfrac{z_3{'}-z_1}{z_3{'}-z_2}\to 1$.于是

$$\frac{w-w_1}{w-w_2}:\frac{w_3-w_1}{w_3-w_2}=\frac{z-z_1}{z-z_2}$$

又如 $w_3\to\infty$,则 $\dfrac{w_3-w_1}{w_3-w_2}$ 理解为 1.若 $w_1\to\infty$,则 $\dfrac{w-w_1}{w_3-w_1}$ 理解为 1.

分式线性映射的保角性、保圆性、保对称性和唯一确定性,在保角映射中起着十分重要的作用.

5.2.3　分式线性映射的典型例子

例 5.6　求把上半平面 $\mathrm{Im}z>0$ 双方单值保角映射成上半平面 $\mathrm{Im}w>0$ 的分式线性映射.

解　向左或右平移、放大、缩小等变换,即当 $\alpha>0,\beta$ 为实数时,$w=\alpha z+\beta$ 把 $\mathrm{Im}z>0$ 映射成 $\mathrm{Im}w>0$.但这些映射都是平凡的,没有实际意义.下面讨论实轴上的点 $x_1<x_2<x_3$ 依次映射成 $u_1<u_2<u_3$ 的分式线性映射.由式(5-9)有

$$\frac{w-u_1}{w-u_2}:\frac{u_3-u_1}{u_3-u_2}=\frac{z-x_1}{z-x_2}:\frac{x_3-x_1}{x_3-x_2}$$

由此式可解出形如式(5-2)的分式线性映射 $w=\dfrac{az+b}{cz+d}$.且这里的 a,b,c,d 都是实数(或纯虚数).

x_1,x_2,x_3 及 u_1,u_2,u_3 中可以含有无穷远点.例如,把 $-1,0,\infty$ 依次映射成 ∞,$0,1$ 的分式线性映射为

$$w=\frac{z}{z+1}$$

同时,它也把上半平面 $\mathrm{Im}z>0$ 映射成上半平面.

实际上,可以证明:$w=\dfrac{az+b}{cz+d}$ 将 $\mathrm{Im}z>0$ 映射成 $\mathrm{Im}w>0$ 的充要条件是 $a,b,c,$ d 均是实数(或纯虚数),且 $ad-bc\neq0$(证明略).

例 5.7　求把上半平面 $\mathrm{Im}z>0$ 双方单值保角映射成单位圆内部 $|w|<1$ 的分

式线性映射.

解法 1 由保圆性及边界对应原理,把点 $x_1,x_2,x_3(x_1 \to x_2 \to x_3)$ 依次映射成 $|w|<1$ 上的三点 w_1,w_2,w_3(使 $w_1 \to w_2 \to w_3$ 成为逆时针方向),则上半平面 $\mathrm{Im}z>0$ 一定映射成单位圆的内部 $|w|<1$. 例如,实轴上的三点 $-1,0,1$ 依次映射成 $1,\mathrm{i},-1$ 的分式线性映射(图 5.11),

$$\frac{w-1}{w-\mathrm{i}} : \frac{-1-1}{-1-\mathrm{i}} = \frac{z+1}{z-0} : \frac{1+1}{1-0}$$

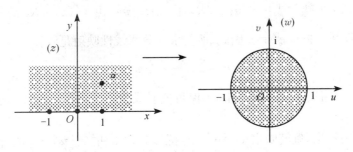

图 5.11

由此可得 $w=\dfrac{z-\mathrm{i}}{\mathrm{i}z-1}$ 是把 $\mathrm{Im}z>0$ 映射成 $|w|<1$ 的分式线性映射. 显然,$x_1<x_2<x_3$ 及 w_1,w_2,w_3 的不同取法所得分式线性映射也不同.

解法 2 设分式线性映射把上半 z 平面上的任意一点 α 映射为 w 平面上的原点,由保对称性和边界对应原理,则 α 关于实轴的对称点 $\bar{\alpha}$ 变为 $w=0$ 关于 $|w|=1$ 的对称点 $w=\infty$,此时实轴一定变成以原点为心的圆(图 5.11). 这样的分式线性映射可表示为

$$w = k\frac{z-\alpha}{z-\bar{\alpha}}$$

其中 k 是待定常数. 再由 $z=0$ 映射成 $|w|=1$ 上的点,所以

$$|w(0)| = |k| = 1$$

得 $k=\mathrm{e}^{\mathrm{i}\theta_0}$,于是

$$w = \mathrm{e}^{\mathrm{i}\theta_0}\frac{z-\alpha}{z-\bar{\alpha}}$$

其中 α 是上半平面内的任意点,θ_0 是任意实数,可取 $0 \leqslant \theta_0 < 2\pi$.

若取 $\alpha=\mathrm{i},\theta_0=\dfrac{3\pi}{2}$,则解法 2 与解法 1 的结果完全相同.

类似于例 5.7,可以求出单位圆内部 $|z|<1$ 映射成上半平面 $\mathrm{Im}w>0$ 的分式线性映射. 这实际上是例 5.7 的逆映射.

例 5.8 求把上半平面 $\mathrm{Im}z>0$ 保角映射成圆域 $|w-w_0|<R$ 的分式线性映射,使 $w(\mathrm{i})=w_0,w'(\mathrm{i})>0$.

解　利用例 5.7 中的解法 2，映射

$$\zeta = e^{i\theta_0} \frac{z-i}{z+i}$$

把 $\mathrm{Im} z > 0$ 映射成 $|\zeta| < 1$.

再作相似映射与平移映射，得

$$w = R\zeta + w_0 = Re^{i\theta_0} \frac{z-i}{z+i} + w_0$$

这样，$|\zeta| < 1$ 映射成 $|w - w_0| < R$，且 $w(i) = w_0$. 由 $w'(z) = Re^{i\theta_0} \dfrac{2i}{(z+i)^2}$ 及已知条件 $w'(i) > 0$，必有 $e^{i\theta_0} = i$. 因此，所要求的分式线性映射是

$$w = Ri \frac{z-i}{z+i} + w_0$$

例 5.9　求把单位圆内部 $|z| < 1$ 保角映射成单位圆内部 $|w| < 1$ 的分式线性映射.

解　容易看出，旋转映射 $w = e^{i\theta_0} z$ 是把 $|z| < 1$ 映射成 $|w| < 1$ 的分式线性映射，但这样的映射意义不大. 下面我们考虑把满足 $|z| < 1$ 内的一点 $\alpha(0 < |\alpha| < 1)$ 映射成 W 平面上原点 $w = 0$ 的分式线性映射.

注意到 $z_1 = \alpha$ 关于圆周 $|z| = 1$ 的对称点 $z_2 = \dfrac{1}{\bar{\alpha}}$. 如果把 $z_1 = \alpha$ 映射成 $w_1 = 0$，由所给条件，分式线性映射把 $|z| = 1$ 映射成 $|w| = 1$，利用分式线性映射的保对称性，则 $z_2 = \dfrac{1}{\bar{\alpha}}$ 映射成 $w_1 = 0$ 关于 $|w| = 1$ 的对称点 $w_2 = \infty$（图 5.12）.

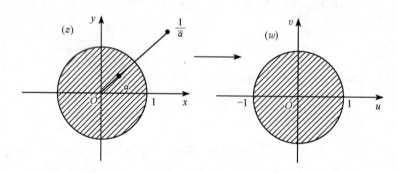

图 5.12

这样的分式线性映射为

$$w = k \frac{z - \alpha}{z - \dfrac{1}{\bar{\alpha}}} = k' \frac{z - \alpha}{1 - \bar{\alpha} z}$$

其中 $k = -k'\bar{\alpha}$ 是复常数.

由边界对应原理,当 $|z|=1$ 时, $|w|=1$. 根据习题 1 第 5 题,当 $|z|=1$ 时, $\left|\dfrac{z-\alpha}{1-\bar{\alpha}z}\right|=1$;而当 $|z|<1$ 时, $\left|\dfrac{z-\alpha}{1-\bar{\alpha}z}\right|<1$,由此得 $|k'|=1$,即 $k'=\mathrm{e}^{i\theta}$,其中 θ 是实常数,于是得分式线性映射

$$w=\mathrm{e}^{i\theta}\frac{z-\alpha}{1-\bar{\alpha}z}$$

例 5.10　求一个分式线性映射,把由两圆周 C_1: $|z-3|=9$ 及 C_2: $|z-8|=16$ 所围成的偏心圆环域 D 保角映射成中心在 $w=0$ 的同心圆环域 G,且使其外半径为 1(图 5.13).

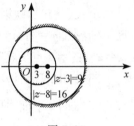

图 5.13

解　设所求分式线性映射把某两点 z_1,z_2 映射成 $w_1=0,w_2=\infty$,由于 w_1,w_2 同时关于同心圆环域 G 的两个边界圆周对称,由分式线性映射的保对称性,z_1,z_2 应同时关于圆周 C_1 与 C_2 对称. 由此,z_1,z_2 应在 C_1 与 C_2 的圆心的连线上,即在实轴上,可设 $z_1=x_1,z_2=x_2$. 由对称点的定义,

$$(x_1-3)(x_2-3)=81$$
$$(x_1-8)(x_2-8)=256$$

解方程得 $x_1=0,x_2=-24$(或 $x_1=-24,x_2=0$).

我们以 $x_1=0,x_2=-24$ 为例,即 $w(0)=0,w(-24)=\infty$,这样,所求的分式线性映射应具有如下形式

$$w=k\frac{z}{z+24}$$

注意到 $z=0$ 在 C_1: $|z-3|=9$ 及 C_2: $|z-8|=16$ 的内部,由 $w(0)=0$,则圆周 C_2: $|z-8|=16$ 应映射成外边界 $|w|=1$;取 $z=24$,则 $|w(24)|=1$,即

$$|w(24)|=\left|k\frac{24}{24+24}\right|=1$$

由此可得 $k=2\mathrm{e}^{i\theta}$. 这样所求分式线性映射为

$$w=\mathrm{e}^{i\theta}\frac{2z}{z+24}$$

5.3　几个初等函数所构成的映射

5.3.1　幂函数构成的映射

为方便起见,本节设 $\arg z$ 的取值范围为 $[0,2\pi)$,且根式直接理解为主值,并设整数 $n\geq 2$.

当 $w = z^n$ 时,$\dfrac{\mathrm{d}w}{\mathrm{d}z} = nz^{n-1}$. 如果 $z \neq 0$,则 $\dfrac{\mathrm{d}w}{\mathrm{d}z} \neq 0$,故该映射在 $z \neq 0$ 点处处保角. 为考虑 $z = 0$ 点的保角性,设

$$z = r\mathrm{e}^{\mathrm{i}\theta}, \qquad w = \rho\mathrm{e}^{\mathrm{i}\varphi}$$

则在映射 $w = z^n$ 下,

$$\rho = r^n, \qquad \varphi = n\theta \tag{5-10}$$

由式(5-10),映射 $w = z^n$ 把 z 平面上以原点为起点的射线 $\theta = \theta_0$ 映射成 w 平面上的射线 $\varphi = n\theta_0$,特别是把正实轴 $\arg z = 0$ 映射成正实轴 $\arg w = 0$. 由此可知,$w = z^n$ 在 $z = 0$ 点不具有保角性.

同时,由式(5-10),$w = z^n$ 把 z 平面上的圆周 $|z| = r$ 映射成 w 平面上的圆周 $|w| = r^n$. 把 z 平面内以原点为顶点的角形区域:$0 < \arg z < \theta_0 (\theta_0 \leqslant \dfrac{2\pi}{n})$ 映射成 w 平面上以原点为顶点的角形区域:$0 < \arg z < n\theta_0 (\theta_0 \leqslant 2\pi)$. 此外,把区域 $0 < \arg z < \dfrac{2\pi}{n}$ 映射成 w 平面中去掉原点和正实轴的区域 $0 < \arg w < 2\pi$,而把角形区域:$0 < \arg z < \dfrac{\pi}{n}$ 映射成上半平面 $0 < \arg w < \pi$. 在区域 $0 < \arg z < \theta_0 (\theta_0 \leqslant \dfrac{2\pi}{n})$ 内,$w = z^n$ 是双方单值的保角映射(图 5.14).

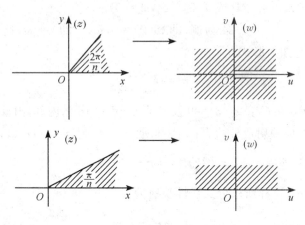

图 5.14

用类似的方法可以讨论 $w = z^{\frac{1}{n}}$. 它也是把角形区域映射成角形区域的映射,不同点只是角形区域的顶角变成原来顶角的 $\dfrac{1}{n}$. 实际上它是 $w = z^n$ 的逆映射.

当 $n = 2$ 时,$w = z^{\frac{1}{2}}$ 是把 z 平面中从原点起,沿正实轴有裂痕的区域映射成上半平面的双方单值映射. 值得注意的是,在角形区域内部处处保角,在角形区域的顶点 $z = 0$ 处不保角.

例 5.11　求把角形区域 $0 < \arg z < \frac{\pi}{4}$ 映射成单位圆内部 $|w| < 1$ 的双方单值保角映射.

解　因 $\zeta = z^4$ 把 $0 < \arg z < \frac{\pi}{4}$ 映射成上半平面 $\mathrm{Im}\,\zeta > 0$. 在 5.2 节中,已讨论过如何把上半平面映射成单位圆的内部. 作为特例,分式线性映射 $w = \frac{\zeta - \mathrm{i}}{\zeta + \mathrm{i}}$ 就能把 $\mathrm{Im}\,\zeta > 0$ 映射成 $|w| < 1$. 综合两步(图 5.15)得

$$w = \frac{\zeta - \mathrm{i}}{\zeta + \mathrm{i}} = \frac{z^4 - \mathrm{i}}{z^4 + \mathrm{i}}$$

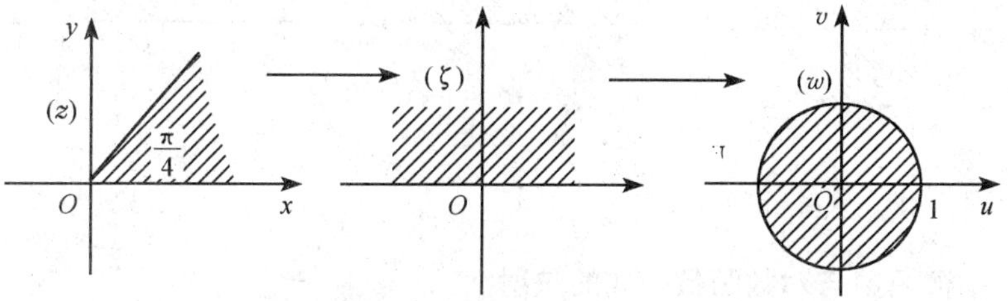

图 5.15

例 5.12　求把在单位圆 $|z| < 1$ 的内部,从原点沿正实轴的半径上有裂痕的区域(即去掉 $\mathrm{Im}\,z = 0, 0 \leqslant \mathrm{Re}\,z \leqslant 1$)映射成单位圆内部 $|w| < 1$ 的双方单值的保角映射.

解　映射 $z_1 = z^{\frac{1}{2}}$ 把所给的区域映射成上半单位圆的内部 $|z_1| < 1, \mathrm{Im}\,z_1 > 0$.

上半圆周与实轴的交角是 $\frac{\pi}{2}$,分式线性映射 $z_2 = \frac{z_1 + 1}{z_1 - 1}$ 把 z_1 平面上的 -1 和 1 分别映射成 z_2 平面上的原点和无穷远点,而点 $z_1 = 0$ 映射成 z_2 平面上的点 -1. 因此,分式线性映射 $z_2 = \frac{z_1 + 1}{z_1 - 1}$ 把 z_1 平面上的上半单位圆映射成 z_2 平面上的第三象限的区域.

映射 $z_3 = -z_2$ 相当于将 z_2 平面上的区域旋转 π 角,即把 z_2 平面上的第三象限的区域映射成为 z_3 平面上第一象限的区域.

映射 $z_4 = z_3{}^2$ 把 z_3 平面上第一象限的区域映射成为 z_4 平面上的上半平面 $\mathrm{Im}\,z_4 > 0$.

最后,映射 $w = \frac{z_4 - \mathrm{i}}{z_4 + \mathrm{i}}$ 把 z_4 平面上的上半平面映射成单位圆内部 $|w| < 1$.

综合上述过程(图 5.16),得

$$w = \frac{\left(\dfrac{z^{\frac{1}{2}} + 1}{z^{\frac{1}{2}} - 1} \right)^2 - \mathrm{i}}{\left(\dfrac{z^{\frac{1}{2}} + 1}{z^{\frac{1}{2}} - 1} \right)^2 + \mathrm{i}}$$

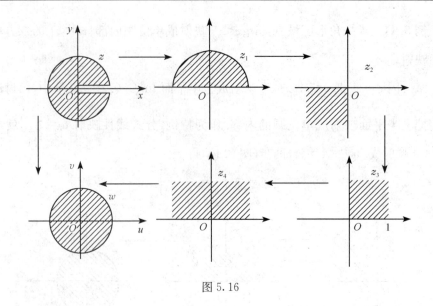

图 5.16

5.3.2　指数函数与对数函数构成的映射

指数函数 $w=e^z$ 在全平面解析,且 $(e^z)'=e^z$ 处处不为零. 因此,它是全平面上的保角映射. 但不是全平面上双方单值的映射. 事实上,设

$$z = x + iy, \qquad w = \rho e^{i\varphi}$$

则

$$\rho = e^x, \varphi = y$$

因此,$w=e^z$ 把 z 平面上平行于虚轴的直线 $x=x_0$ 映射成 w 平面上的圆周 $|w|=e^{x_0}$,而平行于实轴的直线 $y=y_0$ 映射成从原点出发的射线 $\arg w=\varphi=y_0$.

由此可见,当 $0 \leqslant y_1 < y_2 \leqslant 2\pi$ 时,映射 $w=e^z$ 把带形区域 $y_1 < \mathrm{Im}z < y_2$ 双方单值地保角映射成角形区域 $y_1 < \arg w < y_2$. 特别地,把 $0 < \mathrm{Im}z < 2\pi$ 映射成 w 平面中从原点起沿正实轴有裂痕的区域,而把 $0 < \mathrm{Im}z < \pi$ 映射成上半平面 $\mathrm{Im}z > 0$,并且是双方单值的保角映射(图 5.17).

区域 $-\pi < \mathrm{Im}z < \pi$ 上定义的指数函数的反函数就是对数函数 $w=\ln z$. 因此,$w=\ln z$ 是把上半平面 $\mathrm{Im}z > 0$ 双方单值映射成带形区域 $0 < \mathrm{Im}w < \pi$ 的保角映射. 也是把从原点起沿负实轴有割痕的区域映射成带形区域 $-\pi < \mathrm{Im}w < \pi$.

例 5.13　求把带形区域:$0 < \mathrm{Im}z < \pi$ 映射成单位圆内部区域 $|w| < 1$ 的双方单值的保角映射.

解　指数映射 $\zeta=e^z$ 把 z 平面上的区域 $0 < \mathrm{Im}z < \pi$ 双方单值保角映射成 ζ 平面的上半平面 $\mathrm{Im}\zeta > 0$. $w=\dfrac{\zeta-i}{\zeta+i}$ 把 ζ 平面的上半平面 $\mathrm{Im}\zeta > 0$ 双方单值的保角映射成 w 平面上单位圆的内部区域 $|w| < 1$.

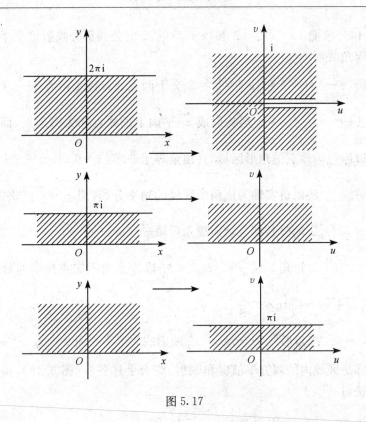

图 5.17

综合两步,得到把带形区域 $0 < \mathrm{Im}z < \pi$ 双方单值映射成单位圆内部 $|w| < 1$ 的保角映射

$$w = \frac{\mathrm{e}^z - \mathrm{i}}{\mathrm{e}^z + \mathrm{i}}$$

5.4 保角映射举例

在实际应用中,总是希望把较复杂的区域保角映射成上半平面、单位圆内部或单位圆的外部等. 为此目的,先归纳前三节中各种映射的若干特性.

(1) 分式线性映射能把一个半平面映射成单位圆的内部;能把圆弧映射成一条射线或直线等.

(2) 幂函数(包括根式)能把一个角形区域(顶点在原点)映射成上半平面;也能把一个扇形区域映射成半圆域.

(3) 指数函数能把一个带形区域映射成半平面;对数函数能把上半平面映射成带形区域.

下面综合运用上述性质举例说明如何构造保角映射.

例 5.14　求把 $|z-\sqrt{3}|<2$ 和 $|z+\sqrt{3}|<2$ 的公共部分映射成上半平面的双方单值的保角映射.

解　圆 $|z-\sqrt{3}|=2$ 和 $|z+\sqrt{3}|=2$ 交于两点 $\pm i$,且交角等于 $\frac{\pi}{3}$. 因此,映射 $z_1=\dfrac{z-i}{z+i}$ 把 $z=i$ 与 $z=-i$ 分别映射成 z_1 平面上的原点和无穷远点,而将所给区域映射成以原点为顶点的角形区域,且顶角等于 $\frac{\pi}{3}$. 当 $z=0$ 时,$z_1=-1$ 应在角形区域的平分线上,所以负实轴为该角形区域的角平分线,即 $z_1=\dfrac{z-i}{z+i}$ 映射 $|z-\sqrt{3}|<2$ 和 $|z+\sqrt{3}|<2$ 的公共部分映射成角形域 $\frac{5\pi}{6}<\arg z_1<\frac{7\pi}{6}$.

映射 $z_2=\mathrm{e}^{\frac{5\pi i}{6}}z_1$ 把角形域 $\frac{5\pi}{6}<\arg z_1<\frac{7\pi}{6}$ 以原点为固定点按顺时针方向旋转 $\frac{5\pi}{6}$ 角,成为角形域 $0<\arg z_2<\frac{\pi}{3}$.

最后,$w=z_2^3$ 把角形域 $0<\arg z_2<\frac{\pi}{3}$ 映射成为上半平面 $0<\arg w<\pi$.

以上都是区域内的双方单值保角映射. 综合上述各步(图 5.18),得到双方单值的保角映射

$$w=\mathrm{e}^{-\frac{5}{2}\pi i}\left(\frac{z-i}{z+i}\right)^3=-\mathrm{i}\left(\frac{z-i}{z+i}\right)^3$$

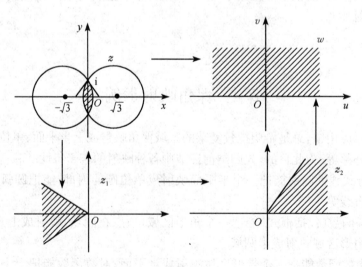

图 5.18

例 5.15　求把 $D=\{z\mid |z|>1,\operatorname{Im}z<1\}$ 双方单值映射成上半平面的保角映射.

解 区域 D 的边界 $y=1$ 和 $|z|=1$ 相切于点 i 处. 因此, 所构造的分式线性映射应把点 i 映射成 ∞, 这样, 该映射把这两个圆 (直线视为圆) 映射成两条平行线. 例如, $z_1 = \dfrac{z+i}{z-i}$ 把 $y=1$ 和 $|z|=1$ 映射成平行线, 这两条平行线一定垂直于虚轴的像. 因点 i 在虚轴上, 虚轴也映射成直线, 当 $z=-i$ 时 $z_1=0$, $z=0$ 时 $z_1=-1$ (区域的外点), 而当 z 为纯虚数时, z_1 都是实数, 故 z 平面的虚轴在 z_1 平面上的像是实轴. D 的内点 $z=-2i$ 的像点 $z_1 = \dfrac{-2i+i}{-2i-i} = \dfrac{1}{3}$ 是内点, $z=\infty$ 的像是 $z_1=1$, 因此, 分式线性映射 $z_1 = \dfrac{z+i}{z-i}$ 把区域 D 映射成带形区域 $0 < \mathrm{Re}z_1 < 1$.

伸缩映射 $z_2 = \pi z_1$ 把 z_1 平面上宽度为 1 的带形区域映射成 z_2 平面上宽度为 π 的带形区域 $0 < \mathrm{Re}z_2 < \pi$.

映射 $z_3 = \mathrm{e}^{\frac{\pi i}{2}} z_2$ 把带形区域 $0 < \mathrm{Re}z_2 < \pi$ 以原点为固定点, 逆时针方向旋转 $\dfrac{\pi}{2}$ 映射成带形区域 $0 < \mathrm{Im}z_3 < \pi$.

最后, 指数映射 $w = \mathrm{e}^{z_3}$ 把带形区域 $0 < \mathrm{Im}z_3 < \pi$ 映射成上半平面 $\mathrm{Im}w > 0$.

显然, 上述每一步都是双方单值的保角映射, 综合以上几步 (图 5.19), 得出所要求的双方单值的保角映射

$$w = \mathrm{e}^{z_3} = \mathrm{e}^{\pi i \frac{z+i}{z-i}}$$

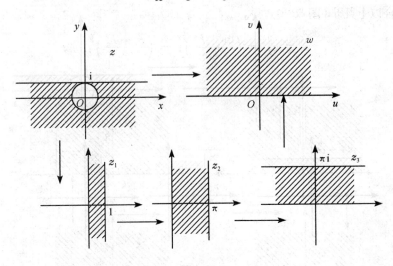

图 5.19

这就是把 D 映射成上半平面的双方单值的保角映射.

例 5.16 求从上半平面中除去以 $z=ih$ 为起点沿正虚轴向上射线所得的区域 (即上半平面 $\mathrm{Im}z>0$ 中具有割痕 $\mathrm{Re}z=0$, $h \leqslant \mathrm{Im}z < +\infty$) 映射成上半平面 $\mathrm{Im}w>$

0 的双方单值的保角映射.

解　映射 $z_1 = z^2$ 把 z 平面上以 $z = ih$ 为起点,沿正虚轴向上的割痕映射成为 z_1 平面上以 $z = -h^2$ 为起点沿负实轴向左的割痕,及 z 平面上负实轴与正实轴映射成为以原点为起点,沿正实轴向右的割痕,即

$$-\infty < \text{Re}z_1 \leqslant -h^2, \quad \text{Im}z_1 = 0 \quad \text{及} \quad \text{Re}z_1 \geqslant 0, \quad \text{Im}z_1 = 0$$

它们都在实轴上,而实轴上的其余一段

$$-h^2 < \text{Re}z_1 < 0, \qquad \text{Im}z_1 = 0$$

是 z 平面上的线段 $0 < \text{Im}z < h, \text{Re}z = 0$ 的像.

这样,映射 $z_1 = z^2$ 把所给区域映射成 z_1 平面中具有从原点沿正实轴有割痕与从 $z = -h^2$ 向左沿负实轴有割痕的单连通区域.

映射 $z_2 = \dfrac{z_1 + h^2}{z_1}$ 把 z_1 平面上 $z_1 = -h^2$ 和 $z_1 = 0$ 分别映射成 z_2 平面上原点和无穷远点,它使 z_1 平面上的割痕映射成为 z_2 平面上从原点出发的射线. 在 z_1 平面割痕上的点 $z_1 = h^2$ 映射成 z_2 平面上的点 $z_2 = 2$. 因此,映射 $z_2 = \dfrac{z_1 + h^2}{z_1}$ 把 z_1 平面上有割痕的区域映射成 z_2 平面从原点出发沿正实轴有割痕的单连通区域.

最后,映射 $w = z_2^{\frac{1}{2}}$ 把 z_2 平面从原点出发沿正实轴有割痕的单连通区域映射成上半平面.

综合以上几步(图 5.20),得

$$w = z_2^{\frac{1}{2}} = \left(\frac{z_1 + h^2}{z_1}\right)^{\frac{1}{2}} = \left(\frac{z^2 + h^2}{z^2}\right)^{\frac{1}{2}}$$

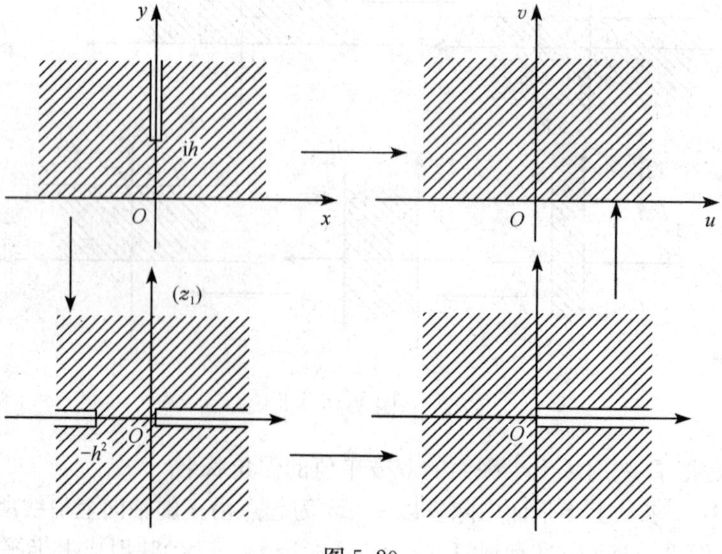

图 5.20

例 5.17 求把上半带形区域 $-\dfrac{\pi}{2}<\mathrm{Re}z<\dfrac{\pi}{2}$, $\mathrm{Im}z>0$ 映射成上半平面 $\mathrm{Im}w>0$,且满足 $w\left(\pm\dfrac{\pi}{2}\right)=\pm1$, $w(0)=0$ 的双方单值的保角映射.

解 旋转映射 $z_1=\mathrm{i}z$ 把 z 平面上的区域 $-\dfrac{\pi}{2}<\mathrm{Re}z<\dfrac{\pi}{2}$, $\mathrm{Im}z>0$ 映射成

$$\mathrm{Re}z_1<0,\qquad -\frac{\pi}{2}<\mathrm{Im}z_1<\frac{\pi}{2}$$

映射 $z_2=\mathrm{e}^{z_1}$ 把区域 $\mathrm{Re}z_1<0$, $-\dfrac{\pi}{2}<\mathrm{Im}z_1<\dfrac{\pi}{2}$ 映射成右半单位圆的内部

$$|z_2|<1,\qquad \mathrm{Re}z_2>0$$

旋转映射 $z_3=\mathrm{i}z_2$ 把右半单位圆的内部 $|z_2|<1$, $\mathrm{Re}z_2>0$ 映射成上半单位圆的内部区域

$$|z_3|<1,\qquad \mathrm{Im}z_3>0$$

根据例 5.12 的方法,映射 $z_4=\left(\dfrac{z_3-1}{z_3+1}\right)^2=\left(\dfrac{\mathrm{i}\mathrm{e}^{\mathrm{i}z}-1}{\mathrm{i}\mathrm{e}^{\mathrm{i}z}+1}\right)^2$ 把 z_3 平面上的区域 $|z_3|<1$, $\mathrm{Im}z_3>0$ 映射成 z_4 平面的上半平面 $\mathrm{Im}z_4>0$.

注意到,虽然 $z_4=\left(\dfrac{\mathrm{i}\mathrm{e}^{\mathrm{i}z}-1}{\mathrm{i}\mathrm{e}^{\mathrm{i}z}+1}\right)^2$ 把上半带形区域 $-\dfrac{\pi}{2}<\mathrm{Re}z<\dfrac{\pi}{2}$, $\mathrm{Im}z>0$ 映射成了上半平面 $\mathrm{Im}w>0$,但

$$z_4\left(-\frac{\pi}{2}\right)=\infty,\quad z_4(0)=-1,\quad z_4\left(\frac{\pi}{2}\right)=0$$

最后还需要把 z_4 平面的上半平面映射成 w 平面的上半平面,并使 $\infty,-1,0$ 依次映射成 $-1,0,1$ 的分式线性映射(如例 5.6)

$$w=-\frac{z_4+1}{z_4-1}$$

综上所述各步(图 5.21),则得所要求的双方单值的保角映射.

$$w=-\frac{\left(\dfrac{\mathrm{i}\mathrm{e}^{\mathrm{i}z}-1}{\mathrm{i}\mathrm{e}^{\mathrm{i}z}+1}\right)^2+1}{\left(\dfrac{\mathrm{i}\mathrm{e}^{\mathrm{i}z}-1}{\mathrm{i}\mathrm{e}^{\mathrm{i}z}+1}\right)^2-1}$$

$$=\frac{\mathrm{e}^{2\mathrm{i}z}-1}{2\mathrm{i}\mathrm{e}^{\mathrm{i}z}}=\frac{1}{2\mathrm{i}}(\mathrm{e}^{\mathrm{i}z}-\mathrm{e}^{-\mathrm{i}z})$$

$$=\sin z$$

最后通过构造保角映射引出一个著名的映射.

例 5.18 求把扩充复平面上单位圆的外部区域 $|z|>1$ 映射成扩充 w 平面中具有一段割痕 $\mathrm{Im}w=0$, $-1\leqslant\mathrm{Re}w\leqslant1$ 的区域的双方单值保角映射.

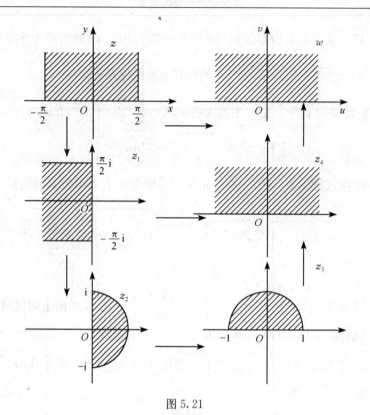

图 5.21

解　分式线性映射 $z_1 = \dfrac{z+1}{z-1}$ 把圆周 $|z|=1$ 上的点 $z=-1$ 和 $z=1$ 分别映射成 $z_1=0$ 和 $z_1=\infty$，它把 z 平面上的实轴和圆周映射成 z_1 平面上互相垂直的直线. 而当 z 为实数时，z_1 也是实数，$\mathrm{Im}z=0$ 映射为 $\mathrm{Im}z_1=0$，圆周 $|z|=1$ 映射成虚轴. 又因为 $z=0$ 映射成 $z_1=-1$，所以，$z_1=\dfrac{z+1}{z-1}$ 把 $|z|>1$ 映射成右半平面 $\mathrm{Re}z_1>0$.

$z_2=\mathrm{i}z_1$ 把右半平面 $\mathrm{Re}z_1>0$ 映射成 z_2 平面的上半平面.

$z_3=z_2^2$ 把 z_2 平面中的上半平面映射成 z_3 平面中从原点沿正实轴具有割痕的区域.

最后，$w=\dfrac{z_3-1}{z_3+1}$ 把 z_3 平面上的原点和无穷远点映射成 w 平面上的 -1 和 1，且把 $z_3=1$ 映射成 $w=0$（割痕上的点），$z_3=-2$ 映射成 $w=3$（割痕外的点），因此，在这个映射之下割痕就是 $\mathrm{Im}w=0,-1\leqslant\mathrm{Re}w\leqslant1$.

综上所述各步（图 5.22），得

$$w=\frac{z_3-1}{z_3+1}=\frac{-z_2^2-1}{-z_2^2+1}=\frac{z_1^2+1}{z_1^2-1}$$

$$= \frac{\left(\frac{z+1}{z-1}\right)^2 + 1}{\left(\frac{z+1}{z-1}\right)^2 - 1}$$

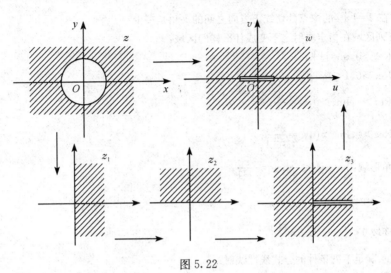

图 5.22

整理上式,即有

$$w = \frac{1}{2}\left(z + \frac{1}{z}\right)$$

这就是著名的儒可夫斯基函数. 儒可夫斯基利用这样的保角映射成功地解决了机翼截面的绕流问题,对空气动力学与航空工业的发展曾起到重要作用.

有兴趣的读者可参看有关理论流体力学和 А. И. 马库雪维奇著《解析函数论简明教程》等.

习 题 5

1. 已知映射 $w = z^3$,求:

(1) $z_1 = i$, $z_2 = 1+i$, $z_3 = \sqrt{3}+i$ 在 w 平面上的像;

(2) 区域 $0 < \arg z < \frac{\pi}{2}$ 在 w 平面上的像.

2. 问 $w = \frac{1}{z}$ 把 z 平面上的下列曲线映射成 w 平面上的何种曲线?

(1) $x^2 + y^2 = 4$;   (2) $y = x$;

(3) $y = 0$;   (4) $(x-1)^2 + y^2 = 1$;

(5) $x^2 + (y-1)^2 = 1$;   (6) $x = 1$.

3. 在映射 $w = iz$ 下,求下列图形在 w 平面上的像:

(1) 以 $z_1 = i, z_2 = -1, z_3 = 1$ 为顶点的三角形;

(2) 闭圆域 $|z-1|\leqslant 1$.

4. 求 $w=z^2$ 在点 $z=i$ 处的伸缩率与旋转角. 又设实轴(x 轴)的正方向与一条光滑曲线在点 $z=1+i$ 处切线正方向的夹角为 $\dfrac{\pi}{4}$,试问在映射 $w=z^2$ 之下,实轴(u 轴)的正方向与此光滑曲线的像在 $z=1+i$ 的像点处切线正方向之间的夹角是多少?

5. 下列区域在指定映射之下变成什么样的区域:

(1) $\mathrm{Re}z>0,w=iz+i$;

(2) $\mathrm{Re}z>0,1<\mathrm{Im}z<2,w=iz+1$;

(3) $\mathrm{Re}z>1,\mathrm{Im}z>0,w=\dfrac{1}{z}$;

(4) $\mathrm{Re}z>0,\mathrm{Im}z>0,w=\dfrac{z-i}{z+i}$;

(5) 角形域:$0<\mathrm{arg}z<\dfrac{\pi}{4},w=\dfrac{z}{z-1}$;

(6) $0<\mathrm{arg}z<1,w=\dfrac{z-1}{z}$;

(7) 环域 $1<|z|<2,w=\dfrac{1}{z}$.

6. 试求满足下列条件的分式线性映射:

(1) $w(1)=1,w(i)=0,w(-i)=-1$;

(2) $w(-1)=\infty,w(1)=0,w(i)=1$;

(3) $w(-1)=\infty,w(\infty)=i,w(i)=1$.

7. 求把上半平面 $\mathrm{Im}z>0$ 映射成上半平面 $\mathrm{Im}w>0$,且满足下列条件的分式线性映射:

(1) $w(0)=1,w(1)=2,w(2)=\infty$;

(2) $w(0)=1,w(i)=2i$.

8. 求把上半平面 $\mathrm{Im}z>0$ 映射成单位圆内部 $|w|<1$,且满足下列条件的分式线性映射:

(1) $w(i)=0,\mathrm{arg}w'(i)=-\dfrac{\pi}{2}$;

(2) $w(i)=\dfrac{1}{2},w(1)=1$.

9. 求把单位圆的内部 $|z|<1$ 双方单值映射成上半平面 $\mathrm{Im}w>0$ 的分式线性映射,且使它满足下列条件:

(1) $w(0)=1+i,w(-1)=0$;

(2) $w(-1)=-1,w(1)=0,w(i)=1$.

10. 求把单位圆的内部 $|z|<1$ 映射成单位圆的内部 $|w|<1$,且满足下列条件的分式线性映射:

(1) $w\left(\dfrac{1}{2}\right)=0,w(-1)=1$;

(2) $w\left(\dfrac{1}{2}\right)=\dfrac{1}{2},\mathrm{arg}w'\left(\dfrac{1}{2}\right)=\dfrac{\pi}{2}$.

11. 把下列各图中阴影(边界为直线的一部分或圆弧)的区域,双方单值保角映射成上半平

面.求实现该映射的任意一个函数(边界上个别点可以不保角):

(1)

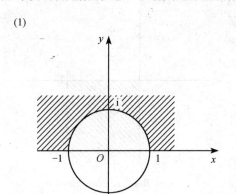

$|z|>1$，$\mathrm{Im}z>0$

(2)

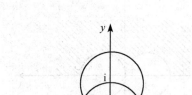

$|z|<1$，$|z-\mathrm{i}|>1$

(3)

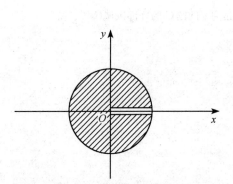

单位圆内部,且沿由 0 到 1 的半径有割痕的区域

(4)

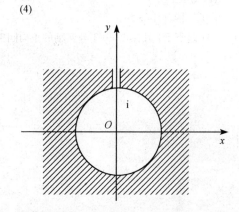

单位圆外部,且沿虚轴由 i 到 ∞ 有割痕的区域

(5)

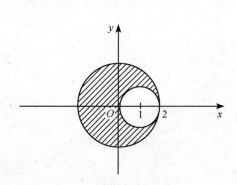

具有割痕 $-1\leqslant\mathrm{Im}z\leqslant1$，$\mathrm{Re}z=0$ 的 z 平面

(6)

$|z|<2$，$|z-1|>1$

(7)

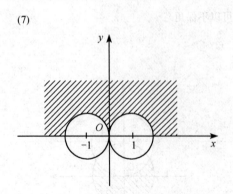

$|z-1|>1$, $|z+1|>1$, $\text{Im}z>0$

(8)

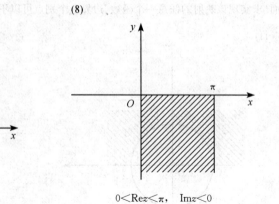

$0<\text{Re}z<\pi$, $\text{Im}z<0$

12. 试求在儒可夫斯基映射 $w=\dfrac{1}{2}\left(z+\dfrac{1}{z}\right)$ 下,下列各区域在 w 平面上的像:

(1) $\text{Im}z>0$;

(2) $|z|<1,\text{Im}z>0$;

(3) 过点 ±1 且在点 $z=1$ 与实轴的正向间夹角为 α 的圆 C 的外部区域$(0<\alpha<\pi)$.

第6章 积分变换的预备知识

本章介绍几个以后经常要用到的典型的函数,以及函数的卷积和序列的卷积,为后面的各章作准备.

6.1 几个典型函数

6.1.1 单位阶跃函数

单位阶跃函数(简称阶跃函数,又称 Heaviside 函数)定义为

$$u(t) = \begin{cases} 1, & t > 0 \\ 0, & t < 0 \end{cases}$$

显然,$u(t)$ 在 $t=0$ 处从 0 跃变为 1. 单位阶跃函数 $u(t)$ 的图形如图 6.1 所示.

延迟 t_0 的阶跃函数为

$$u(t - t_0) = \begin{cases} 1, & t > t_0 \\ 0, & t < t_0 \end{cases}$$

利用阶跃函数可以将分段函数用一个表达式表示. 例如设

$$x(t) = \begin{cases} x_1(t), & t < 0 \\ x_2(t), & 0 < t < t_0 \\ x_3(t), & t > t_0 \end{cases}$$

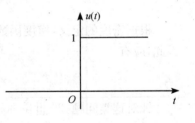

图 6.1

于是可以用阶跃函数表示为

$$
\begin{aligned}
x(t) &= x_1(t)[1 - u(t)] + x_2(t)[u(t) - u(t - t_0)] + x_3(t)u(t - t_0) \\
&= x_1(t) + [x_2(t) - x_1(t)]u(t) + [x_3(t) - x_2(t)]u(t - t_0)
\end{aligned}
$$

6.1.2 矩形脉冲函数

宽度为 τ,幅度为 $E(E>0)$ 的矩形脉冲函数为

$$p_\tau(t) = \begin{cases} E, & |t| < \dfrac{\tau}{2} \\ 0, & |t| > \dfrac{\tau}{2} \end{cases}$$

如图 6.2 所示.

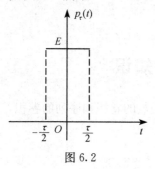

图 6.2

6.1.3 δ 函数

在物理学和工程技术中,除了连续分布量之外,还有集中作用在一点的量. 例如,点电荷、点热源、质点、单位脉冲等. 下面分析在原点处分布单位质量的情况.

如果一单位质量的物质均匀分布在原点的闭邻域 $[-\varepsilon,\varepsilon]$ 之内,这时 $[-\varepsilon,\varepsilon]$ 内的每一点的密度 $\rho_\varepsilon=\dfrac{1}{2\varepsilon}$,即

$$\rho_\varepsilon(x)=\begin{cases}\dfrac{1}{2\varepsilon}, & x\in[-\varepsilon,\varepsilon]\\[2mm] 0, & x\notin[-\varepsilon,\varepsilon]\end{cases}$$

很自然,原点处分布单位质量的质点情形可认为是上述情形当 $\varepsilon\to0^+$ 时的极限,并用 $\delta(x)$ 表示密度分布的极限. 在直观上可以看作

$$\delta(x)=\begin{cases}+\infty, & x=0\\ 0, & x\neq0\end{cases}$$

根据密度的定义,密度函数在区间内的积分应该是在此区间上分布的总质量. 因此,应有

$$\int_{-\infty}^{+\infty}\delta(x)\mathrm{d}x=1$$

针对这类问题,20 世纪 30 年代,英国物理学家 Dirac(狄拉克)引进了满足以下性质的"函数",并且命名为"δ 函数".

$$\delta(x)=\begin{cases}+\infty, & x=0\\ 0, & x\neq0\end{cases}$$

$$\int_{-\infty}^{+\infty}\delta(x)\mathrm{d}x=1$$

对任何连续函数 $f(x)$,都有

$$\int_{-\infty}^{+\infty}\delta(x)f(x)\mathrm{d}x=f(0)$$

但是,从古典意义下的函数积分概念来看,这些都是不合理的. 因为 ∞ 不是确定的数,它表明变量的变化趋势,所以,$\delta(0)=+\infty$ 无意义. 而积分值与函数在个别点的值无关,这样,除一点外,处处为零的函数的积分也应为零. 从而,δ 函数的上述性质在古典意义下都不可能成立,也是不合理的. 因此,在很长一段时期,δ 函数没有被数学家们接受. 然而,以 Dirac 为代表的物理学家们继续使用这个"怪"函数. 因为这个结论完全符合物理实验的结果,物理学家们觉得它是一个"很好用"的有力工具. 直到 20 世纪 50 年代,法国数学家 L. Shwartz 建立了广义函数的理论.

在他的理论中,δ 函数已不是通常意义下的函数,而属于更广泛意义下的函数,从而为 δ 函数建立了坚实的理论基础. 并且这一类函数在数学的其他分支、物理学及其他工程技术中也有广泛应用. 这些理论的建立是以泛函分析为基础的,这里不进行严谨和完整的论述,下面只作简单概括的介绍.

δ 函数不是通常意义下的函数,而是满足一定条件下的函数在新的意义下的极限,这类极限称为弱极限. 设 $\delta_\varepsilon(x)$ 是当 $x \neq 0$ 时,$\lim\limits_{\varepsilon \to 0^+} \delta_\varepsilon(x) = 0$,而在 $(-\infty, +\infty)$ 上可积的函数,并且对任何无穷可微的函数 $f(x)$,均有

$$\lim_{\varepsilon \to 0^+} \int_{-\infty}^{+\infty} \delta_\varepsilon(x) f(x) \mathrm{d}x = f(0)$$

特别地,当 $f(x) \equiv 1$ 时,

$$\lim_{\varepsilon \to 0^+} \int_{-\infty}^{+\infty} \delta_\varepsilon(x) \mathrm{d}x = 1$$

满足这些条件的函数 $\delta_\varepsilon(x)$ 称为 δ 逼近函数. 而 δ 函数 $\delta(x)$ 是这类函数的弱极限. 所谓弱极限,就是对任何无穷可微函数 $f(x)$,由极限式

$$\lim_{\varepsilon \to 0^+} \int_{-\infty}^{+\infty} \delta_\varepsilon(x) f(x) \mathrm{d}x = f(0)$$

所确定的新的元素,把这样的新元素记为 $\delta(x)$. 并且规定 $\delta(x)$ 的积分(已不是通常意义下的积分)为

$$\int_{-\infty}^{+\infty} \delta(x) \mathrm{d}x = 1$$

除了上面已提到过的函数

$$\rho_\varepsilon(x) = \begin{cases} \dfrac{1}{2\varepsilon}, & x \in [-\varepsilon, \varepsilon] \\ 0, & x \notin [-\varepsilon, \varepsilon] \end{cases}$$

外。还有很多不同的 δ 逼近函数,例如,

$$H_\varepsilon(x) = \frac{1}{\pi} \times \frac{\sin \varepsilon^{-1} x}{x} \qquad (\varepsilon > 0)$$

$$K_\varepsilon(x) = \frac{1}{\pi} \times \frac{\varepsilon}{x^2 + \varepsilon^2} \qquad (\varepsilon > 0)$$

等都是 δ 逼近函数,其弱极限都是 $\delta(x)$.

$\delta(x)$ 是具有以下性质的广义函数(δ 函数又称为单位脉冲函数,或称为 Dirac 函数):

(1) $\delta(-x) = \delta(x)$,即 δ 函数是偶函数.

(2) $\int_{-\infty}^{+\infty} \delta(x) f(x) \mathrm{d}x = f(0)$,特别地,$\int_{-\infty}^{+\infty} \delta(x) \mathrm{d}x = 1$ 其中 $f(x)$ 是任意连续函数. 更一般地

$$\int_{-\infty}^{+\infty} \delta(x - x_0) f(x) \mathrm{d}x = f(x_0)$$

(3) $\delta(x)$ 是无穷可微函数,其导函数 $\delta^{(n)}(x)$ 也是广义函数,使得对任意无穷可微函数 $f(x)$,有

$$\int_{-\infty}^{+\infty} \delta^{(n)}(x)f(x)\mathrm{d}x = (-1)^n \int_{-\infty}^{+\infty} \delta(x)f^{(n)}(x)\mathrm{d}x = (-1)^n f^{(n)}(0)$$

(4) $u(t) = \int_{-\infty}^{t} \delta(x)\mathrm{d}x, u'(t) = \delta(t)$,其中 $u(t)$ 是单位阶跃函数.

6.2　卷积的概念与性质

定义 6.1　设函数 $f_1(t)$ 和 $f_2(t)$ 都是 $(-\infty, +\infty)$ 上的绝对可积函数,积分

$$\int_{-\infty}^{+\infty} f_1(x)f_2(t-x)\mathrm{d}x$$

称为函数 $f_1(t)$ 和 $f_2(t)$ 在区间 $(-\infty, +\infty)$ 上的卷积. 记为 $(f_1 * f_2)(t)$ 或 $f_1(t) * f_2(t)$,即

$$f_1(t) * f_2(t) = (f_1 * f_2)(t) = \int_{-\infty}^{+\infty} f_1(x)f_2(t-x)\mathrm{d}x \qquad (6\text{-}1)$$

如果 $t < 0$ 时,$f_1(t) = 0, f_2(t) = 0$,则式(6-1)变为

$$f(t) = (f_1 * f_2)(t) = \int_{-\infty}^{+\infty} f_1(x)f_2(t-x)\mathrm{d}x$$

$$= \int_{-\infty}^{0} f_1(x)f_2(t-x)\mathrm{d}x + \int_{0}^{t} f_1(x)f_2(t-x)\mathrm{d}x + \int_{t}^{+\infty} f_1(x)f_2(t-x)\mathrm{d}x$$

$$= \int_{0}^{t} f_1(x)f_2(t-x)\mathrm{d}x \qquad (6\text{-}2)$$

例 6.1　求 $f_1(t) = t$ 和 $f_2(t) = \sin t$ 在 $[0, +\infty)$ 上的卷积.

解　由式(6-2),

$$f_1(t) * f_2(t) = t * \sin t = \int_{0}^{t} x\sin(t-x)\mathrm{d}x$$

$$= x\cos(t-x)\,|_{0}^{t} - \int_{0}^{t} \cos(t-x)\mathrm{d}x = t - \sin t$$

卷积具有下面一些性质(这里假定所有的广义积分均收敛,并且允许积分交换次序):

(1) 交换律　$f_1(t) * f_2(t) = f_2(t) * f_1(t)$.

证明　由卷积的定义

$$f_1(t) * f_2(t) = \int_{-\infty}^{+\infty} f_1(x)f_2(t-x)\mathrm{d}x$$

令 $t - x = u$,则 $\mathrm{d}x = -\mathrm{d}u$,并且

$$f_1(t) * f_2(t) = -\int_{+\infty}^{-\infty} f_2(u)f_1(t-u)\mathrm{d}u = \int_{-\infty}^{+\infty} f_2(u)f_1(t-u)\mathrm{d}u = f_2(t) * f_1(t)$$

(2) 分配律　$f_1(t) * [f_2(t) + f_3(t)] = f_1(t) * f_2(t) + f_1(t) * f_3(t)$.

证明　由卷积的定义

$$
\begin{aligned}
f_1(t) * [f_2(t) + f_3(t)] &= \int_{-\infty}^{+\infty} f_1(x) [f_2(t-x) + f_3(t-x)] \mathrm{d}x \\
&= \int_{-\infty}^{+\infty} f_1(x) f_2(t-x) \mathrm{d}x + \int_{-\infty}^{+\infty} f_1(x) f_3(t-x) \mathrm{d}x \\
&= f_1(t) * f_2(t) + f_1(t) * f_3(t)
\end{aligned}
$$

(3) 结合律　$[f_1(t) * f_2(t)] * f_3(t) = f_1(t) * [f_2(t) * f_3(t)]$.

证明　由卷积的定义

$$
\begin{aligned}
f_1(t) * [f_2(t) * f_3(t)] &= \int_{-\infty}^{+\infty} f_1(x) [f_2(t-x) * f_3(t-x)] \mathrm{d}x \\
&= \int_{-\infty}^{+\infty} f_1(x) \left[\int_{-\infty}^{+\infty} f_2(u) f_3(t-x-u) \mathrm{d}u \right] \mathrm{d}x
\end{aligned}
$$

令 $x + u = \tau$, 则 $\mathrm{d}u = \mathrm{d}\tau$, 并且

$$
f_1(t) * [f_2(t) * f_3(t)] = \int_{-\infty}^{+\infty} f_1(x) \left[\int_{-\infty}^{+\infty} f_2(\tau - x) f_3(t-\tau) \mathrm{d}\tau \right] \mathrm{d}x
$$

再交换积分次序可得

$$
\begin{aligned}
f_1(t) * [f_2(t) * f_3(t)] &= \int_{-\infty}^{+\infty} \left[\int_{-\infty}^{+\infty} f_1(x) f_2(\tau - x) \mathrm{d}x \right] f_3(t-\tau) \mathrm{d}\tau \\
&= \int_{-\infty}^{+\infty} [f_1(\tau) * f_2(\tau)] f_3(t-\tau) \mathrm{d}\tau \\
&= [f_1(t) * f_2(t)] * f_3(t)
\end{aligned}
$$

(4) 与单位脉冲函数的卷积.

设 $f(t)$ 是 $(-\infty, +\infty)$ 上的连续函数, 则 $f(t) * \delta(t) = f(t)$.

证明　由卷积的定义以及 δ 函数的性质(2)和(3)可得

$$
f(t) * \delta(t) = \int_{-\infty}^{+\infty} f(x) \delta(t-x) \mathrm{d}x = f(t)
$$

下面给出序列卷积的概念.

定义 6.2　设 $f_1(n)(n=0, \pm 1, \pm 2, \cdots)$ 和 $f_2(n)(n=0, \pm 1, \pm 2, \cdots)$ 是两个无限序列, 并且 $\displaystyle\sum_{n=-\infty}^{+\infty} f_1(n)$ 和 $\displaystyle\sum_{n=-\infty}^{+\infty} f_2(n)$ 均绝对收敛. 序列

$$
\sum_{k=-\infty}^{+\infty} f_1(k) f_2(n-k) \qquad (n = 0, \pm 1, \pm 2, \cdots)
$$

称为序列 $f_1(n)$ 和 $f_2(n)$ 的卷积. 记为 $(f_1 * f_2)(n)$ 或 $f_1(n) * f_2(n)$, 即

$$
f_1(n) * f_2(n) = (f_1 * f_2)(n) = \sum_{k=-\infty}^{+\infty} f_1(k) f_2(n-k) \qquad (n = 0, \pm 1, \pm 2, \cdots)
$$

(6-3)

在工程中常用有限序列的卷积. 设 $f_1(n)(n=n_1,n_1+1,n_1+2,\cdots,n_1+N_1-1)$ 和 $f_2(n)(n=n_2,n_2+1,n_2+2,\cdots,n_2+N_2-1)$ 是两个有限序列,记做

$$f_i(n) = \{f_i(n_i),f_i(n_i+1),f_i(n_i+2),\cdots,f_i(n_i+N_i-1)\} \qquad (i=1,2)$$

这里正整数 N_1 和 N_2 分别叫做序列 $f_1(n)$ 和 $f_2(n)$ 的序列长度,n_1 和 n_2 是整数. 在和式(6-3)中,当 $n>n_i+N_i-1$ 或 $n<n_i$ 时,取 $f_i(n)=0(i=1,2)$,得到有限序列 $f_1(n)$ 和 $f_2(n)$ 的卷积,可以表示为

$$(f_1*f_2)(n) = \sum_{k=n_1}^{n_1+N_1-1} f_1(k)f_2(n-k)$$

$$(n=n_1+n_2,n_1+n_2+1,\cdots,n_1+N_1+n_2+N_2-2)$$

其中当 $n>n_2+N_2-1$ 或 $n<n_2$ 时,取 $f_2(n)=0$. 显然此时序列 $(f_1*f_2)(n)$ 的长度为 N_1+N_2-1,且 $(f_1*f_2)(n)$ 可由下面 $N_1\times N_2$ 阶卷积矩阵

$$\begin{bmatrix} f_1(n_1)f_2(n_2) & f_1(n_1)f_2(n_2+1) & \cdots & f_1(n_1)f_2(n_2+N_2-1) \\ f_1(n_1+1)f_2(n_2) & f_1(n_1+1)f_2(n_2+1) & \cdots & f_1(n_1+1)f_2(n_2+N_2-1) \\ f_1(n_1+2)f_2(n_2) & f_1(n_1+2)f_2(n_2+1) & \cdots & f_1(n_1+2)f_2(n_2+N_2-1) \\ \vdots & \vdots & & \vdots \\ f_1(n_1+N_1-1)f_2(n_2) & f_1(n_1+N_1-1)f_2(n_2+1) & \cdots & f_1(n_1+N_1-1)f_2(n_2+N_2-1) \end{bmatrix}$$

次对角线方向上的元素之和给出,即

$$(f_1*f_2)(n_1+n_2) = f_1(n_1)f_2(n_2)$$

$$(f_1*f_2)(n_1+n_2+1) = f_1(n_1)f_2(n_2+1)+f_1(n_1+1)f_2(n_2)$$

$$(f_1*f_2)(n_1+n_2+2) = f_1(n_1)f_2(n_2+2)+f_1(n_1+1)f_2(n_2+1)$$
$$+f_1(n_1+2)f_2(n_2)$$

　　……

$$(f_1*f_2)(n_1+N_1+n_2+N_2-2) = f_1(n_1+N_1-1)f_2(n_2+N_2-1)$$

容易验证,序列的卷积同样满足交换律、分配律和结合律.

例 6.2 设 $f_1(n)=\{1,2,3,4\}(n=-1,0,1,2)$,$f_2(n)=\{1,0,-1\}(n=0,1,2)$,求卷积 $(f_1*f_2)(n)$.

解 卷积 $(f_1*f_2)(n)$ 的序列长度为 $4+3-1=6$. 写出下面的 4×3 阶矩阵

$$\begin{bmatrix} 1\times 1 & 1\times 0 & 1\times(-1) \\ 2\times 1 & 2\times 0 & 2\times(-1) \\ 3\times 1 & 3\times 0 & 3\times(-1) \\ 4\times 1 & 4\times 0 & 4\times(-1) \end{bmatrix} = \begin{bmatrix} 1 & 0 & -1 \\ 2 & 0 & -2 \\ 3 & 0 & -3 \\ 4 & 0 & -4 \end{bmatrix}$$

所以

$$(f_1*f_2)(n) = \{1,0+2,(-1)+0+3,(-2)+0+4,(-3)+0,-4\}$$

$$= \{1,2,2,2,-3,-4\} \qquad (n=-1,0,1,2,3,4)$$

习 题 6

求下列函数在$[0,+\infty)$上的卷积：

1. $t^m * t^n$（m,n 为正整数）；

2. $t * e^t$；

3. $\sin kt * \sin kt$.

第 7 章 Fourier 变换

本章介绍的 Fourier 变换是一种对连续时间函数的积分变换,它通过特定形式的积分建立了函数之间的对应关系. 它既能简化计算(如求解微分方程、化卷积为乘积等),又具有明确的物理意义(从频谱的角度来描述函数的特征),因而在许多领域被广泛地应用,如电力工程、通信和控制领域以及其他许多数学、物理和工程技术领域. 而在此基础上发展起来的离散 Fourier 变换在计算机时代更是特别重要.

7.1 Fourier 变换概念与性质

7.1.1 Fourier 变换的定义

为了给出 Fourier 变换和 Fourier 逆变换的定义,我们需要下面的 Fourier 积分定理.

Fourier 积分定理 设 $f(x)$ 在 $(-\infty, +\infty)$ 上满足下列条件:

(1) $f(x)$ 在任何有限区间上都满足展开为 Fourier 级数的条件,即只存在有限个第一类间断点和有限个极值点;

(2) $f(x)$ 在 $(-\infty, +\infty)$ 上绝对可积,即积分 $\int_{-\infty}^{+\infty} |f(x)| \, dx$ 收敛.

则在连续点处

$$f(x) = \frac{1}{2\pi} \int_{-\infty}^{+\infty} e^{i\omega x} \, d\omega \int_{-\infty}^{+\infty} f(t) e^{-i\omega t} \, dt$$

而在间断点处

$$\frac{f(x+0) + f(x-0)}{2} = \frac{1}{2\pi} \int_{-\infty}^{+\infty} e^{i\omega x} \, d\omega \int_{-\infty}^{+\infty} f(t) e^{-i\omega t} \, dt$$

定义 7.1 设 $f(t)$ 与 $F(\omega)$ 都是在 $(-\infty, +\infty)$ 上绝对可积函数,称

$$\int_{-\infty}^{+\infty} f(t) e^{-i\omega t} \, dt$$

为 $f(t)$ 的 Fourier 变换,称

$$\frac{1}{2\pi} \int_{-\infty}^{+\infty} F(\omega) e^{i\omega t} \, d\omega$$

为 $F(\omega)$ 的 Fourier 逆变换,分别记为 $\mathscr{F}[f(t)]$ 和 $\mathscr{F}^{-1}[F(\omega)]$,即

$$\mathscr{F}[f(t)] = \int_{-\infty}^{+\infty} f(t)\,\mathrm{e}^{-\mathrm{i}\omega t}\,\mathrm{d}t$$

$$\mathscr{F}^{-1}[F(\omega)] = \frac{1}{2\pi}\int_{-\infty}^{+\infty} F(\omega)\,\mathrm{e}^{\mathrm{i}\omega t}\,\mathrm{d}\omega$$

如果 $f(x)$ 满足 Fourier 积分定理条件时，那么在连续点处

$$f(t) = \mathscr{F}^{-1}[\mathscr{F}[f(t)]]$$

这就是 Fourier 变换的反演公式.

例 7.1　设 $f(x)=\mathrm{e}^{-b^2 x^2}\,(b>0)$，求 $\mathscr{F}[f(x)]$.

解　根据定义，有

$$\mathscr{F}[f(x)] = \int_{-\infty}^{+\infty} \mathrm{e}^{-b^2 x^2 - \mathrm{i}\omega x}\,\mathrm{d}x = \int_{-\infty}^{+\infty} \mathrm{e}^{-b^2\left(x^2 + \frac{\mathrm{i}\omega x}{b^2}\right)}\,\mathrm{d}x$$

$$= \int_{-\infty}^{+\infty} \mathrm{e}^{-b^2\left(x^2 + 2x\frac{\mathrm{i}\omega}{2b^2} + \frac{\mathrm{i}^2\omega^2}{4b^4} + \frac{\omega^2}{4b^4}\right)}\,\mathrm{d}x = \mathrm{e}^{-\frac{\omega^2}{4b^2}} \int_{-\infty}^{+\infty} \mathrm{e}^{-b^2\left(x + \mathrm{i}\frac{\omega}{2b^2}\right)^2}\,\mathrm{d}x$$

现在计算

$$\int_{-\infty}^{+\infty} \mathrm{e}^{-b^2\left(x + \mathrm{i}\frac{\omega}{2b^2}\right)^2}\,\mathrm{d}x$$

$$= \lim_{R\to+\infty} \int_{-R}^{+R} \mathrm{e}^{-b^2\left(x + \mathrm{i}\frac{\omega}{2b^2}\right)^2}\,\mathrm{d}x$$

注意到 $\mathrm{e}^{-b^2 z^2}$ 是全平面内处处解析的函数. 根据复变函数中的 Cauchy 积分定理，沿任何分段光滑闭曲线的积分都等于零. 先取图 7.1 中的路径 $ABCDA$，则

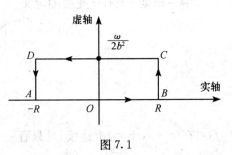

图 7.1

$$\int_{-R}^{+R} \mathrm{e}^{-b^2 x^2}\,\mathrm{d}x + \int_{\overline{BC}} \mathrm{e}^{-b^2 z^2}\,\mathrm{d}z - \int_{-R}^{+R} \mathrm{e}^{-b^2\left(x + \mathrm{i}\frac{\omega}{2b^2}\right)^2}\,\mathrm{d}x + \int_{\overline{DA}} \mathrm{e}^{-b^2 z^2}\,\mathrm{d}z = 0 \quad (7\text{-}1)$$

当 $R\to+\infty$ 时，

$$\left|\int_{\overline{BC}} \mathrm{e}^{-b^2 z^2}\,\mathrm{d}z\right| = \left|\int_0^{\frac{\omega}{2b^2}} \mathrm{e}^{-b^2(R+\mathrm{i}y)^2}\,\mathrm{d}y\right|$$

$$= \left|\int_0^{\frac{\omega}{2b^2}} \mathrm{e}^{-b^2(R^2 + 2R\mathrm{i}y - y^2)}\,\mathrm{d}y\right|$$

$$\leqslant \mathrm{e}^{-b^2 R^2}\int_0^{\frac{\omega}{2b^2}} \mathrm{e}^{b^2 y^2}\,\mathrm{d}y \to 0$$

同理可证

$$\int_{\overline{DA}} \mathrm{e}^{-b^2 z^2}\,\mathrm{d}z \to 0\,(R\to+\infty)$$

因此，当 $R\to+\infty$ 时，由式 (7-1) 可得

$$\lim_{R\to+\infty}\int_{-R}^{+R} \mathrm{e}^{-b^2\left(x + \mathrm{i}\frac{\omega}{2b^2}\right)^2}\,\mathrm{d}x = \lim_{R\to+\infty}\int_{-R}^{+R} \mathrm{e}^{-b^2 x^2}\,\mathrm{d}x$$

$$= \int_{-\infty}^{+\infty} \mathrm{e}^{-b^2 x^2} \mathrm{d}x = \frac{1}{b} \int_{-\infty}^{+\infty} \mathrm{e}^{-t^2} \mathrm{d}t = \frac{\sqrt{\pi}}{b}$$

于是

$$\mathscr{F}[f(x)] = \frac{\sqrt{\pi}}{b} \mathrm{e}^{-\frac{\omega^2}{4b^2}}$$

例 7.2　求 $f(t) = \begin{cases} \mathrm{e}^{-\beta t}, & t>0 \\ 0, & t<0 \end{cases}$ $(\beta>0)$的 Fourier 变换.

解　根据 Fourier 变换的定义

$$\mathscr{F}[f(t)] = \int_0^{+\infty} \mathrm{e}^{-\beta t} \mathrm{e}^{-\mathrm{i}\omega t} \mathrm{d}t = \int_0^{+\infty} \mathrm{e}^{-(\beta+\mathrm{i}\omega)t} \mathrm{d}t = \frac{1}{\beta + \mathrm{i}\omega}$$

例 7.3　求 $f(t) = \mathrm{e}^{-\beta|t|}$ $(\beta>0)$的 Fourier 变换, 并证明

$$\int_0^{+\infty} \frac{\cos\omega t}{\beta^2 + \omega^2} \mathrm{d}\omega = \frac{\pi}{2\beta} \mathrm{e}^{-\beta|t|}$$

解　根据 Fourier 变换的定义

$$\mathscr{F}[f(t)] = \int_{-\infty}^{+\infty} \mathrm{e}^{-\beta|t|} \mathrm{e}^{-\mathrm{i}\omega t} \mathrm{d}t$$

$$= \int_{-\infty}^{0} \mathrm{e}^{\beta t} \mathrm{e}^{-\mathrm{i}\omega t} \mathrm{d}t + \int_{0}^{+\infty} \mathrm{e}^{-\beta t} \mathrm{e}^{-\mathrm{i}\omega t} \mathrm{d}t$$

$$= \frac{2\beta}{\beta^2 + \omega^2}$$

$f(t)$ 在 $(-\infty, +\infty)$ 上连续, 且只有一个极大值点 $t=0$, 而

$$\int_{-\infty}^{+\infty} \mathrm{e}^{-\beta|t|} \mathrm{d}t = 2 \int_0^{+\infty} \mathrm{e}^{-\beta t} \mathrm{d}t = \frac{2}{\beta}$$

存在, 所以根据 Fourier 变换的反演公式

$$f(t) = \mathscr{F}^{-1}\left[\frac{2\beta}{\beta^2 + \omega^2}\right]$$

$$= \frac{1}{2\pi} \int_{-\infty}^{+\infty} \frac{2\beta}{\beta^2 + \omega^2} \mathrm{e}^{\mathrm{i}\omega t} \mathrm{d}\omega$$

$$= \frac{1}{\pi} \int_{-\infty}^{+\infty} \frac{\beta}{\beta^2 + \omega^2} (\cos\omega t + \mathrm{i}\sin\omega t) \mathrm{d}\omega$$

$$= \frac{2\beta}{\pi} \int_{0}^{+\infty} \frac{\cos\omega t}{\beta^2 + \omega^2} \mathrm{d}\omega$$

于是

$$\int_0^{+\infty} \frac{\cos\omega t}{\beta^2 + \omega^2} \mathrm{d}\omega = \frac{\pi}{2\beta} f(t) = \frac{\pi}{2\beta} \mathrm{e}^{-\beta|t|}$$

在无线电技术、声学、振动理论中, Fourier 变换和频谱概念有密切联系. 时间变量的函数 $f(t)$ 的 Fourier 变换 $F(\omega)$ 称为 $f(t)$ 的频谱函数, 频谱函数的模

$|F(\omega)|$ 称为振幅频谱(简称为频谱).

例 7.4　求矩形脉冲函数$(E>0)$

$$p_\tau(t) = \begin{cases} E, |t| < \dfrac{\tau}{2} \\ 0, |t| > \dfrac{\tau}{2} \end{cases}$$

的频谱函数.

解　根据频谱函数的定义,有

$$F(\omega) = \int_{-\infty}^{+\infty} p_\tau(t) e^{-i\omega t} \, dt = \int_{-\frac{\tau}{2}}^{\frac{\tau}{2}} E e^{-i\omega t} \, dt$$

$$= -\frac{E e^{-i\omega t}}{i\omega} \Big|_{-\frac{\tau}{2}}^{\frac{\tau}{2}} = \frac{2E}{\omega} \sin\frac{\omega\tau}{2}$$

故频谱为

$$|F(\omega)| = 2E \left| \frac{1}{\omega} \sin\frac{\omega\tau}{2} \right|$$

频谱图如图 7.2 所示.

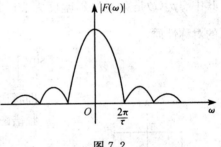

图 7.2

7.1.2　Fourier 变换的性质

这一段介绍 Fourier 变换的基本性质,假定所考虑的函数满足 Fourier 积分定理的条件.

(1) 线性性质.

设 α, β 是常数,$F_1(\omega) = \mathscr{F}[f_1(t)]$,$F_2(\omega) = \mathscr{F}[f_2(t)]$,则

$$\mathscr{F}[\alpha f_1(t) + \beta f_2(t)] = \alpha F_1(\omega) + \beta F_2(\omega)$$
$$= \alpha \mathscr{F}[f_1(t)] + \beta \mathscr{F}[f_2(t)]$$
$$\mathscr{F}^{-1}[\alpha F_1(\omega) + \beta F_2(\omega)] = \alpha \mathscr{F}^{-1}[F_1(\omega)] + \beta \mathscr{F}^{-1}[F_2(\omega)]$$

这个性质可由 Fourier 变换的定义直接得到.

(2) 对称性质.

设 $F(\omega) = \mathscr{F}[f(t)]$,则 $\mathscr{F}[F(t)] = 2\pi f(-\omega)$.

证明　由 Fourier 逆变换有

$$f(t) = \frac{1}{2\pi} \int_{-\infty}^{+\infty} F(\omega) e^{i\omega t} \, d\omega$$

于是

$$f(-t) = \frac{1}{2\pi} \int_{-\infty}^{+\infty} F(\omega) e^{-i\omega t} \, d\omega$$

将上式中 t 与 ω 互换,则

$$f(-\omega) = \frac{1}{2\pi} \int_{-\infty}^{+\infty} F(t) e^{-i\omega t} dt$$

所以

$$\mathscr{F}[F(t)] = 2\pi f(-\omega)$$

特别地,如果 $f(t)$ 是偶函数,那么 $\mathscr{F}[F(t)] = 2\pi f(\omega)$.

例 7.5 求 $f(t) = \dfrac{\sin t}{t}$ 的频谱函数.

解 由例 7.4 知,单位幅度(即 $E = 1$)的矩形脉冲函数 $p_\tau(t)$ 的频谱函数为

$$\mathscr{F}[p_\tau(t)] = \frac{2}{\omega} \sin \frac{\omega\tau}{2}$$

当 $\tau = 2$ 时,根据 Fourier 变换的线性性质,有

$$\mathscr{F}\left[\frac{1}{2} p_2(t)\right] = \frac{\sin \omega}{\omega}$$

其中 $\dfrac{1}{2} p_2(t)$ 是宽度为 2,幅度为 $\dfrac{1}{2}$ 的矩形脉冲函数,它是偶函数. 由 Fourier 变换的对称性质,

$$\mathscr{F}[f(t)] = \mathscr{F}\left[\frac{\sin t}{t}\right] = 2\pi \cdot \frac{1}{2} p_2(\omega) = \begin{cases} \pi, & |\omega| < 1 \\ 0, & |\omega| > 1 \end{cases}$$

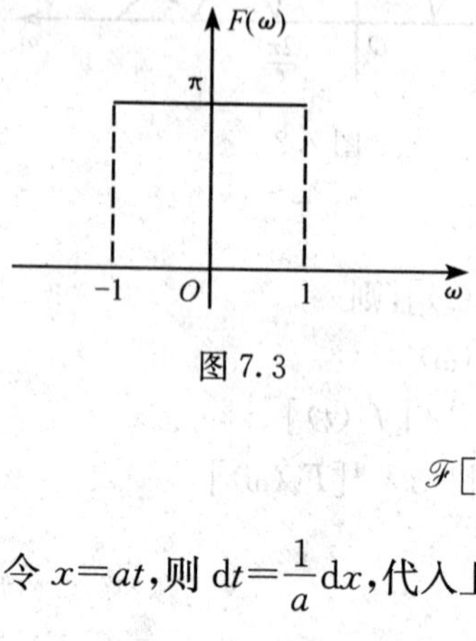

即频谱函数是宽度为 2,幅度为 π 的矩形脉冲函数. 频谱图如图 7.3 所示.

(3) 相似性质.

设 $F(\omega) = \mathscr{F}[f(t)]$,则 $\mathscr{F}[f(at)] = \dfrac{1}{|a|} \times F\left(\dfrac{\omega}{a}\right)$(其中 $a \neq 0$ 为常数).

图 7.3

证明 由 Fourier 变换的定义,

$$\mathscr{F}[f(at)] = \int_{-\infty}^{+\infty} f(at) e^{-i\omega t} dt$$

令 $x = at$,则 $dt = \dfrac{1}{a} dx$,代入上式,于是当 $a > 0$ 时,

$$\mathscr{F}[f(at)] = \frac{1}{a} \int_{-\infty}^{+\infty} f(x) e^{-i\frac{\omega}{a}x} dx = \frac{1}{a} F\left(\frac{\omega}{a}\right)$$

当 $a < 0$ 时,

$$\mathscr{F}[f(at)] = \frac{1}{a} \int_{+\infty}^{-\infty} f(x) e^{-i\frac{\omega}{a}x} dx$$

$$= -\frac{1}{a} \int_{-\infty}^{+\infty} f(x) e^{-i\frac{\omega}{a}x} dx = -\frac{1}{a} F\left(\frac{\omega}{a}\right)$$

综上所证,即得

$$\mathscr{F}[f(at)] = \frac{1}{|a|}F\left(\frac{\omega}{a}\right)$$

（4）翻转性质.

设 $F(\omega)=\mathscr{F}[f(t)]$，则 $\mathscr{F}[f(-t)]=F(-\omega)$.

由相似性质可直接得到翻转性质.

（5）时移性质.

设 $F(\omega)=\mathscr{F}[f(t)]$，则 $\mathscr{F}[f(t\pm t_0)]=\mathrm{e}^{\pm\mathrm{i}\omega t_0}F(\omega)$（其中 t_0 为常数）.

证明　由 Fourier 变换的定义，

$$\mathscr{F}[f(t\pm t_0)]=\int_{-\infty}^{+\infty}f(t\pm t_0)\mathrm{e}^{-\mathrm{i}\omega t}\mathrm{d}t$$

令 $x=t\pm t_0$，代入上式得

$$\mathscr{F}[f(t\pm t_0)]=\int_{-\infty}^{+\infty}f(x)\mathrm{e}^{-\mathrm{i}\omega(x\mp t_0)}\mathrm{d}x$$

$$=\mathrm{e}^{\pm\mathrm{i}\omega t_0}\int_{-\infty}^{+\infty}f(x)\mathrm{e}^{-\mathrm{i}\omega x}\mathrm{d}x=\mathrm{e}^{\pm\mathrm{i}\omega t_0}F(\omega)$$

利用时移性质和相似性质，易见 $\mathscr{F}[f(at-b)]=\frac{1}{|a|}\mathrm{e}^{-\mathrm{i}\frac{b}{a}\omega}F\left(\frac{\omega}{a}\right)$（其中 a,b 为常数，并且 $a\neq0$）. 事实上，

$$\mathscr{F}[f(at-b)]=\mathscr{F}\left[f\left(a\left(t-\frac{b}{a}\right)\right)\right]$$

$$=\mathrm{e}^{-\mathrm{i}\frac{b}{a}\omega}\mathscr{F}[f(at)]$$

$$=\frac{1}{|a|}\mathrm{e}^{-\mathrm{i}\frac{b}{a}\omega}F\left(\frac{\omega}{a}\right)$$

例 7.6　计算 $\mathscr{F}[\mathrm{e}^{-(t-t_0)^2}]$.

解　由例 7.1 知，$\mathscr{F}[\mathrm{e}^{-t^2}]=\sqrt{\pi}\mathrm{e}^{-\frac{\omega^2}{4}}$. 于是根据时移性质得

$$\mathscr{F}[\mathrm{e}^{-(t-t_0)^2}]=\sqrt{\pi}\mathrm{e}^{-\mathrm{i}\omega t_0-\frac{\omega^2}{4}}$$

（6）频移性质.

设 $F(\omega)=\mathscr{F}[f(t)]$，则 $\mathscr{F}[f(t)\mathrm{e}^{\pm\mathrm{i}\omega_0 t}]=F(\omega\mp\omega_0)$（其中 ω_0 为常数）.

证明　由 Fourier 变换的定义，

$$\mathscr{F}[f(t)\mathrm{e}^{\pm\mathrm{i}\omega_0 t}]=\int_{-\infty}^{+\infty}f(t)\mathrm{e}^{\pm\mathrm{i}\omega_0 t}\mathrm{e}^{-\mathrm{i}\omega t}\mathrm{d}t$$

$$=\int_{-\infty}^{+\infty}f(t)\mathrm{e}^{-\mathrm{i}(\omega\mp\omega_0)t}\mathrm{d}t$$

$$=F(\omega\mp\omega_0)$$

例 7.7　计算 $\mathscr{F}[\mathrm{e}^{-t^2}\cos\omega_0 t]$ 和 $\mathscr{F}[\mathrm{e}^{-t^2}\sin\omega_0 t]$.

解　根据 Euler 公式，

$$\cos\omega_0 t = \frac{1}{2}(e^{i\omega_0 t} + e^{-i\omega_0 t}), \qquad \sin\omega_0 t = \frac{1}{2i}(e^{i\omega_0 t} - e^{-i\omega_0 t})$$

于是由线性性质、频移性质以及例 7.1 知,

$$\mathscr{F}[e^{-t^2}\cos\omega_0 t] = \frac{\sqrt{\pi}}{2}(e^{-\frac{(\omega-\omega_0)^2}{4}} + e^{-\frac{(\omega+\omega_0)^2}{4}})$$

$$\mathscr{F}[e^{-t^2}\sin\omega_0 t] = \frac{\sqrt{\pi}}{2i}(e^{-\frac{(\omega-\omega_0)^2}{4}} - e^{-\frac{(\omega+\omega_0)^2}{4}})$$

(7) 微分性质.

设 $F(\omega)=\mathscr{F}[f(t)]$,并且 $f^{(n)}(t)$ 在 $(-\infty,+\infty)$ 上存在(n 为正整数). 如果当 $t\to\pm\infty$ 时,$f^{(k)}(t)\to 0(k=0,1,2,\cdots,n-1)$,则 $\mathscr{F}[f^{(n)}(t)]=(i\omega)^n F(\omega)$.

证明 我们只证明 $n=1$ 的情形,类推可得到对高阶导数的结果.

$$\mathscr{F}[f'(t)] = \int_{-\infty}^{+\infty} f'(t)e^{-i\omega t}dt$$
$$= f(t)e^{-i\omega t}\Big|_{-\infty}^{+\infty} + i\omega\int_{-\infty}^{+\infty} f(t)e^{-i\omega t}dt$$
$$= i\omega\int_{-\infty}^{+\infty} f(t)e^{-i\omega t}dt$$
$$= i\omega F(\omega)$$

上面是关于时域的微分性质.类似地有关于频域的微分性质:

设 $F(\omega)=\mathscr{F}[f(t)]$,并且 $F^{(n)}(\omega)$ 在 $(-\infty,+\infty)$ 上存在(n 为正整数). 如果当 $\omega\to\pm\infty$ 时,$F^{(k)}(\omega)\to 0(k=0,1,2,\cdots,n-1)$,则 $\mathscr{F}^{-1}[i^n F^{(n)}(\omega)]=t^n f(t)$. 从而可知 $\mathscr{F}[t^n f(t)]=i^n F^{(n)}(\omega)$.

例 7.8 设 $f(t)=\begin{cases} te^{-\beta t}, & t>0 \\ 0, & t<0 \end{cases}(\beta>0)$,求 $\mathscr{F}[f(t)]$.

解 令 $g(t)=\begin{cases} e^{-\beta t}, & t>0 \\ 0, & t<0 \end{cases}$,于是由例 7.2 可知 $\mathscr{F}[g(t)]=\frac{1}{\beta+i\omega}$. 所以

$$\mathscr{F}[f(t)]=\mathscr{F}[tg(t)]=i\left(\frac{1}{\beta+i\omega}\right)'=\frac{1}{(\beta+i\omega)^2}$$

(8) 积分性质.

设 $F(\omega)=\mathscr{F}[f(t)]$,并且 $F(0)=0$. 如果 $g(t)=\int_{-\infty}^{t} f(\tau)d\tau$,则

$$\mathscr{F}[g(t)]=\frac{1}{i\omega}F(\omega)$$

证明 因为 $\lim_{t\to-\infty} g(t) = \lim_{t\to-\infty}\int_{-\infty}^{t} f(\tau)d\tau = 0$, 并且

$$\lim_{t\to+\infty} g(t) = \int_{-\infty}^{+\infty} f(\tau)d\tau = \int_{-\infty}^{+\infty} f(\tau)e^{-i0\tau}d\tau = F(0) = 0$$

所以根据 $g'(t)=f(t)$ 可知

$$\mathscr{F}[g(t)] = \int_{-\infty}^{+\infty} g(t)\mathrm{e}^{-\mathrm{i}\omega t}\,\mathrm{d}t$$

$$= -\frac{1}{\mathrm{i}\omega}g(t)\mathrm{e}^{-\mathrm{i}\omega t}\Big|_{-\infty}^{+\infty} + \frac{1}{\mathrm{i}\omega}\int_{-\infty}^{+\infty} f(t)\mathrm{e}^{-\mathrm{i}\omega t}\,\mathrm{d}t$$

$$= \frac{1}{\mathrm{i}\omega}F(\omega)$$

(9) 卷积性质.

设 $F_1(\omega)=\mathscr{F}[f_1(t)]$，$F_2(\omega)=\mathscr{F}[f_2(t)]$，则 $\mathscr{F}[(f_1 * f_2)(t)]=F_1(\omega)F_2(\omega)$.

证明　由卷积的定义及 Fourier 变换的性质,可得

$$\mathscr{F}[(f_1 * f_2)(t)] = \int_{-\infty}^{+\infty} (f_1 * f_2)(t)\mathrm{e}^{-\mathrm{i}\omega t}\,\mathrm{d}t$$

$$= \int_{-\infty}^{+\infty}\left[\int_{-\infty}^{+\infty} f_1(x)f_2(t-x)\,\mathrm{d}x\right]\mathrm{e}^{-\mathrm{i}\omega t}\,\mathrm{d}t$$

$$= \int_{-\infty}^{+\infty} f_1(x)\left[\int_{-\infty}^{+\infty} f_2(t-x)\mathrm{e}^{-\mathrm{i}\omega t}\,\mathrm{d}t\right]\mathrm{d}x$$

$$= \int_{-\infty}^{+\infty} f_1(x)F_2(\omega)\mathrm{e}^{-\mathrm{i}\omega x}\,\mathrm{d}x$$

$$= F_2(\omega)\int_{-\infty}^{+\infty} f_1(x)\mathrm{e}^{-\mathrm{i}\omega x}\,\mathrm{d}x$$

$$= F_1(\omega)F_2(\omega)$$

7.1.3　δ 函数的 Fourier 变换

因为 δ 函数是广义函数,所以其 Fourier 变换不是通常意义下的 Fourier 变换. 根据 Fourier 变换的定义,以及 δ 函数的性质,可知

$$\mathscr{F}[\delta(t)] = \int_{-\infty}^{+\infty} \delta(t)\mathrm{e}^{-\mathrm{i}\omega t}\,\mathrm{d}t = 1$$

$$\mathscr{F}^{-1}[\delta(\omega)] = \frac{1}{2\pi}\int_{-\infty}^{+\infty} \delta(\omega)\mathrm{e}^{\mathrm{i}\omega t}\,\mathrm{d}\omega = \frac{1}{2\pi}$$

因为 $\delta(x)$ 是 δ 逼近函数 $\rho_\varepsilon(x)$ 的弱极限,所以由例 7.4,$\mathscr{F}[\delta(x)]$ 也可以理解为

$$\mathscr{F}[\delta(x)] = \lim_{\varepsilon\to 0^+}\mathscr{F}[\rho_\varepsilon(x)] = \lim_{\varepsilon\to 0^+}\frac{\sin\omega\varepsilon}{\omega\varepsilon} = 1$$

通常,$\mathscr{F}[1]$ 没有意义. 然而根据 $\mathscr{F}^{-1}[\delta(\omega)]=\dfrac{1}{2\pi}$,在广义函数意义下,

$$\mathscr{F}[1] = 2\pi\delta(\omega)$$

(1) δ 函数 Fourier 变换的时移和频移性质.

$$\mathscr{F}[\delta(t\pm t_0)] = \mathrm{e}^{\pm\mathrm{i}\omega t_0}\mathscr{F}[\delta(t)], \qquad \mathscr{F}[1\cdot\mathrm{e}^{\pm\mathrm{i}\omega_0 t}] = 2\pi\delta(\omega\mp\omega_0)$$

证明　根据 Fourier 变换的定义,以及 δ 函数的性质,

$$\mathscr{F}[\delta(t \pm t_0)] = \int_{-\infty}^{+\infty} \delta(t \pm t_0) e^{-i\omega t} dt$$

$$= e^{-i\omega(\mp t_0)} = e^{\pm i\omega t_0}$$

$$= e^{\pm i\omega t_0} \mathscr{F}[\delta(t)]$$

$$\mathscr{F}^{-1}[\delta(\omega \pm \omega_0)] = \frac{1}{2\pi} \int_{-\infty}^{+\infty} \delta(\omega \pm \omega_0) e^{i\omega t} d\omega$$

$$= \frac{1}{2\pi} e^{\mp i\omega_0 t}$$

即 $\mathscr{F}[1 \cdot e^{\pm i\omega_0 t}] = 2\pi\delta(\omega \mp \omega_0)$.

例 7.9　计算 $\mathscr{F}[\cos\omega_0 t]$ 和 $\mathscr{F}[\sin\omega_0 t]$.

解　根据 δ 函数 Fourier 变换的频移性质,可得

$$\mathscr{F}[\cos\omega_0 t] = \frac{1}{2}\mathscr{F}[e^{i\omega_0 t}] + \frac{1}{2}\mathscr{F}[e^{-i\omega_0 t}]$$

$$= \pi[\delta(\omega + \omega_0) + \delta(\omega - \omega_0)]$$

$$\mathscr{F}[\sin\omega_0 t] = \frac{1}{2i}\mathscr{F}[e^{i\omega_0 t}] - \frac{1}{2i}\mathscr{F}[e^{-i\omega_0 t}]$$

$$= \pi i[\delta(\omega + \omega_0) - \delta(\omega - \omega_0)]$$

例 7.10　计算 $\mathscr{F}[2\sin^2 3t]$.

解　利用例 7.9,可得

$$\mathscr{F}[2\sin^2 3t] = \mathscr{F}[1 - \cos 6t] = \mathscr{F}[1] - \mathscr{F}[\cos 6t]$$

$$= \pi[2\delta(\omega) - \delta(\omega - 6) - \delta(\omega + 6)]$$

(2) δ 函数 Fourier 变换的微分性质(其中 n 为正整数).

$$\mathscr{F}[\delta^{(n)}(t)] = (i\omega)^n, \qquad \mathscr{F}[t^n] = 2\pi i^n \delta^{(n)}(\omega)$$

证明　根据 Fourier 变换的定义,以及 δ 函数的性质,

$$\mathscr{F}[\delta^{(n)}(t)] = \int_{-\infty}^{+\infty} \delta^{(n)}(t) e^{-i\omega t} dt$$

$$= (-1)^n (-i\omega)^n = (i\omega)^n$$

又因为

$$\mathscr{F}^{-1}[2\pi i^n \delta^{(n)}(\omega)] = \frac{1}{2\pi} \int_{-\infty}^{+\infty} 2\pi i^n \delta^{(n)}(\omega) e^{i\omega t} d\omega$$

$$= (-1)^n i^n (it)^n = t^n$$

所以 $\mathscr{F}[t^n] = 2\pi i^n \delta^{(n)}(\omega)$.

7.2　离散 Fourier 变换

由于数字计算机只能运算有限长度的、离散的序列,所以真正在计算机上运算的是离散的 Fourier 变换(DFT),而快速 Fourier 变换(FFT)是快速运算离散的

Fourier 变换的一种算法.

7.2.1　离散 Fourier 变换及其性质

定义 7.2　设 $f(n)(n=0,1,2,\cdots,N-1)$ 是长度为 N 的序列,称序列

$$F(k) = \sum_{n=0}^{N-1} f(n)e^{-i\frac{2\pi}{N}nk}, \qquad k=0,1,2,\cdots,N-1 \qquad (7\text{-}2)$$

为 $f(n)$ 的离散 Fourier 变换,记做 DFT$[f(n)]$,即

$$F(k) = \text{DFT}[f(n)] = \sum_{n=0}^{N-1} f(n)e^{-i\frac{2\pi}{N}nk}, \qquad k=0,1,2,\cdots,N-1$$

称序列

$$\frac{1}{N}\sum_{k=0}^{N-1} F(k)e^{i\frac{2\pi}{N}nk}, \qquad n=0,1,2,\cdots,N-1 \qquad (7\text{-}3)$$

为 $F(k)$ 的离散 Fourier 逆变换,记做 IDFT$[F(k)]$.

由于 $m=n$ 时,$\sum_{k=0}^{N-1} e^{i\frac{2\pi}{N}k(m-n)} = N$,而 $m \neq n$ 时,

$$\sum_{k=0}^{N-1} e^{i\frac{2\pi}{N}k(m-n)} = \frac{1-e^{i\frac{2\pi}{N}N(m-n)}}{1-e^{i\frac{2\pi}{N}(m-n)}}$$

$$= \frac{1-\cos(2(m-n)\pi)-i\sin(2(m-n)\pi)}{1-e^{i\frac{2\pi}{N}(m-n)}}$$

$$= 0$$

所以根据式(7-2)和式(7-3)可知

$$f(n) = \text{IDFT}[F(k)], \qquad n=0,1,2,\cdots,N-1 \qquad (7\text{-}4)$$

事实上,对 $n=0,1,2,\cdots,N-1$,

$$\text{IDFT}[F(k)] = \frac{1}{N}\sum_{k=0}^{N-1}\left(\sum_{m=0}^{N-1} f(m)e^{-i\frac{2\pi}{N}mk}\right)e^{i\frac{2\pi}{N}nk}$$

$$= \frac{1}{N}\sum_{m=0}^{N-1} f(m)\left(\sum_{k=0}^{N-1} e^{-i\frac{2\pi}{N}(m-n)k}\right) = f(n)$$

式(7-4)给出了离散 Fourier 变换的反演公式,即

$$f(n) = \text{IDFT}[\text{DFT}[f(n)]], \qquad n=0,1,2,\cdots,N-1$$

记 $W=e^{-i\frac{2\pi}{N}}$,则式(7-2)和式(7-4)分别简化为

$$F(k) = \sum_{n=0}^{N-1} f(n)W^{nk}, \qquad k=0,1,2,\cdots,N-1$$

$$f(n) = \frac{1}{N}\sum_{k=0}^{N-1} F(k)W^{-nk}, \qquad n=0,1,2,\cdots,N-1$$

并且可以分别写成矩阵形式

$$\begin{pmatrix} F(0) \\ F(1) \\ \vdots \\ F(N-1) \end{pmatrix} = \begin{pmatrix} W^0 & W^0 & W^0 & \cdots & W^0 \\ W^0 & W^{1\times 1} & W^{2\times 1} & \cdots & W^{(N-1)\times 1} \\ \vdots & \vdots & \vdots & & \vdots \\ W^0 & W^{1\times(N-1)} & W^{2\times(N-1)} & \cdots & W^{(N-1)\times(N-1)} \end{pmatrix} \begin{pmatrix} f(0) \\ f(1) \\ \vdots \\ f(N-1) \end{pmatrix}$$

和

$$\begin{pmatrix} f(0) \\ f(1) \\ \vdots \\ f(N-1) \end{pmatrix} = \frac{1}{N} \begin{pmatrix} W^0 & W^0 & W^0 & \cdots & W^0 \\ W^0 & W^{-1\times 1} & W^{-2\times 1} & \cdots & W^{-(N-1)\times 1} \\ \vdots & \vdots & \vdots & & \vdots \\ W^0 & W^{-1\times(N-1)} & W^{-2\times(N-1)} & \cdots & W^{-(N-1)\times(N-1)} \end{pmatrix} \begin{pmatrix} F(0) \\ F(1) \\ \vdots \\ F(N-1) \end{pmatrix}$$

例 7.11　求序列 $f(n)=\cos\left(\dfrac{\pi}{2}n\right)(n=0,1,2,3)$ 的离散 Fourier 变换.

解　由 $N=4$ 得 $W=\mathrm{e}^{-\mathrm{i}\frac{\pi}{2}}=-\mathrm{i}$,于是

$$\begin{pmatrix} F(0) \\ F(1) \\ F(2) \\ F(3) \end{pmatrix} = \begin{pmatrix} W^0 & W^0 & W^0 & W^0 \\ W^0 & W^1 & W^2 & W^3 \\ W^0 & W^2 & W^4 & W^6 \\ W^0 & W^3 & W^6 & W^9 \end{pmatrix} \begin{pmatrix} f(0) \\ f(1) \\ f(2) \\ f(3) \end{pmatrix}$$

$$= \begin{pmatrix} 1 & 1 & 1 & 1 \\ 1 & -\mathrm{i} & -1 & \mathrm{i} \\ 1 & -1 & 1 & -1 \\ 1 & \mathrm{i} & -1 & -\mathrm{i} \end{pmatrix} \begin{pmatrix} 1 \\ 0 \\ -1 \\ 0 \end{pmatrix} = \begin{pmatrix} 0 \\ 2 \\ 0 \\ 2 \end{pmatrix}$$

离散 Fourier 变换具有如下一些基本性质.

(1) 线性性质.

设 $f_1(n)(n=0,1,2,\cdots,N_1-1)$ 和 $f_2(n)(n=0,1,2,\cdots,N_2-1)$ 分别是长度为 N_1 和 N_2 的有限序列,$N=\max\{N_1,N_2\}$,将 $f_1(n)$ 和 $f_2(n)$ 补零延拓为长度均为 N,即 $N_i-1<n\leqslant N-1$ 时,$f_i(n)=0(i=1,2)$. 如果 α,β 是常数,并且

$$F_{\alpha f_1+\beta f_2}(k) = \mathrm{DFT}[\alpha f_1(n) + \beta f_2(n)]$$
$$F_1(k) = \mathrm{DFT}[f_1(n)]$$
$$F_2(k) = \mathrm{DFT}[f_2(n)]$$

则 $F_{\alpha f_1+\beta f_2}(k)=\alpha F_1(k)+\beta F_2(k),k=0,1,2,\cdots,N-1$.

线性性质可由离散 Fourier 变换的定义直接证明.

(2) 卷积定理.

设 $f_1(n)$ 和 $f_2(n)(n=0,1,2,\cdots,N-1)$ 是长度为 N 的有限序列,将序列 $f_1(n)$ 和 $f_2(n)$ 补零延拓为 $(f_1 * f_2)(n)$ 的长度 $2N-1$,仍记为 $f_1(n)$ 和 $f_2(n)$. 如果

$$F_i(k) = \mathrm{DFT}[f_i(n)](i=1,2),$$
$$F(k) = \mathrm{DFT}[(f_1 * f_2)(n)], \qquad k = 0,1,2,\cdots,2N-2$$

则

$$F(k) = F_1(k)F_2(k), \qquad k = 0,1,2,\cdots,2N-2$$

证明　对 $k=0,1,2,\cdots,2N-2$,根据离散 Fourier 变换和有限序列卷积的定义,取 $W = \mathrm{e}^{-\mathrm{i}\frac{2\pi}{2N-1}}$,于是

$$F(k) = \mathrm{DFT}[(f_1 * f_2)(n)]$$

$$= \sum_{n=0}^{2N-2} \Big(\sum_{m=0}^{2N-2} f_1(m)f_2(n-m) \Big) W^{nk}$$

$$= \sum_{m=0}^{2N-2} f_1(m)W^{mk} \sum_{n=0}^{2N-2} f_2(n-m)W^{(n-m)k}$$

由于 $f_1(n)$ 和 $f_2(n)$ 的实际长度为 N,所以

$$F(k) = \sum_{m=0}^{N-1} f_1(m)W^{mk} \sum_{n=m}^{2N-2} f_2(n-m)W^{(n-m)k}$$

$$= \sum_{m=0}^{N-1} f_1(m)W^{mk} \sum_{\tau=0}^{2N-2-m} f_2(\tau)W^{\tau k}$$

$$= \sum_{m=0}^{N-1} f_1(m)W^{mk} \sum_{\tau=0}^{N-1} f_2(\tau)W^{\tau k}$$

$$= \sum_{m=0}^{2N-2} f_1(m)W^{mk} \sum_{\tau=0}^{2N-2} f_2(\tau)W^{\tau k}$$

$$= F_1(k)F_2(k)$$

例 7.12　设 $f_1(n)=\{1,0\}, f_2(n)=\Big\{1,\dfrac{1}{2}\Big\}(n=0,1)$. 求 $F(k)=\mathrm{DFT}[(f_1 * f_2)$
$(n)], k=0,1,2$.

解　取 $N=2$,将序列 $f_1(n)$ 和 $f_2(n)$ 按长度为 3 补零延拓为 $f_1(n)=\{1,0,0\}$ 和 $f_2(n)=\Big\{1,\dfrac{1}{2},0\Big\}$. 容易求出

$$F_1(k) = \{1,1,1\}$$

$$F_2(k) = \Big\{ \frac{3}{2}, \frac{1}{4}(3-\mathrm{i}\sqrt{3}), \frac{1}{4}(3+\mathrm{i}\sqrt{3}) \Big\}$$

所以根据卷积定理可得

$$F(k) = \Big\{ \frac{3}{2}, \frac{1}{4}(3-\mathrm{i}\sqrt{3}), \frac{1}{4}(3+\mathrm{i}\sqrt{3}) \Big\}, \qquad k = 0,1,2$$

7.2.2　快速 Fourier 变换

快速 Fourier 变换(FFT)是 DFT 的快速算法,其运算次数比按 DFT 的定义直接计算显著减少. 考虑 DFT 定义中矩阵

$$\begin{pmatrix} W^0 & W^0 & W^0 & \cdots & W^0 \\ W^0 & W^{1\times1} & W^{2\times1} & \cdots & W^{(N-1)\times1} \\ \vdots & \vdots & \vdots & & \vdots \\ W^0 & W^{1\times(N-1)} & W^{2\times(N-1)} & \cdots & W^{(N-1)\times(N-1)} \end{pmatrix}$$

矩阵中的元素 W^{nk} 具有周期性，即 $W^{nk}=W^{n(k+N)}=W^{(n+N)k}$，并且当 N 为偶数时，$W^{k+\frac{N}{2}}=W^k \mathrm{e}^{-\mathrm{i}\frac{2\pi}{N}\frac{N}{2}}=-W^k$.

下面设 $N=2^\beta$（β 为正整数），$f(n)(n=0,1,2,\cdots,N-1)$ 是长度为 N 的序列. 为表示方便,下面记矩阵中的元素为 W_N^{nk}. 于是在 DFT 中按 n 为偶数或奇数分解成两部分之和,即

$$F(k)=\sum_{n=0}^{N-1} f(n)W_N^{nk}$$

$$=\sum_{r=0}^{\frac{N}{2}-1} f(2r)W_N^{2rk}+\sum_{r=0}^{\frac{N}{2}-1} f(2r+1)W_N^{(2r+1)k}$$

$$=\sum_{r=0}^{\frac{N}{2}-1} f(2r)(W_N^2)^{rk}+W_N^k\sum_{r=0}^{\frac{N}{2}-1} f(2r+1)(W_N^2)^{rk}$$

$$k=0,1,2,\cdots,N-1$$

由于 $W_N^2=\mathrm{e}^{-\mathrm{i}\frac{2\pi}{N}\times2}=\mathrm{e}^{-\mathrm{i}\frac{2\pi}{N/2}}=W_{N/2}$，所以

$$F(k)=\sum_{r=0}^{\frac{N}{2}-1} f(2r)W_{N/2}^{rk}+W_N^k\sum_{r=0}^{\frac{N}{2}-1} f(2r+1)W_{N/2}^{rk},\qquad k=0,1,2,\cdots,N-1$$

记

$$G(k)=\sum_{r=0}^{\frac{N}{2}-1} f(2r)W_{N/2}^{rk},$$

$$H(k)=\sum_{r=0}^{\frac{N}{2}-1} f(2r+1)W_{N/2}^{rk},\qquad k=0,1,2,\cdots,N-1$$

于是

$$F(k)=G(k)+W_N^k H(k),\qquad k=0,1,2,\cdots,N-1$$

因为周期性,所以

$$G\left(k+\frac{N}{2}\right)=G(k),\qquad H\left(k+\frac{N}{2}\right)=H(k)$$

$$W_N^{k+\frac{N}{2}}=-W_N^k,\qquad k=0,1,2,\cdots,\frac{N}{2}-1$$

于是只需在 $k=0,1,2,\cdots,\frac{N}{2}-1$ 时计算 $G(k),H(k)$. 这表明求长度为 N 的序列

DFT 可分解为求两个长度为 $N/2$ 的序列 DFT. 对 $G(k)$, $H(k)$, 又可以按 r 为偶数或奇数, 分解为求四个长度为 $N/4$ 的序列 DFT, 并且在计算时可以应用周期性. 最终分解为求 $N=2^p$ 个长度为 1 的序列 DFT.

下面以 $N=8$ 的 DFT 为例, 如果直接进行 DFT, 为求 $F(k)$ 的每一个值, 需要做 8 次复数乘法和 7 次复数加法运算. 计算 $F(k)$ 的 8 个值, 就需要做 64 次复数乘法和 56 次复数加法运算. 因此, 计算 N 个点的 DFT, 需要 N^2 次复数乘法和 $N(N-1)$ 次复数加法运算, 随着 N 的增加, 直接进行 DFT 的计算量急剧增加. 如果利用 FFT, 则有

$$F(0) = G(0) + W_8^0 H(0)$$
$$F(1) = G(1) + W_8^1 H(1)$$
$$F(2) = G(2) + W_8^2 H(2)$$
$$F(3) = G(3) + W_8^3 H(3)$$
$$F(4) = G(4) + W_8^4 H(4)$$
$$F(5) = G(5) + W_8^5 H(5)$$
$$F(6) = G(6) + W_8^6 H(6)$$
$$F(7) = G(7) + W_8^7 H(7)$$

其中 $G(k)$, $H(k)$ 都是长度为 4 的 DFT, 并且 $G(k+4)=G(k)$, $H(k+4)=H(k)$, 再考虑到 $W_8^{k+4}=-W_8^k (0 \leqslant k \leqslant 3)$, 所以

$$F(0) = G(0) + W_8^0 H(0)$$
$$F(1) = G(1) + W_8^1 H(1)$$
$$F(2) = G(2) + W_8^2 H(2)$$
$$F(3) = G(3) + W_8^3 H(3)$$
$$F(4) = G(0) - W_8^0 H(0)$$
$$F(5) = G(1) - W_8^1 H(1)$$
$$F(6) = G(2) - W_8^2 H(2)$$
$$F(7) = G(3) - W_8^3 H(3)$$

其运算量为复数乘法 $\dfrac{N}{2}\log_2 N = 12$ 次, 复数加法 $N\log_2 N = 24$ 次. 随着 N 的增加, FFT 计算量的增加要比直接进行 DFT 计算量的增加要少的很多.

7.3　Fourier 变换的应用

在 7.2 节中已经通过一些例子介绍了 Fourier 变换在频谱分析中的应用. 下面我们再给出一个讨论在信息传输中不失真问题的例子.

例 7.13　任何信息的传输, 不论是电话、电视、无线电通信, 一个基本问题是

要求不失真地传输信号,所谓信号不失真是指输出信号与输入信号相比,只是大小和出现时间不同,而没有波形上的变化. 设输入信号为 $f(t)$,输出信号为 $g(t)$,信号不失真的条件就是

$$g(t) = Kf(t-t_0) \tag{7-5}$$

其中 K 为常数,t_0 是滞后时间. 从频率响应来看,为了使信号不失真. 应该对电路的传输函数 $H(\omega)$ 提出一定的条件.

设 $F(\omega)$ 和 $G(\omega)$ 分别是输入信号 $f(t)$ 和输出信号 $g(t)$ 的 Fourier 变换,于是根据式(7-5),利用 Fourier 变换的时移性质可得 $G(\omega) = Ke^{-i\omega t_0}F(\omega)$. 所以要求传输函数 $H(\omega) = Ke^{-i\omega t_0}$,这说明,如果要求信号通过线性电路时不产生任何失真,在信号的全部通频带内电路的频率响应必须具有恒定的幅度特性和线性的位相特性.

最后我们介绍应用 Fourier 变换求解某些数学物理方程的方法. 在应用 Fourier 变换求解数学物理方程时,首先将未知函数看做某个自变量的一元函数,对方程两端取 Fourier 变换,把偏微分方程转化成未知函数为像函数的常微分方程,再利用所给的条件求解常微分方程,求出像函数后,再求 Fourier 逆变换.

例 7.14　求解半平面 $y>0$ 上膜平衡 Laplace 方程的 Dirichlet 问题

$$\frac{\partial^2 u}{\partial x^2} + \frac{\partial^2 u}{\partial y^2} = 0, \qquad -\infty < x < +\infty, y > 0 \tag{7-6}$$

$$u(x,0) = f(x), \qquad -\infty < x < +\infty \tag{7-7}$$

其中 $|x| \to \infty$ 时 $u \to 0, \dfrac{\partial u}{\partial x} \to 0$.

解　设 $U(\omega,y) = \mathscr{F}[u(x,y)]$,即 $U(\omega,y)$ 是 $u(x,y)$ 作为 x 的一元函数的 Fourier 变换,再设 $F(\omega) = \mathscr{F}[f(x)]$. 因为当 $|x| \to \infty$ 时,$u \to 0, \dfrac{\partial u}{\partial x} \to 0$,所以由 Fourier 变换的微分性质,可知

$$\mathscr{F}\left[\frac{\partial^2 u}{\partial x^2}\right] = (i\omega)^2 \mathscr{F}[u(x,y)] = -\omega^2 U(\omega,y)$$

又因为

$$\mathscr{F}\left[\frac{\partial^2 u}{\partial y^2}\right] = \int_{-\infty}^{+\infty} \frac{\partial^2 u(x,y)}{\partial y^2} e^{-i\omega x} dx = \frac{\partial^2 U(\omega,y)}{\partial y^2}$$

故对方程(7-6)两端取 Fourier 变换,得 $U_{yy} - \omega^2 U = 0$,这是一个以 ω 为参数的二阶常微分方程,求其解为 $U(\omega,y) = A(\omega)e^{\omega y} + B(\omega)e^{-\omega y}$.

由于 $|y| \to \infty$ 时 $u \to 0$,可知 $U(\omega,y) \to 0$. 所以:

当 $\omega>0$ 时,$A(\omega)=0, B(\omega)=U(\omega,0)$;

当 $\omega<0$ 时,$B(\omega)=0, A(\omega)=U(\omega,0)$.

于是 $U(\omega,y) = U(\omega,0)e^{-|\omega|y}$. 对式(7-7)两端取 Fourier 变换得,

$$U(\omega,0) = F(\omega)$$

因此 $U(\omega,y)=F(\omega)\mathrm{e}^{-|\omega|y}(y>0)$. 再求 Fourier 逆变换得到所求的 Laplace 方程 Dirichlet 问题的解为

$$u(x,y)=\frac{1}{2\pi}\int_{-\infty}^{+\infty}\mathrm{e}^{-|\omega|y}F(\omega)\mathrm{e}^{\mathrm{i}\omega x}\mathrm{d}\omega$$

$$=\frac{1}{2\pi}\int_{-\infty}^{+\infty}\mathrm{e}^{-|\omega|y}\left[\int_{-\infty}^{+\infty}f(t)\mathrm{e}^{-\mathrm{i}\omega t}\mathrm{d}t\right]\mathrm{e}^{\mathrm{i}\omega x}\mathrm{d}\omega$$

$$=\frac{1}{2\pi}\int_{-\infty}^{+\infty}f(t)\left[\int_{-\infty}^{+\infty}\mathrm{e}^{\mathrm{i}\omega(x-t)-|\omega|y}\mathrm{d}\omega\right]\mathrm{d}t$$

$$=\frac{y}{\pi}\int_{-\infty}^{+\infty}\frac{f(t)}{y^2+(x-t)^2}\mathrm{d}t\quad(y>0)$$

例 7.15　求解沿无限长杆的热传导方程的初值问题

$$\frac{\partial u}{\partial t}-\frac{\partial^2 u}{\partial x^2}=0,\qquad -\infty<x<+\infty,t>0 \tag{7-8}$$

$$u(x,0)=f(x),\qquad -\infty<x<+\infty \tag{7-9}$$

其中 $|x|\to\infty$ 时，$u\to0,\dfrac{\partial u}{\partial x}\to0$.

解　设 $U(\omega,t)=\mathscr{F}[u(x,t)]$，$F(\omega)=\mathscr{F}[f(x)]$. 对式(7-8)和式(7-9)两端取 Fourier 变换得，

$$U_t+\omega^2 U=0,\qquad U(\omega,0)=F(\omega)$$

求解这个一阶常微分方程初值问题得

$$U(\omega,t)=F(\omega)\mathrm{e}^{-\omega^2 t}\qquad(t>0)$$

由例 7.1 可知 $\mathscr{F}^{-1}[\mathrm{e}^{-\omega^2 t}]=\dfrac{1}{2\sqrt{\pi t}}\mathrm{e}^{-\frac{x^2}{4t}}$，于是利用卷积性质得到热传导方程初值问题的解为

$$u(x,t)=\mathscr{F}^{-1}[F(\omega)\mathrm{e}^{-\omega^2 t}]$$

$$=f(x)*\frac{1}{2\sqrt{\pi t}}\mathrm{e}^{-\frac{x^2}{4t}}$$

$$=\frac{1}{2\sqrt{\pi t}}\int_{+\infty}^{+\infty}f(\tau)\mathrm{e}^{-\frac{(x-\tau)^2}{4t}}\mathrm{d}\tau\quad(t>0)$$

例 7.16　求解无限长弦自由振动的初值问题

$$\frac{\partial^2 u}{\partial t^2}-a^2\frac{\partial^2 u}{\partial x^2}=0,\qquad -\infty<x<+\infty,t>0,a>0 \tag{7-10}$$

$$u(x,0)=f(x),\qquad -\infty<x<+\infty \tag{7-11}$$

$$\frac{\partial u(x,0)}{\partial t}=0,\qquad -\infty<x<+\infty \tag{7-12}$$

其中 $|x|\to\infty$ 时，$u\to0,\dfrac{\partial u}{\partial x}\to0$.

解　设 $U(\omega,t)=\mathscr{F}[u(x,t)]$，$F(\omega)=\mathscr{F}[f(x)]$. 对式(7-10)两端取 Fourier 变换得，

$$U_{tt}+a^2\omega^2 U=0$$

再对式(7-11)和式(7-12)两端取 Fourier 变换得，

$$U(\omega,0)=F(\omega),\qquad U_t(\omega,0)=0$$

求解这个二阶常微分方程初值问题得

$$U(\omega,t)=\frac{1}{2}F(\omega)e^{ia\omega t}+\frac{1}{2}F(\omega)e^{-ia\omega t}$$

再求 Fourier 逆变换得

$$
\begin{aligned}
u(x,t)&=\frac{1}{2\pi}\int_{-\infty}^{+\infty}U(\omega,t)e^{i\omega x}\,d\omega\\
&=\frac{1}{2\pi}\int_{-\infty}^{+\infty}\frac{1}{2}F(\omega)e^{ia\omega t}e^{i\omega x}\,d\omega+\frac{1}{2\pi}\int_{-\infty}^{+\infty}\frac{1}{2}F(\omega)e^{-ia\omega t}e^{i\omega x}\,d\omega\\
&=\frac{1}{2\pi}\int_{-\infty}^{+\infty}\frac{1}{2}F(\omega)e^{i\omega(x+at)}\,d\omega+\frac{1}{2\pi}\int_{-\infty}^{+\infty}\frac{1}{2}F(\omega)e^{i\omega(x-at)}\,d\omega
\end{aligned}
$$

根据 Fourier 逆变换的定义，

$$\frac{1}{2\pi}\int_{-\infty}^{+\infty}F(\omega)e^{i\omega(x+at)}\,d\omega=f(x+at)$$

$$\frac{1}{2\pi}\int_{-\infty}^{+\infty}F(\omega)e^{i\omega(x-at)}\,d\omega=f(x-at)$$

所以无限长弦自由振动的初值问题解为

$$u(x,t)=\frac{1}{2}\left[f(x+at)+f(x-at)\right]$$

习　题　7

1. 求下列函数的 Fourier 变换：

(1) $f(t)=\begin{cases}t,&|t|\leqslant\dfrac{\pi}{2}\\[2mm]0,&|t|>\dfrac{\pi}{2}\end{cases}$；

(2) $f(t)=\begin{cases}1,&|t|\leqslant1\\2-|t|,&1<|t|\leqslant2.\\0,&\text{其他}\end{cases}$

2. 证明下列等式，其中 $\beta>0,b$ 为实常数：

(1) $\mathscr{F}^{-1}\left[\dfrac{\pi}{\beta}e^{-\beta|\omega|}\right]=\dfrac{1}{\beta^2+t^2}$；

(2) $\mathscr{F}\left[\dfrac{t}{(\beta^2+t^2)^2}\right]=-\dfrac{i\omega\pi}{2\beta}e^{-\beta|\omega|}$；

(3) $\mathscr{F}\left[\dfrac{e^{ibt}}{\beta^2+t^2}\right]=\dfrac{\pi}{\beta}e^{-\beta|\omega-b|}$；

(4) $\mathscr{F}\left[\dfrac{\cos bt}{\beta^2+t^2}\right]=\dfrac{\pi}{2\beta}\left(e^{-\beta|\omega+b|}+e^{-\beta|\omega-b|}\right)$;

(5) $\mathscr{F}\left[\dfrac{\sin bt}{\beta^2+t^2}\right]=\dfrac{i\pi}{2\beta}\left(e^{-\beta|\omega+b|}+e^{-\beta|\omega-b|}\right)$;

(6) $\mathscr{F}\left[\dfrac{te^{-i\omega_0 t}}{(\beta^2+t^2)^2}\right]=-\dfrac{i(\omega+\omega_0)\pi}{2\beta}e^{-\beta|\omega+\omega_0|}$.

3. 求下列函数的 Fourier 变换:

(1) $f(t)=\sin t\cos t$;

(2) $f(t)=\dfrac{1}{2}\left[\delta(t+a)+\delta(t-a)+\delta\left(t+\dfrac{a}{2}\right)+\delta\left(t-\dfrac{a}{2}\right)\right]$;

(3) $f(t)=\sin\left(5t+\dfrac{\pi}{3}\right)$.

4. 用 Fourier 变换解下列偏微分方程的边值问题:

(1) $\dfrac{\partial^2 u}{\partial t^2}=a^2\dfrac{\partial^2 u}{\partial x^2}$, $-\infty<x<+\infty, t>0$,

$u(x,0)=f(x)$, $u_t(x,0)=g(x)$, $-\infty<x<+\infty$;

(2) $\dfrac{\partial^2 u}{\partial t^2}=a^2\dfrac{\partial^3 u}{\partial x^3}$, $-\infty<x<+\infty, t>0$,

$u(x,0)=f(x)$, $u_t(x,0)=0$, $-\infty<x<+\infty$;

(3) $\dfrac{\partial^2 u}{\partial x^2}+\dfrac{\partial^2 u}{\partial y^2}=0$, $-\infty<x<+\infty, -\infty<y<+\infty$,

$u_y(x,0)=\begin{cases}-u_0, & 0<|x|<c \\ 0, & |x|>c\end{cases}$,并且当 $y\to 0$ 时,$u(x,y)\to 0$;

(4) $\dfrac{\partial u}{\partial t}=\dfrac{\partial^2 u}{\partial x^2}+tu$, $-\infty<x<+\infty, t>0$,

$u(x,0)=f(x)$,$u(x,t)$有界.

第 8 章 Laplace 变换

前一章介绍的 Fourier 变换在许多领域中发挥着重要的作用,但是在通常意义下,Fourier 变换存在的条件需要实函数 $f(t)$ 在 $(-\infty,+\infty)$ 上绝对可积. 很多常见的初等函数(例如,常数函数、多项式函数、正弦与余弦函数等)都不满足这个要求. 另外,很多以时间 t 为自变量的函数,当 $t<0$ 时,往往没有定义,或者不需要知道 $t<0$ 的情况. 因此,Fourier 变换在实际应用中受到一些限制. 当函数 $f(t)$ 在 $t<0$ 时没有定义或者不需要知道时,可以认为当 $t<0$ 时,$f(t)\equiv0$. 这时,Fourier 变换的表达式为

$$\mathscr{F}[f(t)] = \int_0^{+\infty} f(t)\mathrm{e}^{-\mathrm{i}\omega t}\,\mathrm{d}t$$

但是仍然需要 $f(t)$ 在 $[0,+\infty)$ 上绝对可积的条件,这个要求限制了它的应用.

对定义在 $[0,+\infty)$ 上的函数 $f(t)$,如果考虑 $f_1(t)=f(t)\mathrm{e}^{-\beta t}(\beta>0)$,那么 $f_1(t)$ 容易满足在 $[0,+\infty)$ 上绝对可积的要求. 例如,$f(t)$ 为常数、多项式、正弦与余弦函数时,$f_1(t)=f(t)\mathrm{e}^{-\beta t}(\beta>0)$ 都在 $[0,+\infty)$ 上绝对可积. 这是因为 $t\to+\infty$ 时,$\mathrm{e}^{-\beta t}$ 是衰减速度很快的函数,称它为指数衰减函数. 如果 $\beta>0$ 取得适当大,那么

$$f_1(t) = \begin{cases} f(t)\mathrm{e}^{-\beta t}, & t\geqslant0 \\ 0, & t<0 \end{cases}$$

的 Fourier 变换可能有意义. $f_1(t)$ 的 Fourier 变换可表示为

$$\int_0^{+\infty} f(t)\mathrm{e}^{-\beta t}\mathrm{e}^{-\mathrm{i}\omega t}\,\mathrm{d}t = \int_0^{+\infty} f(t)\mathrm{e}^{-(\beta+\mathrm{i}\omega)t}\,\mathrm{d}t \qquad (8\text{-}1)$$

将式(8-1)中的 $\beta+\mathrm{i}\omega$ 记为 s,即 $s=\beta+\mathrm{i}\omega$,则式(8-1)可写成

$$F(s) = \int_0^{+\infty} f(t)\mathrm{e}^{-st}\,\mathrm{d}t$$

这就是本章要讨论的 Laplace 变换. Laplace 变换放宽了对函数的限制并使之更适合工程实际,并且仍保留 Fourier 变换中许多好的性质,而且某些性质(如微分性质、卷积等)比 Fourier 变换更实用、更方便.

8.1　Laplace 变换的概念

8.1.1　Laplace 变换的定义

定义 8.1 设 $f(t)$ 在 $t\geqslant0$ 上有定义,且积分 $F(s) = \int_0^{+\infty} f(t)\mathrm{e}^{-st}\,\mathrm{d}t$ (s 是复参

变量)关于某一范围内的 s 收敛,则由这个积分确定的函数

$$F(s) = \int_0^{+\infty} f(t)\mathrm{e}^{-st}\,\mathrm{d}t \tag{8-2}$$

称为函数 $f(t)$ 的 Laplace 变换,并记做 $\mathscr{L}[f(t)]$,即

$$\mathscr{L}[f(t)] = F(s) = \int_0^{+\infty} f(t)\mathrm{e}^{-st}\,\mathrm{d}t$$

在式(8-2)中的 $F(s)$ 称为 $f(t)$ 的像函数,$f(t)$ 称为 $F(s)$ 的像原函数.

已知 $F(s)$ 是 $f(t)$ 的 Laplace 变换,则记

$$f(t) = \mathscr{L}^{-1}[F(s)]$$

并称 $f(t)$ 为 $F(s)$ 的 Laplace 逆变换.

例 8.1　求单位阶跃函数

$$u(t) = \begin{cases} 1, & t > 0 \\ 0, & t < 0 \end{cases}$$

的 Laplace 变换.

解　根据 Laplace 变换的定义,当 $\mathrm{Re}s > 0$ 时,

$$\mathscr{L}[u(t)] = \int_0^{+\infty} \mathrm{e}^{-st}\,\mathrm{d}t = -\frac{1}{s}\mathrm{e}^{-st}\Big|_0^{+\infty} = \frac{1}{s}$$

因为在 Laplace 变换中不必考虑 $t < 0$ 时的情况,所以经常记作 $\mathscr{L}[1] = \dfrac{1}{s}$.

例 8.2　求指数函数 $f(t) = \mathrm{e}^{at}$(其中 a 是实数)的 Laplace 变换.

解　根据 Laplace 变换的定义

$$F(s) = \mathscr{L}[f(t)] = \mathscr{L}[\mathrm{e}^{at}] = \int_0^{+\infty} \mathrm{e}^{at}\mathrm{e}^{-st}\,\mathrm{d}t = \int_0^{+\infty} \mathrm{e}^{-(s-a)t}\,\mathrm{d}t$$

这个积分当 $\mathrm{Re}s > a$ 时收敛,且

$$\int_0^{+\infty} \mathrm{e}^{-(s-a)t}\,\mathrm{d}t = \frac{1}{s-a}$$

所以

$$\mathscr{L}[\mathrm{e}^{at}] = \frac{1}{s-a} \qquad (\mathrm{Re}s > a)$$

定理 8.1(Laplace 变换存在定理)　设函数 $f(t)$ 在 $t \geqslant 0$ 的任何有限区间内分段连续,并且当 $t \to +\infty$ 时,$f(t)$ 的增长速度不超过某一指数函数,即存在常数 $M > 0$ 和 $s_0 > 0$,使得在 $[0, +\infty)$ 上,

$$|f(t)| \leqslant M\mathrm{e}^{s_0 t} \tag{8-3}$$

则在半平面 $\mathrm{Re}s > s_0$ 上,$\mathscr{L}[f(t)]$ 存在,且 $F(s) = \mathscr{L}[f(t)]$ 是 s 的解析函数.其中 s_0 称为 $f(t)$ 的增长指数.

证明　由式(8-3),对任何 $\mathrm{Re}s > s_0$ 内的定点 s,$\mathrm{Re}s = \beta > s_0$,故式(8-2)绝对收敛,即

$$\int_0^{+\infty} |f(t)\mathrm{e}^{-st}|\,\mathrm{d}t \leqslant \int_0^{+\infty} M\mathrm{e}^{-\beta t}\mathrm{e}^{s_0 t}\,\mathrm{d}t = M\int_0^{+\infty}\mathrm{e}^{-(\beta-s_0)t}\,\mathrm{d}t = \frac{M}{\beta-s_0}$$

所以在 $\mathrm{Re}s>s_0$ 上，$f(t)$ 的 Laplace 变换存在.

还可以证明在 $\mathrm{Re}s>s_0$ 上，$F'(s)$ 存在，且

$$F'(s) = \int_0^{+\infty}(-t)f(t)\mathrm{e}^{-st}\,\mathrm{d}t$$

简单地讲，定义 Laplace 变换的参变量积分可在积分号下求导数，因此，$F(s)$ 是 $\mathrm{Re}s>s_0$ 上的解析函数. 这涉及有关参变量定积分的一致收敛与积分号下求导问题，这里不进一步讨论.

类似于幂级数中 Abel 定理，有下面定理.

定理 8.2　如果 $\int_0^{+\infty}f(t)\mathrm{e}^{-st}\,\mathrm{d}t$ 在 $s_1=\beta_1+\mathrm{i}\omega_1$ 处收敛，则这个积分在 $\mathrm{Re}s>\beta_1$ 上处处收敛，且由这个积分确定的函数 $F(s)$ 在 $\mathrm{Re}s>\beta_1$ 上解析；如果 $\int_0^{+\infty}f(t)\mathrm{e}^{-st}\,\mathrm{d}t$ 在 $s_2=\beta_2+\mathrm{i}\omega_2$ 处发散，则这个积分在 $\mathrm{Re}s<\beta_2$ 上处处发散.

根据定理 8.2，存在实数 σ（或是 $\pm\infty$），使得在 $\mathrm{Re}s>\sigma$ 上，积分 $\int_0^{+\infty}f(t)\mathrm{e}^{-st}\,\mathrm{d}t$ 收敛；而在 $\mathrm{Re}s<\sigma$ 上，积分 $\int_0^{+\infty}f(t)\mathrm{e}^{-st}\,\mathrm{d}t$ 处处发散. 在收敛区域上，Laplace 变换的像函数 $F(s)=\mathscr{L}[f(t)]$ 是 s 的解析函数.

例 8.3　求 $f(t)=\sin\omega t$ 的 Laplace 变换.

解　因为 $|f(t)|\leqslant 1\cdot\mathrm{e}^0$，故在 $\mathrm{Re}s>0$ 上，Laplace 变换存在，且

$$\int_0^{+\infty}\mathrm{e}^{-st}\sin\omega t\,\mathrm{d}t = \frac{\mathrm{e}^{-st}}{s^2+\omega^2}[-s\sin\omega t-\omega\cos\omega t]\Big|_0^{+\infty} = \frac{\omega}{s^2+\omega^2}$$

于是

$$\mathscr{L}[\sin\omega t] = \frac{\omega}{s^2+\omega^2}\qquad(\mathrm{Re}s>0)$$

使用同样方法，可得

$$\mathscr{L}[\cos\omega t] = \frac{s}{s^2+\omega^2}\qquad(\mathrm{Re}s>0)$$

例 8.4　求 $f(t)=t^\alpha(\alpha>-1)$ 的 Laplace 变换.

解　如果 α 是正整数 m，则由分部积分法，易求得

$$\mathscr{L}[t^m] = \frac{m!}{s^{m+1}}\qquad(\mathrm{Re}s>0)$$

当 $\alpha>-1$ 不是正整数时，利用复变函数论方法，可求出

$$\mathscr{L}[t^\alpha] = \frac{1}{s^{\alpha+1}}\Gamma(\alpha+1)\qquad(\mathrm{Re}s>0)$$

其中 $\Gamma(\alpha+1)=\int_0^{+\infty}x^\alpha\mathrm{e}^{-x}\,\mathrm{d}x$ 是 Γ 函数. 这里不进行详细推导.

8.1.2　周期函数和 δ 函数的 Laplace 变换

设 $f(t)$ 是以 T 为周期的函数,即 $f(t+T)=f(t)(t>0)$,且在一个周期内分段连续,则

$$\mathscr{L}[f(t)] = \int_0^{+\infty} f(t)\mathrm{e}^{-st}\,\mathrm{d}t = \sum_{k=0}^{+\infty}\int_{kT}^{(k+1)T} f(t)\mathrm{e}^{-st}\,\mathrm{d}t$$

令 $t=\tau+kT,\tau\in[0,T)$,则

$$\int_{kT}^{(k+1)T} f(t)\mathrm{e}^{-st}\,\mathrm{d}t = \int_0^T f(\tau+kT)\mathrm{e}^{-s(\tau+kT)}\,\mathrm{d}\tau = \mathrm{e}^{-kTs}\int_0^T f(\tau)\mathrm{e}^{-st}\,\mathrm{d}\tau$$

而当 $\mathrm{Re}s>0$ 时,$|\mathrm{e}^{-Ts}|<1$,所以

$$\sum_{k=0}^{+\infty}\int_{kT}^{(k+1)T} f(t)\mathrm{e}^{-st}\,\mathrm{d}t = \sum_{k=0}^{+\infty}\mathrm{e}^{-kTs}\int_0^T f(t)\mathrm{e}^{-st}\,\mathrm{d}t = \frac{1}{1-\mathrm{e}^{-sT}}\int_0^T f(t)\mathrm{e}^{-st}\,\mathrm{d}t$$

于是

$$\mathscr{L}[f(t)] = \frac{1}{1-\mathrm{e}^{-sT}}\int_0^T f(t)\mathrm{e}^{-st}\,\mathrm{d}t \tag{8-4}$$

这就是周期函数的 Laplace 变换公式.

例 8.5　求全波整流函数 $f(t)=|\sin t|$ 的 Laplace 变换(图 8.1).

解　$f(t)$ 的周期 $T=\pi$,故由公式(8-4)

$$\begin{aligned}
\mathscr{L}[f(t)] &= \frac{1}{1-\mathrm{e}^{-\pi s}}\int_0^\pi \mathrm{e}^{-st}\sin t\,\mathrm{d}t \\
&= \frac{1}{1-\mathrm{e}^{-\pi s}}\left[\frac{\mathrm{e}^{-st}}{s^2+1}(-\sin t-\cos t)\right]\Big|_0^\pi \\
&= \frac{1}{1-\mathrm{e}^{-\pi s}}\times\frac{1+\mathrm{e}^{-\pi s}}{s^2+1} \\
&= \frac{1}{s^2+1}\mathrm{cth}\frac{\pi s}{2}
\end{aligned}$$

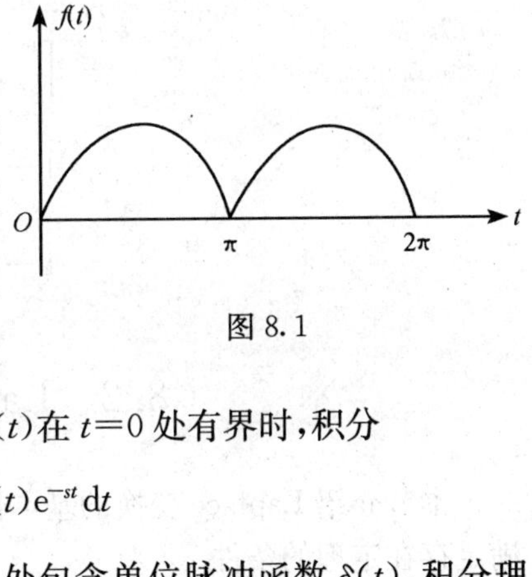

图 8.1

如果满足 Laplace 变换存在条件的函数 $f(t)$ 在 $t=0$ 处有界时,积分

$$\mathscr{L}[f(t)] = \int_0^{+\infty} f(t)\mathrm{e}^{-st}\,\mathrm{d}t$$

的下限取 0^+ 或 0^- 不影响其结果. 如果在 $t=0$ 处包含单位脉冲函数 $\delta(t)$,积分理解为广义函数下的积分时,取 0^+ 与 0^- 是不同的,必须明确 0^+ 或 0^-. 因为

$$\mathscr{L}_+[f(t)] = \int_{0^+}^{+\infty} f(t)\mathrm{e}^{-st}\,\mathrm{d}t$$

$$\mathscr{L}_-[f(t)] = \int_{0^-}^{+\infty} f(t)\mathrm{e}^{-st}\,\mathrm{d}t = \int_{0^-}^{0^+} f(t)\mathrm{e}^{-st}\,\mathrm{d}t + \mathscr{L}_+[f(t)]$$

当 $f(t)$ 在 $t=0$ 附近有界或在通常意义下可积时,$\displaystyle\int_{0^-}^{0^+} f(t)\mathrm{e}^{-st}\,\mathrm{d}t = 0$,即

$$\mathscr{L}_-[f(t)] = \mathscr{L}_+[f(t)]$$

如果在 $t=0$ 处包含了单位脉冲函数时，$\int_{0^-}^{0^+} f(t)\mathrm{e}^{-st}\mathrm{d}t \neq 0$，即

$$\mathscr{L}_-[f(t)] \neq \mathscr{L}_+[f(t)]$$

为了考虑这种情况，把 $t \geqslant 0$ 上定义的函数延拓到 $t<0$ 上，并且把 Laplace 变换定义为

$$\mathscr{L}[f(t)] = \mathscr{L}_-[f(t)] = \int_{0^-}^{+\infty} f(t)\mathrm{e}^{-st}\mathrm{d}t$$

例 8.6 求单位脉冲函数 $\delta(t)$ 的 Laplace 变换.

解 根据

$$\int_{-\infty}^{+\infty} \delta(t)f(t)\mathrm{d}t = f(0)$$

$$\mathscr{L}[\delta(t)] = \mathscr{L}_-[\delta(t)] = \int_{0^-}^{+\infty} \delta(t)\mathrm{e}^{-st}\mathrm{d}t = \int_{-\infty}^{+\infty} \delta(t)\mathrm{e}^{-st}\mathrm{d}t = 1$$

例 8.7 求 $f(t)=\mathrm{e}^{-\beta t}\delta(t)-\beta\mathrm{e}^{-\beta t}u(t)(\beta>0)$ 的 Laplace 变换（其中 $u(t)$ 为单位阶跃函数）.

解 由 Laplace 变换的定义，当 $\mathrm{Re}s>-\beta$ 时，

$$\mathscr{L}[f(t)] = \int_{0^-}^{+\infty} [\mathrm{e}^{-\beta t}\delta(t) - \beta\mathrm{e}^{-\beta t}u(t)]\mathrm{e}^{-st}\mathrm{d}t$$

$$= \int_{0^-}^{+\infty} \delta(t)\mathrm{e}^{-(s+\beta)t}\mathrm{d}t - \beta\int_0^{+\infty} \mathrm{e}^{-(s+\beta)t}\mathrm{d}t$$

$$= 1 + \beta\frac{\mathrm{e}^{-(\beta+s)t}}{s+\beta}\bigg|_0^{+\infty}$$

$$= 1 - \frac{\beta}{s+\beta} = \frac{s}{s+\beta}$$

8.2　Laplace 变换的性质

本节介绍 Laplace 变换的基本性质，假定所考虑的 Laplace 变换的像原函数都满足存在定理的条件.

(1) 线性性质.

设 α,β 是常数，$F_1(s)=\mathscr{L}[f_1(t)]$，$F_2(s)=\mathscr{L}[f_2(t)]$，则

$$\mathscr{L}[\alpha f_1(t) + \beta f_2(t)] = \alpha F_1(s) + \beta F_2(s) = \alpha\mathscr{L}[f_1(t)] + \beta\mathscr{L}[f_2(t)]$$

$$\mathscr{L}^{-1}[\alpha F_1(s) + \beta F_2(s)] = \alpha\mathscr{L}^{-1}[F_1(s)] + \beta\mathscr{L}^{-1}[F_2(s)]$$

这个性质可由 Laplace 变换的定义及积分的线性性质直接得到.

(2) 微分性质.

设 $F(s)=\mathscr{L}[f(t)]$，则 $\mathscr{L}[f'(t)]=sF(s)-f(0)$.

证明 根据 Laplace 变换的定义和分部积分公式

$$\mathscr{L}[f'(t)] = \int_0^{+\infty} f'(t)\mathrm{e}^{-st}\,\mathrm{d}t$$

$$= f(t)\mathrm{e}^{-st}\Big|_0^{+\infty} + s\int_0^{+\infty} f(t)\mathrm{e}^{-st}\,\mathrm{d}t$$

$$= s\mathscr{L}[f(t)] - f(0)$$

$$= sF(s) - f(0) \quad (\mathrm{Re}s > s_0)$$

推论 对自然数 n,有

$$\mathscr{L}[f^{(n)}(t)] = s^n F(s) - s^{n-1}f(0) - \cdots - f^{(n-1)}(0)$$

特别地,当 $f(0)=f'(0)=\cdots=f^{(n-1)}(0)=0$ 时,

$$\mathscr{L}[f^{(n)}(t)] = s^n F(s)$$

在这个性质中,要求 $f^{(k)}(t)$ 存在且满足 Laplace 变换存在定理的条件 $(1 \leqslant k \leqslant n)$.

例 8.8 求 $f(t)=\cos\omega t$ 的 Laplace 变换.

解 因为 $f(0)=1, f'(0)=0, f''(t)=-\omega^2\cos\omega t$,根据微分性质,有

$$\mathscr{L}[-\omega^2\cos\omega t] = s^2\mathscr{L}[\cos\omega t] - sf(0) - f'(0)$$

再由线性性质

$$-\omega^2\mathscr{L}[\cos\omega t] = s^2\mathscr{L}[\cos\omega t] - s$$

所以

$$\mathscr{L}[\cos\omega t] = \frac{s}{s^2+\omega^2}$$

使用同样方法,可得

$$\mathscr{L}[\sin\omega t] = \frac{\omega}{s^2+\omega^2}$$

在例 8.3 中已经求出了函数 $\cos\omega t$ 和 $\sin\omega t$ 的 Laplace 变换,这里采用了不同的方法.

例 8.9 求 $f(t)=t^2+\sin\omega t$ 的 Laplace 变换.

解 根据线性性质与例 8.8 及例 8.4,有

$$\mathscr{L}[t^2+\sin\omega t] = \mathscr{L}[t^2] + \mathscr{L}[\sin\omega t] = \frac{2!}{s^3} + \frac{\omega}{s^2+\omega^2}$$

利用这些性质也容易求出当 m 是正整数时,

$$\mathscr{L}[t^m] = \frac{m!}{s^{m+1}}$$

参见例 8.4.

设 $f(t)=t^m$,则 $f(0)=f'(0)=\cdots=f^{(m-1)}(0)=0$,而 $f^{(m)}(t)=m!$,$\mathscr{L}[1]=\frac{1}{s}$,故

$$m!\mathscr{L}[1] = s^m\mathscr{L}[t^m]$$

于是

$$\mathscr{L}[t^m] = \frac{m!}{s^{m+1}}$$

(3) 像函数的微分性质.

设 $F(s) = \mathscr{L}[f(t)]$，则

$$F'(s) = -\mathscr{L}[tf(t)] \qquad (8\text{-}5)$$

一般地，对自然数 n，有

$$F^{(n)}(s) = (-1)^n \mathscr{L}[t^n f(t)]$$

证明　对 $F(s) = \int_0^{+\infty} f(t)\mathrm{e}^{-st}\mathrm{d}t$ 在积分号下求导数，则得式(8-5).

例 8.10　求 $f(t) = t\sin\omega t$ 的 Laplace 变换.

解　根据性质(3)与例 8.8

$$\mathscr{L}[t\sin\omega t] = -\frac{\mathrm{d}}{\mathrm{d}s}\mathscr{L}[\sin\omega t] = -\frac{\mathrm{d}}{\mathrm{d}s}\left(\frac{\omega}{s^2+\omega^2}\right) = \frac{2\omega s}{(s^2+\omega^2)^2}$$

使用同样方法，可得

$$\mathscr{L}[t\cos\omega t] = -\frac{\mathrm{d}}{\mathrm{d}s}\mathscr{L}[\cos\omega t] = \frac{s^2-\omega^2}{(s^2+\omega^2)^2}$$

(4) 积分性质.

设 $F(s) = \mathscr{L}[f(t)]$，则

$$\mathscr{L}\left[\int_0^t f(t)\mathrm{d}t\right] = \frac{1}{s}F(s) \qquad (8\text{-}6)$$

证明　设 $\varphi(t) = \int_0^t f(t)\mathrm{d}t$，则 $\varphi'(t) = f(t)$，$\varphi(0) = 0$，故由微分性质(2)

$$\mathscr{L}[f(t)] = s\mathscr{L}\left[\int_0^t f(t)\mathrm{d}t\right] - \varphi(0)$$

故得式(8-6).

一般地，对 n 次积分有

$$\mathscr{L}\left[\int_0^t \mathrm{d}t\int_0^t \mathrm{d}t\cdots\int_0^t f(t)\mathrm{d}t\right] = \frac{1}{s^n}F(s)$$

(5) 位移性质.

设 $F(s) = \mathscr{L}[f(t)]$，则

$$\mathscr{L}[\mathrm{e}^{at}f(t)] = F(s-a) \qquad (\mathrm{Re}(s-a) > s_0)$$

其中 s_0 是 $f(t)$ 的增长指数.

证明　根据定义，有

$$\mathscr{L}[\mathrm{e}^{at}f(t)] = \int_0^{+\infty} \mathrm{e}^{at}f(t)\mathrm{e}^{-st}\mathrm{d}t = \int_0^{+\infty} f(t)\mathrm{e}^{-(s-a)t}\mathrm{d}t = F(s-a)$$

例 8.11　求 $\mathscr{L}[t\mathrm{e}^{at}\sin at]$ 和 $\mathscr{L}[t\mathrm{e}^{at}\cos at]$.

解　由例 8.10

$$\mathscr{L}[t\sin at] = \frac{2as}{(s^2 + a^2)^2}$$

故根据性质(5)，得

$$\mathscr{L}[te^{at}\sin at] = \frac{2a(s-a)}{[(s-a)^2 + a^2]^2}$$

使用同样方法，可得

$$\mathscr{L}[te^{at}\cos at] = \frac{(s-a)^2 - a^2}{[(s-a)^2 + a^2]^2} = \frac{s(s-2a)}{[(s-a)^2 + a^2]^2}$$

例 8.12　求 $\mathscr{L}\left[\int_0^t te^{at}\sin at\,dt\right]$.

解　根据例 8.11 与积分性质

$$\mathscr{L}\left[\int_0^t te^{at}\sin at\,dt\right] = \frac{2a(s-a)}{s[(s-a)^2 + a^2]^2}$$

使用同样方法，可得

$$\mathscr{L}\left[\int_0^t te^{at}\cos at\,dt\right] = \frac{s-2a}{[(s-a)^2 + a^2]^2}$$

(6) 像函数的积分性质.

设 $F(s) = \mathscr{L}[f(t)]$，$\lim\limits_{t\to 0^+}\dfrac{f(t)}{t}$ 存在，且积分 $\int_s^{+\infty} F(u)\,du$ 收敛，则

$$\int_s^{+\infty} F(u)\,du = \mathscr{L}\left[\frac{f(t)}{t}\right] \tag{8-7}$$

证明　为了简便，u 取在正实轴，从 s 变到 $+\infty$，则

$$\int_s^{+\infty} F(u)\,du = \int_s^{+\infty} du \int_0^{+\infty} f(t)e^{-ut}\,dt = \int_0^{+\infty} f(t)\,dt \int_s^{+\infty} e^{-ut}\,du$$

$$= \int_0^{+\infty} f(t)\left[-\frac{e^{-ut}}{t}\Big|_s^{+\infty}\right]dt = \int_0^{+\infty} \frac{f(t)}{t}e^{-st}\,dt$$

$$= \mathscr{L}\left[\frac{f(t)}{t}\right]$$

推论　如果积分 $\int_0^{+\infty}\dfrac{f(t)}{t}\,dt$ 收敛，则有

$$\int_0^{+\infty} \frac{f(t)}{t}\,dt = \int_0^{+\infty} F(s)\,ds \tag{8-7}'$$

事实上，对式(8-7)，令 $s\to 0^+$ 即可.

例 8.13　求 $f(t) = \dfrac{\sin t}{t}$ 的 Laplace 变换，并求积分 $\int_0^{+\infty}\dfrac{\sin t}{t}\,dt$.

解　由例 8.3 已知 $\mathscr{L}[\sin t] = \dfrac{1}{s^2 + 1}$，故由式(8-7)，

$$\mathscr{L}\left[\frac{\sin t}{t}\right] = \int_s^{+\infty} \frac{1}{s^2+1} \mathrm{d}s = \frac{\pi}{2} - \arctan s$$

再利用式(8-7)′

$$\int_0^{+\infty} \frac{\sin t}{t} \mathrm{d}t = \int_0^{+\infty} \frac{1}{s^2+1} \mathrm{d}s = \frac{\pi}{2}$$

(7) 延迟性质.

设 $F(s) = \mathscr{L}[f(t)]$, 当 $t<0$ 时, $f(t)=0$, 则对任何非负实数 τ, 有

$$\mathscr{L}[f(t-\tau)] = \mathrm{e}^{-s\tau}F(s) \tag{8-8}$$

证明 根据定义,

$$\mathscr{L}[f(t-\tau)] = \int_0^{+\infty} f(t-\tau)\mathrm{e}^{-st}\mathrm{d}t = \int_0^{\tau} f(t-\tau)\mathrm{e}^{-st}\mathrm{d}t + \int_\tau^{+\infty} f(t-\tau)\mathrm{e}^{-st}\mathrm{d}t$$

因为当 $t<0$ 时, $f(t)=0$, 所以在 $[0,\tau]$ 上, $f(t-\tau)=0$,

$$\mathscr{L}[f(t-\tau)] = \int_\tau^{+\infty} f(t-\tau)\mathrm{e}^{-st}\mathrm{d}t = \int_0^{+\infty} f(u)\mathrm{e}^{-(u+\tau)s}\mathrm{d}u$$

$$= \mathrm{e}^{-\tau s}\int_0^{+\infty} f(u)\mathrm{e}^{-us}\mathrm{d}u = \mathrm{e}^{-\tau s}F(s) \qquad (\mathrm{Re}s > s_0)$$

利用单位阶跃函数 $u(t)$, 式(8-8)可写成

$$\mathscr{L}[f(t-\tau)u(t-\tau)] = \mathrm{e}^{-s\tau}F(s)$$

例 8.14 求如图 8.2 所示的阶梯函数的 Laplace 变换.

解法 1 利用 Heaviside 函数

$$u(t) = \begin{cases} 1, & t>0 \\ 0, & t<0 \end{cases}$$

图 8.2 中的 $f(t)$ 可表示为

$$f(t) = A[u(t) + u(t-\tau) + u(t-2\tau) + \cdots]$$

$$= A\sum_{k=0}^{\infty} u(t-k\tau)$$

因为 $\mathscr{L}[u(t)] = \dfrac{1}{s}$, 所以由延迟性质

$$\mathscr{L}[u(t-k\tau)] = \frac{1}{s}\mathrm{e}^{-k\tau s}$$

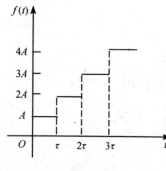

图 8.2

再注意到 $|\mathrm{e}^{-s\tau}|<1(\mathrm{Re}s>0)$, 于是

$$\mathscr{L}[f(t)] = \frac{A}{s}\sum_{k=0}^{\infty} \mathrm{e}^{-k\tau s} = \frac{A}{s(1-\mathrm{e}^{-s\tau})}$$

$$= \frac{A}{s} \times \frac{1}{(1-\mathrm{e}^{-\frac{s\tau}{2}})(1+\mathrm{e}^{-\frac{s\tau}{2}})} = \frac{A}{2s}\left(1 + \mathrm{cth}\frac{s\tau}{2}\right) \qquad (\mathrm{Re}s > 0).$$

解法 2 $f(t) = \dfrac{A}{\tau}t + f(t) - \dfrac{At}{\tau}$, 则 $f(t) - \dfrac{At}{\tau}$ 是以 τ 为周期的函数, 根据式

(8-4)，

$$\mathscr{L}[f(t)] = \frac{A}{\tau}\mathscr{L}[t] + \frac{1}{1-e^{-\tau s}}\int_0^\tau \Big[f(t) - \frac{At}{\tau}\Big]e^{-st}\,dt$$

$$= \frac{A}{\tau}\times\frac{1}{s^2} + \frac{1}{1-e^{-\tau s}}\int_0^\tau\Big[A - \frac{A}{\tau}t\Big]e^{-st}\,dt$$

$$= \frac{A}{\tau}\times\frac{1}{s^2} + \frac{A}{1-e^{-\tau s}}\Big[\Big(-\frac{1}{s}+\frac{t}{\tau s}+\frac{1}{\tau s^2}\Big)e^{-st}\Big|_0^\tau\Big]$$

$$= \frac{A}{\tau}\times\frac{1}{s^2} + \frac{A}{1-e^{-\tau s}}\Big(\frac{1}{\tau s^2}e^{-\tau s}+\frac{1}{s}-\frac{1}{\tau s^2}\Big)$$

$$= \frac{A}{s}\times\frac{1}{1-e^{-\tau s}}$$

$$= \frac{A}{2s}\Big(1+\operatorname{cth}\frac{\tau s}{2}\Big)$$

（8）相似性质.

设 $F(s)=\mathscr{L}[f(t)]$，则 $\mathscr{L}[f(at)]=\dfrac{1}{a}F\Big(\dfrac{s}{a}\Big)(a>0)$，其中 $\mathrm{Res}>as_0$.

证明　根据定义，

$$\mathscr{L}[f(at)] = \int_0^{+\infty} f(at)e^{-st}\,dt = \frac{1}{a}\int_0^{+\infty} f(u)e^{-\frac{s}{a}u}\,du = \frac{1}{a}F\Big(\frac{s}{a}\Big)$$

例 8.15　求 $\mathscr{L}[u(5t)]$ 和 $\mathscr{L}[u(5t-2)]$.

解　因为 $\mathscr{L}[u(t)]=\dfrac{1}{s}$，所以

$$\mathscr{L}[u(5t)] = \frac{1}{5}\times\frac{1}{\frac{s}{5}} = \frac{1}{s}$$

实际上，由 $u(5t)=u(t)$，可直接得到结论. 又由于

$$u(5t-2) = u\Big[5\Big(t-\frac{2}{5}\Big)\Big]$$

故由延迟性和相似性，有

$$\mathscr{L}[u(5t-2)] = e^{-\frac{2}{5}s}\mathscr{L}[u(5t)] = \frac{1}{s}e^{-\frac{2}{5}s}$$

（9）初值定理和终值定理.

利用微分性质可以证明（证明略）.

初值定理　设 $F(s)=\mathscr{L}[f(t)]$，且 $\lim\limits_{s\to\infty} sF(s)$ 存在，则

$$f(0) = \lim_{s\to\infty} sF(s)$$

终值定理　设 $F(s)=\mathscr{L}[f(t)]$，且 $sF(s)$ 的所有奇点都在 S 平面的左半部，则

$$\lim_{t\to+\infty} f(t) = \lim_{s\to 0} sF(s)$$

下面介绍 Laplace 变换的卷积性质——卷积定理. Laplace 变换的卷积性质不仅能够用来求出某些函数的 Laplace 逆变换,而且在线性系统的研究中起着重要作用.

因为在 Laplace 变换中,总认为 $t<0$ 时像原函数 $f(t)$ 恒为零. 因此,根据式 (6-2),$f_1(t)$ 与 $f_2(t)$ 的卷积为

$$f_1(t) * f_2(t) = (f_1 * f_2)(t) = \int_0^t f_1(\tau) f_2(t-\tau) \mathrm{d}\tau$$

卷积定理　设 $f_1(t)$ 和 $f_2(t)$ 满足 Laplace 变换存在的条件,即存在 $M>0$ 和 $s_0>0$,使得 $|f_1(t)| \leqslant M e^{s_0 t}$,$|f_2(t)| \leqslant M e^{s_0 t}$,$F_1(s) = \mathscr{L}[f_1(t)]$,$F_2(s) = \mathscr{L}[f_2(t)]$,则

$$\mathscr{L}[(f_1 * f_2)(t)] = F_1(s) F_2(s)$$

或

$$\mathscr{L}^{-1}[F_1(s) F_2(s)] = (f_1 * f_2)(t)$$

证明　当 $f_1(t)$ 和 $f_2(t)$ 分段连续时,其卷积 $(f_1 * f_2)(t)$ 也是分段连续. 不妨设 $s_0 \geqslant 1$,由于

$$\left| \int_0^t f_1(\tau) f_2(t-\tau) \mathrm{d}\tau \right|$$

$$\leqslant \int_0^t |f_1(\tau)| \, |f_2(t-\tau)| \, \mathrm{d}\tau$$

$$\leqslant \int_0^t M e^{s_0 \tau} M e^{s_0(t-\tau)} \mathrm{d}\tau$$

$$= M^2 t e^{s_0 t} \leqslant M^2 e^{2 s_0 t}$$

因此,$(f_1 * f_2)(t)$ 也满足 Laplace 变换存在的条件. 而

$$\mathscr{L}[(f_1 * f_2)(t)]$$

$$= \int_0^{+\infty} \left[\int_0^t f_1(\tau) f_2(t-\tau) \mathrm{d}\tau \right] e^{-st} \mathrm{d}t$$

$$= \iint_A f_1(\tau) f_2(t-\tau) e^{-st} \mathrm{d}\tau \mathrm{d}t$$

其中 A 是 $tO\tau$ 平面内 t 轴和第一象限的角平分线 $\tau = t$ 围成的角形区域(图8.3).

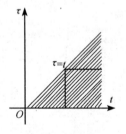

图 8.3

交换积分次序

$$\mathscr{L}[(f_1 * f_2)(t)] = \iint_A f_1(\tau) f_2(t-\tau) e^{-st} \mathrm{d}\tau \mathrm{d}t$$

$$= \int_0^{+\infty} \mathrm{d}\tau \int_\tau^{+\infty} f_1(\tau) f_2(t-\tau) e^{-st} \mathrm{d}t$$

$$= \int_0^{+\infty} f_1(\tau) \mathrm{d}\tau \int_\tau^{+\infty} f_2(t-\tau) e^{-st} \mathrm{d}t$$

$$= \int_0^{+\infty} f_1(\tau) \mathrm{d}\tau \int_0^{+\infty} f_2(u) \mathrm{e}^{-(u+\tau)s} \mathrm{d}u$$

$$= \int_0^{+\infty} f_1(\tau) \mathrm{e}^{-s\tau} \mathrm{d}\tau \int_0^{+\infty} f_2(u) \mathrm{e}^{-su} \mathrm{d}u$$

$$= \mathscr{L}[f_1(t)] \mathscr{L}[f_2(t)]$$

$$= F_1(s) F_2(s)$$

例 8.16　设 $F(s) = \mathscr{L}[f(t)]$,利用卷积定理证明 Laplace 变换的积分性质

$$\mathscr{L}\left[\int_0^t f(\tau) \mathrm{d}\tau\right] = \frac{1}{s} F(s)$$

证明　设 $f_1(t) = f(t)$, $f_2(t) = 1$,则

$$\mathscr{L}[f_1(t)] = F(s), \qquad \mathscr{L}[f_2(t)] = \frac{1}{s}$$

$$\mathscr{L}[(f_1 * f_2)(t)] = \mathscr{L}\left[\int_0^t f(\tau) \mathrm{d}\tau\right] = \frac{1}{s} F(s)$$

应用卷积定理可求某些 Laplace 逆变换.

例 8.17　求 $\mathscr{L}\left[\dfrac{1}{\sqrt{t}}\right]$,并证明

$$\mathscr{L}^{-1}\left[\frac{1}{\sqrt{s}(s-1)}\right] = \frac{2}{\sqrt{\pi}} \mathrm{e}^t \int_0^{\sqrt{t}} \mathrm{e}^{-u^2} \mathrm{d}u$$

解　　$$\Gamma\left(\frac{1}{2}\right) = \int_0^{+\infty} x^{-\frac{1}{2}} \mathrm{e}^{-x} \mathrm{d}x = 2 \int_0^{+\infty} \mathrm{e}^{-t^2} \mathrm{d}t = \sqrt{\pi}$$

故根据例 8.4

$$\mathscr{L}\left[\frac{1}{\sqrt{t}}\right] = \frac{\Gamma\left(\dfrac{1}{2}\right)}{s^{\frac{1}{2}}} = \frac{\sqrt{\pi}}{\sqrt{s}}$$

由位移性质 $\mathscr{L}[\mathrm{e}^t] = \dfrac{1}{s-1}$. 设

$$F_1(s) = \frac{1}{s-1} = \mathscr{L}[\mathrm{e}^t], \qquad F_2(s) = \frac{1}{\sqrt{s}} = \mathscr{L}\left[\frac{1}{\sqrt{\pi t}}\right]$$

则由卷积定理

$$\mathscr{L}^{-1}\left[\frac{1}{\sqrt{s}(s-1)}\right] = \frac{1}{\sqrt{\pi t}} * \mathrm{e}^t = \int_0^t \mathrm{e}^{t-\tau} \frac{1}{\sqrt{\pi \tau}} \mathrm{d}\tau$$

$$= \frac{1}{\sqrt{\pi}} \mathrm{e}^t \int_0^t \mathrm{e}^{-\tau} \frac{1}{\sqrt{\tau}} \mathrm{d}\tau = \frac{2}{\sqrt{\pi}} \mathrm{e}^t \int_0^{\sqrt{t}} \mathrm{e}^{-u^2} \mathrm{d}u$$

例 8.18　若 $F(s) = \dfrac{1}{s^2(1+s^2)}$,求 $f(t) = \mathscr{L}^{-1}[F(s)]$.

解　令 $F_1(s) = \dfrac{1}{s^2}$, $F_2(s) = \dfrac{1}{1+s^2}$,则

$$f_1(t) = \mathscr{L}^{-1}[F_1(s)] = t, \qquad f_2(t) = \mathscr{L}^{-1}[F_2(s)] = \sin t$$

故根据卷积定理及例 6.1,有

$$\mathscr{L}^{-1}[F(s)] = \mathscr{L}^{-1}[F_1(s)F_2(s)] = (f_1 * f_2)(t) = t * \sin t = t - \sin t$$

例 8.19　求 $\mathscr{L}^{-1}\left[\dfrac{s^2}{(s^2+1)^2}\right]$.

解　因为 $\mathscr{L}[\cos t] = \dfrac{s}{s^2+1}$,故由卷积定理,有

$$\mathscr{L}^{-1}\left[\frac{s^2}{(s^2+1)^2}\right] = \mathscr{L}^{-1}\left[\frac{s}{s^2+1} \times \frac{s}{s^2+1}\right] = \cos t * \cos t$$

$$= \int_0^t \cos\tau \cos(t-\tau)\,\mathrm{d}\tau$$

$$= \frac{1}{2}\int_0^t [\cos t + \cos(2\tau - t)]\,\mathrm{d}\tau$$

$$= \frac{1}{2}(t\cos t + \sin t)$$

例 8.20　设 $\mathscr{L}[f(t)] = \dfrac{1}{(s^2+4s+13)^2}$,求 $f(t)$.

解　由位移性质

$$\mathscr{L}^{-1}\left[\frac{3}{s^2+4s+13}\right] = \mathscr{L}^{-1}\left[\frac{3}{(s+2)^2+3^2}\right] = \mathrm{e}^{-2t}\sin 3t$$

因此,根据卷积定理

$$f(t) = \frac{1}{9}(\mathrm{e}^{-2t}\sin 3t) * (\mathrm{e}^{-2t}\sin 3t) = \frac{1}{54}\mathrm{e}^{-2t}(\sin 3t - 3t\cos 3t)$$

8.3　Laplace 逆变换

本章前两节主要讨论了已知函数 $f(t)$,求它的 Laplace 变换 $F(s)$ 的问题. 但在实际问题的应用中,不可避免地要遇到其反问题,即已知 $f(t)$ 的 Laplace 变换 $F(s)$,求其像原函数 $f(t)$ 的问题. 由例 8.17~例 8.20 可见,应用 Laplace 变换的性质,特别是卷积定理,能够解决某些问题. 但是当 $F(s)$ 比较复杂时,只用前面的方法还很不方便. 因此,本节首先给出 Laplace 逆变换的具体积分表达式,然后在此基础上,借助复变函数论中的留数作为工具,给出一种较一般的方法.

已经知道,$f(t)$ 的 Laplace 变换在收敛域内解析. 但不是所有解析函数都是某一函数的 Laplace 变换. 例如,多项式不存在 Laplace 逆变换,容易由初值定理看到这一点. 根据初值定理,$sF(s) \to f(0)\,(\mathrm{Re}s \to +\infty)$,所以 $\lim\limits_{\mathrm{Re}s \to +\infty} F(s) = 0$,这实际上就是 $F(s)$ 存在 Laplace 逆变换的必要条件.

另外,函数 $f(t)$ 的 Laplace 变换实际上就是 $f(t)u(t)\mathrm{e}^{-\beta t}$ 的 Fourier 变换. 因

此,当 $f(t)u(t)\mathrm{e}^{-\beta t}$ 满足 Fourier 积分定理的条件时,根据 Fourier 积分公式,$f(t)$ 在连续点处

$$f(t)u(t)\mathrm{e}^{-\beta t} = \frac{1}{2\pi}\int_{-\infty}^{+\infty}\left[\int_{-\infty}^{+\infty}f(\tau)u(\tau)\mathrm{e}^{-\beta\tau}\mathrm{e}^{-\mathrm{i}\omega\tau}\mathrm{d}\tau\right]\mathrm{e}^{\mathrm{i}\omega t}\mathrm{d}\omega$$

$$= \frac{1}{2\pi}\int_{-\infty}^{+\infty}\mathrm{e}^{\mathrm{i}\omega t}\mathrm{d}\omega\int_{0}^{+\infty}f(\tau)\mathrm{e}^{-(\beta+\mathrm{i}\omega)\tau}\mathrm{d}\tau$$

$$= \frac{1}{2\pi}\int_{-\infty}^{+\infty}F(\beta+\mathrm{i}\omega)\mathrm{e}^{\mathrm{i}\omega t}\mathrm{d}\omega \qquad (t>0)$$

等式两端同乘以 $\mathrm{e}^{\beta t}$,注意到这个因子与积分变量 ω 无关,故当 $t>0$ 时,

$$f(t) = \frac{1}{2\pi}\int_{-\infty}^{+\infty}F(\beta+\mathrm{i}\omega)\mathrm{e}^{(\beta+\mathrm{i}\omega)t}\mathrm{d}\omega$$

令 $\beta+\mathrm{i}\omega=s$,则

$$f(t) = \frac{1}{2\pi\mathrm{i}}\int_{\beta-\mathrm{i}\infty}^{\beta+\mathrm{i}\infty}F(s)\mathrm{e}^{st}\mathrm{d}s \qquad (t>0) \tag{8-9}$$

其中 $\beta>s_0$,s_0 是 $f(t)$ 的增长指数. 积分路径是在右半平面 $\mathrm{Re}s>s_0$ 上的任意一条直线 $\mathrm{Re}s=\beta$.

式(8-9)就是 Laplace 变换从像函数 $F(s)$ 求像原函数 $f(t)$ 的一般公式,称它为 Laplace 变换的反演积分. 这是复变函数的积分,当被积函数满足一定条件时,可利用留数来计算这个积分.

定理 8.3　设 $s_1,s_2,\cdots,s_n$ 是 $F(s)$ 的所有孤立奇点(有限个),除这些点外,$F(s)$ 处处解析,且存在 $R_0>0$,当 $|s|\geqslant R_0$ 时,$|F(s)|\leqslant M(|s|)$,其中 $M(r)$ 是 r 的实函数,且 $\lim\limits_{r\to+\infty}M(r)=0$. 适当选取 β,使 $s_1,s_2,\cdots,s_n$ 都在 $\mathrm{Re}s<\beta$ 内,则当 $t>0$ 时,

$$\frac{1}{2\pi\mathrm{i}}\int_{\beta-\mathrm{i}\infty}^{\beta+\mathrm{i}\infty}F(s)\mathrm{e}^{st}\mathrm{d}s = \sum_{k=1}^{n}\mathrm{Res}[F(s)\mathrm{e}^{st},s_k]$$

证明　取 $R>0$ 充分大时,$s_1,s_2,\cdots,s_n$ 都在圆弧 C_R 和直线 $\mathrm{Re}s=\beta$ 所围成的区域内(图 8.4). 因为 e^{st} 是全平面上的解析函数,因此,$s_1,s_2,\cdots,s_n$ 是 $F(s)\mathrm{e}^{st}$ 的孤立奇点,除这些奇点之外,$F(s)\mathrm{e}^{st}$ 处处解析. 于是,根据留数基本定理

$$\frac{1}{2\pi\mathrm{i}}\left(\int_{\beta-\mathrm{i}R}^{\beta+\mathrm{i}R}F(s)\mathrm{e}^{st}\mathrm{d}s + \int_{C_R}F(s)\mathrm{e}^{st}\mathrm{d}s\right) = \sum_{k=1}^{n}\mathrm{Res}[F(s)\mathrm{e}^{st},s_k]$$

利用复变函数中的 Jordan 引理

$$\lim_{R\to\infty}\int_{C_R}F(s)\mathrm{e}^{st}\mathrm{d}s = 0 \qquad (t>0)$$

令 $R\to+\infty$,得

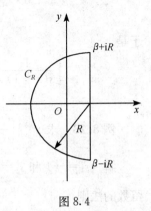

图 8.4

$$\frac{1}{2\pi \mathrm{i}} \int_{\beta-\mathrm{i}\infty}^{\beta+\mathrm{i}\infty} F(s)\mathrm{e}^{st}\mathrm{d}s = \sum_{k=1}^{n} \mathrm{Res}[F(s)\mathrm{e}^{st}, s_k]$$

特别当 $F(s)$ 是有理函数,且为分母次数高于分子次数的有理真分式,则 Laplace 逆变换一定存在,

$$f(t) = \mathscr{L}^{-1}[F(s)] = \sum_{k=1}^{n} \mathrm{Res}[F(s)\mathrm{e}^{st}, s_k]$$

例 8.21　求 $F(s)=\dfrac{s}{s^2+1}$ 的 Laplace 逆变换.

解　$s=\pm \mathrm{i}$ 是 $\dfrac{s}{s^2+1}\mathrm{e}^{st}$ 的 1 级极点,由计算留数的法则,

$$\mathrm{Res}\left[\frac{s}{s^2+1}\mathrm{e}^{st}, \pm \mathrm{i}\right] = \frac{s\mathrm{e}^{st}}{2s}\bigg|_{s=\pm \mathrm{i}} = \frac{1}{2}\mathrm{e}^{\pm \mathrm{i}t}$$

故

$$\mathscr{L}^{-1}[F(s)] = \mathrm{Res}\left[\frac{s}{s^2+1}\mathrm{e}^{st}, \mathrm{i}\right] + \mathrm{Res}\left[\frac{s}{s^2+1}\mathrm{e}^{st}, -\mathrm{i}\right]$$

$$= \frac{1}{2}(\mathrm{e}^{\mathrm{i}t} + \mathrm{e}^{-\mathrm{i}t}) = \cos t$$

例 8.22　求 $F(s)=\dfrac{1}{s(s-1)^2}$ 的 Laplace 逆变换.

解　$s_1=0$ 和 $s_2=1$ 分别是 $\dfrac{1}{s(s-1)^2}\mathrm{e}^{st}$ 的 1 级和 2 级极点. 故由计算留数的法则

$$\mathrm{Res}\left[\frac{1}{s(s-1)^2}\mathrm{e}^{st}, 0\right] = \lim_{s\to 0} \frac{\mathrm{e}^{st}}{(s-1)^2} = 1$$

$$\mathrm{Res}\left[\frac{1}{s(s-1)^2}\mathrm{e}^{st}, 1\right] = \lim_{s\to 1}\left[\frac{\mathrm{e}^{st}}{s}\right]' = \lim_{s\to 1}\left[\frac{t}{s}\mathrm{e}^{st} - \frac{1}{s^2}\mathrm{e}^{st}\right]$$

$$= t\mathrm{e}^t - \mathrm{e}^t = \mathrm{e}^t(t-1)$$

于是

$$\mathscr{L}^{-1}\left[\frac{1}{s(s-1)^2}\right] = \mathrm{Res}\left[\frac{1}{s(s-1)^2}\mathrm{e}^{st}, 0\right] + \mathrm{Res}\left[\frac{1}{s(s-1)^2}\mathrm{e}^{st}, 1\right]$$

$$= 1 + \mathrm{e}^t(t-1) \quad\quad (t>0)$$

例 8.23　求 $\mathscr{L}^{-1}\left[\dfrac{s}{(s+1)^3(s-1)^2}\right]$.

解　$s_1=-1$ 和 $s_2=1$ 分别是 $\dfrac{s}{(s+1)^3(s-1)^2}\mathrm{e}^{st}$ 的 3 级和 2 级极点,故由计算留数的法则

$$\mathrm{Res}\left[\frac{s}{(s+1)^3(s-1)^2}\mathrm{e}^{st}, -1\right] = \frac{1}{2!}\lim_{s\to -1}\frac{\mathrm{d}^2}{\mathrm{d}s^2}\left[\frac{s}{(s-1)^2}\mathrm{e}^{st}\right] = \frac{\mathrm{e}^{-t}}{16}(1-2t^2)$$

$$\text{Res}\Big[\frac{s}{(s+1)^3(s-1)^2}e^{st},1\Big]=\lim_{s\to 1}\frac{d}{ds}\Big[\frac{s}{(s+1)^3}e^{st}\Big]=\frac{e^t}{16}(2t-1)$$

于是

$$\mathscr{L}^{-1}\Big[\frac{s}{(s+1)^3(s-1)^2}\Big]=\frac{1}{16}\big[e^{-t}(1-2t^2)+e^t(2t-1)\big]$$

当 $F(s)$ 是有理函数时, 可以把它化为部分分式之和, 再求逆变换, 这样更方便. 在工程技术中, 也可以借助查表来计算. 如例 8.22, 可先分解为

$$\frac{1}{s(s-1)^2}=\frac{1}{s}+\frac{1}{(s-1)^2}-\frac{1}{s-1}$$

故

$$\mathscr{L}^{-1}\Big[\frac{1}{s(s-1)^2}\Big]=\mathscr{L}^{-1}\Big[\frac{1}{s}\Big]+\mathscr{L}^{-1}\Big[\frac{1}{(s-1)^2}\Big]-\mathscr{L}^{-1}\Big[\frac{1}{s-1}\Big]=1+te^t-e^t$$

例 8.24　求 $F(s)=\dfrac{5s^2-15s-11}{(s+1)(s-2)^3}$ 的 Laplace 逆变换.

解法 1　$s_1=-1$ 和 $s_2=2$ 分别是 $F(s)e^{st}$ 的 1 级和 3 级极点, 故由计算留数的法则

$$\text{Res}[F(s)e^{st},-1]=\lim_{s\to-1}\frac{5s^2-15s-11}{(s-2)^3}e^{st}=-\frac{1}{3}e^{-t}$$

$$\text{Res}[F(s)e^{st},2]$$

$$=\frac{1}{2!}\lim_{s\to 2}\frac{d^2}{ds^2}\Big[\frac{5s^2-15s-11}{s+1}e^{st}\Big]$$

$$=\frac{1}{2!}\lim_{s\to 2}\frac{d^2}{ds^2}\Big[\Big(5s-20+\frac{9}{s+1}\Big)e^{st}\Big]$$

$$=\frac{1}{2!}\lim_{s\to 2}\Big\{\frac{18}{(s+1)^3}e^{st}+2t\Big[5-\frac{9}{(s+1)^2}\Big]e^{st}+\Big(5s-20+\frac{9}{s+1}\Big)t^2e^{st}\Big\}$$

$$=\frac{1}{3}e^{2t}+4te^{2t}-\frac{7}{2}t^2e^{2t}$$

于是

$$\mathscr{L}^{-1}\Big[\frac{5s^2-15s-11}{(s+1)(s-2)^3}\Big]=-\frac{1}{3}e^{-t}+\Big(\frac{1}{3}+4t-\frac{7}{2}t^2\Big)e^{2t}$$

解法 2　$F(s)$ 可分解为形如

$$\frac{5s^2-15s-11}{(s+1)(s-2)^3}=\frac{A}{s+1}+\frac{B}{(s-2)^3}+\frac{C}{(s-2)^2}+\frac{D}{s-2}$$

可以求得

$$A=-\frac{1}{3},\qquad B=-7,\qquad C=4,\qquad D=\frac{1}{3}$$

又注意到 $\mathscr{L}[e^{at}t^n]=\dfrac{n!}{(s-a)^{n+1}}$, 则有

$$\mathscr{L}^{-1}\left[\frac{5s^2-15s-11}{(s+1)(s-2)^3}\right]=-\frac{1}{3}\mathrm{e}^{-t}-\frac{7}{2}t^2\mathrm{e}^{2t}+4t\mathrm{e}^{2t}+\frac{1}{3}\mathrm{e}^{2t}$$

　　到目前为止,已介绍了多种求 Laplace 逆变换的方法. 例如,利用卷积定理与部分分式,以及利用反演积分与留数定理等. 这些方法各有优缺点,在使用时,根据具体情形采用简便的方法. 有时也可以用 Laplace 变换的基本性质. 以上方法中,除利用留数定理的情况之外,都需要知道一些最基本的 Laplace 变换的像函数和像原函数.

　　例 8.25　求 $\mathscr{L}^{-1}\left[\dfrac{s^2-a^2}{(s^2+a^2)^2}\right](a>0)$.

　　解　对 $F(s)=\dfrac{s^2-a^2}{(s^2+a^2)^2}$,可用求留数的方法,也可以用卷积定理,但都不够简便. 极点不在实轴上时,部分分式的方法也不简便. 但注意

$$\frac{\mathrm{d}}{\mathrm{d}s}\left(\frac{s}{s^2+a^2}\right)=\frac{1}{s^2+a^2}-\frac{2s^2}{(s^2+a^2)^2}=\frac{a^2-s^2}{(s^2+a^2)^2}$$

及

$$\mathscr{L}\left[\cos at\right]=\frac{s}{s^2+a^2},\qquad \mathscr{L}\left[tf(t)\right]=-\frac{\mathrm{d}}{\mathrm{d}s}\mathscr{L}\left[f(t)\right]$$

则得

$$\mathscr{L}^{-1}\left[\frac{s^2-a^2}{(s^2+a^2)^2}\right]=t\cos at$$

8.4　Laplace 变换的应用

　　Laplace 变换在线性系统的分析和研究中起着重要作用. 线性系统在许多场合,可以用线性常微分方程来描述. 这类系统在电路原理和自动控制理论中,都占有重要地位. 下面介绍利用 Laplace 变换求线性常微分方程和方程组特解的方法. 其基本思路是:对所给方程的两端进行 Laplace 变换,则根据 Laplace 变换的性质(如微分性质),得出有关像函数的代数方程,从而求出未知函数的像函数. 最后通过求其逆变换的方法,得出所给方程的解.

　　例 8.26　求常系数线性微分方程的初值问题

$$\begin{cases}x''(t)-2x'(t)+2x(t)=2\mathrm{e}^t\cos t\\x(0)=x'(0)=0\end{cases}\tag{8-10}$$

的解.

　　解　设 $X(s)=\mathscr{L}\left[x(t)\right]$ 是方程(8-10)的解 $x(t)$ 的 Laplace 变换. 对方程两边进行 Laplace 变换,则根据微分性质和初值条件,

$$s^2X(s)-2sX(s)+2X(s)=\mathscr{L}\left[2\mathrm{e}^t\cos t\right]$$

利用 $\mathscr{L}[\cos t]=\dfrac{s}{s^2+1}$ 及位移性质

$$\mathscr{L}[2\mathrm{e}^t\cos t]=\frac{2(s-1)}{(s-1)^2+1}$$

得

$$X(s)=\frac{2(s-1)}{[(s-1)^2+1]^2}=-\left[\frac{1}{(s-1)^2+1}\right]'$$

因为

$$\mathscr{L}[\sin t]=\frac{1}{s^2+1}$$

所以

$$\mathscr{L}[\mathrm{e}^t\sin t]=\frac{1}{(s-1)^2+1}$$

由像函数的微分性质

$$\mathscr{L}[t\mathrm{e}^t\sin t]=-\left[\frac{1}{(s-1)^2+1}\right]'$$

得

$$x(t)=\mathscr{L}^{-1}\left[\frac{2(s-1)}{[(s-1)^2+1]^2}\right]=\mathscr{L}^{-1}\left[\left(-\frac{1}{(s-1)^2+1}\right)'\right]=t\mathrm{e}^t\sin t$$

例 8.27　求积分方程

$$y(t)=at+\int_0^t y(\tau)\sin(t-\tau)\mathrm{d}\tau$$

的解.

解　设 $Y(s)=\mathscr{L}[y(t)]$,因为

$$\int_0^t y(\tau)\sin(t-\tau)\mathrm{d}\tau=y(t)*\sin t$$

对方程两边进行 Laplace 变换,根据卷积定理及 $\mathscr{L}[\sin t]=\dfrac{1}{s^2+1}$,有

$$Y(s)=\frac{a}{s^2}+\frac{Y(s)}{s^2+1}$$

解出 $Y(s)$,得

$$Y(s)=\frac{a(s^2+1)}{s^4}=\frac{a}{s^2}+\frac{a}{s^4}$$

再求逆变换,从而

$$y(t)=a\left(t+\frac{1}{6}t^3\right)$$

例 8.28　求微分方程组

$$\begin{cases}x'+2x+2y=10\mathrm{e}^{2t}\\-2x+y'+y=7\mathrm{e}^{2t}\end{cases}$$

满足初值条件 $x(0)=1, y(0)=3$ 的解.

解　设 $x(t), y(t)$ 是所要求的解,记
$$X(s) = \mathscr{L}[x(t)], \qquad Y(s) = \mathscr{L}[y(t)]$$
对方程组两边进行 Laplace 变换,并利用微分性质和初值条件
$$\begin{cases} sX(s) - 1 + 2X(s) + 2Y(s) = \dfrac{10}{s-2} \\ -2X(s) + sY(s) - 3 + Y(s) = \dfrac{7}{s-2} \end{cases}$$

整理得
$$\begin{cases} (s+2)X(s) + 2Y(s) = \dfrac{s+8}{s-2} \\ -2X(s) + (s+1)Y(s) = \dfrac{3s+1}{s-2} \end{cases}$$

解线性方程组,得
$$X(s) = \frac{1}{s-2}, \qquad Y(s) = \frac{3}{s-2}$$

求 Laplace 逆变换后,得方程组的解
$$x(t) = \mathrm{e}^{2t}, \qquad y(t) = 3\mathrm{e}^{2t}$$

例 8.29　求方程组
$$\begin{cases} y'' - x'' + x' - y = \mathrm{e}^t - 2 \\ 2y'' - x'' - 2y' + x = -t \end{cases}$$
满足初值条件
$$\begin{cases} y(0) = y'(0) = 0 \\ x(0) = x'(0) = 0 \end{cases}$$
的解.

解　设 $x(t), y(t)$ 是所要求的解,记
$$X(s) = \mathscr{L}[x(t)], \qquad Y(s) = \mathscr{L}[y(t)]$$
对方程组两边求 Laplace 变换,并考虑初值条件,则得
$$\begin{cases} s^2 Y(s) - s^2 X(s) + sX(s) - Y(s) = \dfrac{1}{s-1} - \dfrac{2}{s} \\ 2s^2 Y(s) - s^2 X(s) - 2sY(s) + X(s) = -\dfrac{1}{s^2} \end{cases}$$

整理化简后为
$$\begin{cases} (s+1)Y(s) - sX(s) = \dfrac{-s+2}{s(s-1)^2} \\ 2sY(s) - (s+1)X(s) = -\dfrac{1}{s^2(s-1)} \end{cases}$$

解这个代数方程组,即得

$$X(s) = \frac{2s-1}{s^2 (s-1)^2}, \qquad Y(s) = \frac{1}{s(s-1)^2}$$

根据例 8.22,

$$y(t) = \mathscr{L}^{-1}\left[\frac{1}{s(s-1)^2}\right] = 1 + te^t - e^t$$

$$X(s) = \frac{2s-1}{s^2 (s-1)^2} = \frac{1}{s(s-1)^2} + \frac{1}{s^2(s-1)} = Y(s) - \frac{1}{s} + \frac{1}{s-1} - \frac{1}{s^2}$$

故

$$x(t) = y(t) - 1 + e^t - t = te^t - t$$

于是得出方程的解为

$$x(t) = te^t - t, \qquad y(t) = 1 + te^t - e^t$$

从以上例子可以看出,利用 Laplace 变换求解常系数微分方程和方程组时,初值条件已经用到,所得的解就是满足初值条件的特解,避免了先求通解,再求特解的过程. 对有些变系数方程,也可以利用 Laplace 变换求解.

例 8.30　求微分方程

$$ty'' + y' + 4ty = 0$$

满足 $y(0)=3, y'(0)=0$ 的解.

解　设 $Y(s) = \mathscr{L}[y(t)]$,注意到

$$\mathscr{L}[ty''(t)] = -\frac{d}{ds}\mathscr{L}[y'']$$

$$\mathscr{L}[ty(t)] = -\frac{d}{ds}\mathscr{L}[y(t)] = -\frac{d}{ds}Y(s)$$

对方程两边进行 Laplace 变换得

$$-\frac{d}{ds}[s^2Y(s) - sy(0) - y'(0)] + sY(s) - y(0) - 4\frac{d}{ds}Y(s) = 0$$

把 $y(0)=3, y'(0)=0$ 代入到上式,整理得

$$(s^2+4)\frac{d}{ds}Y(s) + sY(s) = 0$$

这是关于 Y 的齐次线性方程(也是变量可分离的方程),于是其通解为

$$Y(s) = Ce^{-\int\frac{s}{s^2+4}ds} = \frac{C}{\sqrt{s^2+4}}$$

求 Laplace 逆变换,可得

$$y(t) = CJ_0(2t)$$

其中 $J_0(t)$ 是零阶第一类 Bessel(贝赛尔)函数,且 $J_0(0)=1$. 于是,由初值条件 $y(0)=3$ 得 $C=3$,即

$$y(t) = 3J_0(2t)$$

例 8.31　求解交流 RL 电路方程

$$\begin{cases} L\dfrac{\mathrm{d}}{\mathrm{d}t}j + Rj = E_0\sin\omega t \\[2mm] j(0) = 0 \end{cases}$$

解　设 $J(s)=\mathscr{L}[j(t)]$，对方程进行 Laplace 变换，得

$$LsJ(s) + RJ(s) = E_0\frac{\omega}{s^2+\omega^2}$$

容易解出

$$J(s) = \frac{E_0}{L}\cdot\frac{1}{s+\dfrac{R}{L}}\cdot\frac{\omega}{s^2+\omega^2}$$

由于

$$\mathscr{L}^{-1}\left[\frac{1}{s+\dfrac{R}{L}}\right] = \mathrm{e}^{-\frac{R}{L}t},\qquad \mathscr{L}^{-1}\left[\frac{\omega}{s^2+\omega^2}\right] = \sin\omega t$$

利用卷积定理得到

$$\begin{aligned} j(t) &= \frac{E_0}{L}\int_0^t \mathrm{e}^{-\frac{R}{L}(t-\tau)}\sin\omega\tau\,\mathrm{d}\tau \\[2mm] &= \frac{E_0}{L}\left\{\mathrm{e}^{-\frac{R}{L}t}\left[\mathrm{e}^{\frac{R}{L}\tau}\frac{\dfrac{R}{L}\sin\omega\tau - \omega\cos\omega\tau}{\dfrac{R^2}{L^2}+\omega^2}\right]_0^t\right\} \\[2mm] &= \frac{E_0}{L}\cdot\frac{\dfrac{R}{L}\sin\omega t - \omega\cos\omega t}{\dfrac{R^2}{L^2}+\omega^2} + \frac{E_0}{L}\cdot\frac{\omega\mathrm{e}^{-\frac{R}{L}t}}{\dfrac{R^2}{L^2}+\omega^2} \\[2mm] &= \frac{E_0}{R^2+L^2\omega^2}(R\sin\omega t - \omega L\cos\omega t) + \frac{E_0\omega L}{R^2+L^2\omega^2}\mathrm{e}^{-\frac{R}{L}t} \end{aligned}$$

其第一部分表示一个稳定的（振幅不变的）振荡，第二部分则是随时间衰减的，称为瞬时电流.

例 8.32　对单输入单输出的线性定常系统

$$a_n y^{(n)} + a_{n-1}y^{(n-1)} + \cdots + a_1 y' + a_0 y = b_m u^{(m)} + b_{m-1}u^{(m-1)} + \cdots + b_1 u' + b_0 u$$

$$(8\text{-}11)$$

其中 $n\geqslant m$，$u(t)$，$y(t)$ 分别是系统的输入量和输出量. 当初始条件为零时，对式(8-11)取 Laplace 变换，令 $Y(s)=\mathscr{L}[y(t)]$，$U(s)=\mathscr{L}[u(t)]$，则有

$$(a_n s^n + a_{n-1}s^{n-1} + \cdots + a_1 s + a_0)Y(s) = (b_m s^m + b_{m-1}s^{m-1} + \cdots + b_1 s + b_0)U(s)$$

从而

$$G(s) = \frac{Y(s)}{U(s)} = \frac{b_m s^m + b_{m-1}s^{m-1} + \cdots + b_1 s + b_0}{a_n s^n + a_{n-1}s^{n-1} + \cdots + a_1 s + a_0}$$

称 $G(s)$ 为线性定常系统式(8-11)的传递函数.

　　传递函数是系统数学模型的另一种表达形式,通过系统输入和输出之间的关系来描述系统本身的特性,它只与系统的结构和参数有关,与输入信号的变化形式无关. 根据传递函数的极点可以判断系统
的稳定性.

　　下面我们给出一个具体的汽车悬挂系
统的例子. 图 8.5(a)所示为汽车悬挂系统
原理图. 当汽车在道路上行驶时,轮胎的垂
直位移是一个运动激励,作用在汽车的悬
挂系统上. 该系统的运动,由质心的平移运
动和围绕质心的旋转运动组成. 建立车体
在垂直方向上运动的简化数学模型,如图
8.5(b).

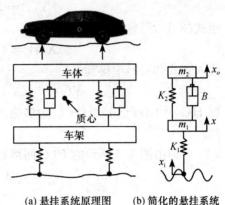

(a) 悬挂系统原理图　　(b) 简化的悬挂系统

图 8.5

　　设汽车轮胎的垂直运动 x_i 为系统的
输入量,车体的垂直运动 x_o 为系统的输出
量,则根据牛顿第二定律,得到系统运动方程为

$$m_1 x'' = B(x_o' - x') + K_2(x_o - x) + K_1(x_i - x)$$
$$m_2 x_o'' = -B(x_o' - x') - K_2(x_o - x)$$

因此,有

$$m_1 x'' + Bx' + (K_1 + K_2)x = Bx_o' + K_2 x_o + K_1 x_i \tag{8-12}$$
$$m_2 x_o'' + Bx_o' + K_2 x_o = Bx' + K_2 x \tag{8-13}$$

假设初始条件为零,对式(8-12)和式(8-13)进行 Laplace 变换,得到

$$[m_1 s^2 + Bs + (K_1 + K_2)]X(s) = (Bs + K_2)X_o(s) + K_1 X_i(s) \tag{8-14}$$
$$[m_2 s^2 + Bs + K_2]X_o(s) = (Bs + K_2)X(s) \tag{8-15}$$

由式(8-14)和式(8-15),消去中间变量 $X(s)$,整理后即得简化的汽车悬挂系统的
传递函数为

$$\frac{X_o(s)}{X_i(s)} = \frac{K_1(Bs + K_2)}{m_1 m_2 s^4 + (m_1 + m_2)Bs^3 + [K_1 m_2 + (m_1 + m_2)K_2]s^2 + K_1 Bs + K_1 K_2}$$

　　给定传递函数中的参数值后,可以求出传递函数的极点,并根据极点的位置,
就可以判断这个汽车悬挂系统的稳定性.

　　例 8.33　对于由状态方程

$$\frac{\mathrm{d}x}{\mathrm{d}t}(t) = Ax(t) + Bu(t) \tag{8-16}$$

和输出方程

$$y(t) = Cx(t) + Du(t) \tag{8-17}$$

描述的多输入多输出系统,其中 $x(t)$ 是状态向量,$u(t)$ 是输入向量,$y(t)$ 是输出向量,假设初始状态为 0,对式(8-16)和式(8-17)两端取 Laplace 变换,得

$$sX(s) = AX(s) + BU(s) \tag{8-18}$$

$$Y(s) = CX(s) + DU(s) \tag{8-19}$$

由式(8-18)可解出

$$X(s) = (sI - A)^{-1}BU(s)$$

代入到式(8-19)中得到

$$Y(s) = [C(sI-A)^{-1}B + D]U(s)$$

称 $H(s) = C(sI-A)^{-1}B + D$ 为多输入多输出系统式(8-16)和式(8-17)的传递矩阵.

考虑由图 8.6 所示的 RLC 网络系统,其状态方程为

$$
\begin{bmatrix} \dfrac{\mathrm{d}i_1}{\mathrm{d}t} \\[2mm] \dfrac{\mathrm{d}v_2}{\mathrm{d}t} \end{bmatrix} =
\begin{bmatrix} 0 & -\dfrac{1}{L} \\[2mm] \dfrac{1}{C} & -\dfrac{1}{RC} \end{bmatrix}
\begin{bmatrix} i_1 \\[2mm] v_2 \end{bmatrix} +
\begin{bmatrix} \dfrac{1}{L} & -\dfrac{1}{L} \\[2mm] 0 & -\dfrac{1}{RC} \end{bmatrix}
\begin{bmatrix} e_1 \\[2mm] e_2 \end{bmatrix}
$$

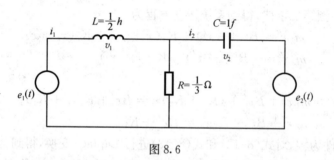

图 8.6

输出方程为

$$
\begin{bmatrix} i_1 \\[2mm] i_2 \end{bmatrix} =
\begin{bmatrix} 1 & 0 \\[2mm] \dfrac{1}{C} & -\dfrac{1}{RC} \end{bmatrix}
\begin{bmatrix} i_1 \\[2mm] v_2 \end{bmatrix} +
\begin{bmatrix} 0 & 0 \\[2mm] 0 & -\dfrac{1}{RC} \end{bmatrix}
\begin{bmatrix} e_1 \\[2mm] e_2 \end{bmatrix}
$$

假设 $e_1(t)$ 和 $e_2(t)$ 是加在网络两端的电压,当

$$L = \frac{1}{2}, \qquad R = \frac{1}{3}, \qquad C = 1$$

时,其传递函数矩阵为

$$
\begin{aligned}
H(z) &= \begin{bmatrix} 1 & 0 \\ 1 & -3 \end{bmatrix}
\begin{bmatrix} s & 2 \\ -1 & s+3 \end{bmatrix}^{-1}
\begin{bmatrix} 2 & -2 \\ 0 & -3 \end{bmatrix} +
\begin{bmatrix} 0 & 0 \\ 0 & -3 \end{bmatrix} \\[2mm]
&= \frac{1}{s^2 + 3s + 2}
\begin{bmatrix} 2s+6 & -2s \\ 2s & 7s+6 \end{bmatrix} +
\begin{bmatrix} 0 & 0 \\ 0 & -3 \end{bmatrix}
\end{aligned}
$$

习 题 8

1. 用定义求下列函数的 Laplace 变换：

(1) $f(t) = \begin{cases} t, & 0 \leqslant t < a \\ 0, & \text{其他} \end{cases}$;

(2) $f(t) = \begin{cases} t, & 0 \leqslant t < a \\ 2a-t, & a \leqslant t < 2a. \\ 0, & \text{其他} \end{cases}$

2. 求下列函数的 Laplace 变换：

(1) $f(t) = \delta(\alpha t + \beta)$，其中 α 为正实数；

(2) $f(t) = e^{2t} + 5\delta(t)$；

(3) $f(t) = \delta(t)\cos t - u(t)\sin t$；

(4) $f(t) = t^2 \delta(t-1)$.

3. 利用 Laplace 变换的性质求下列函数的 Laplace 变换：

(1) $f(t) = t^2 + 3t + 2$；

(2) $f(t) = (t-1)^2 e^t$；

(3) $f(t) = \cos^2 t$；

(4) $f(t) = e^{-2t} \sin 6t$；

(5) $f(t) = t e^{-3t} \sin 2t$；

(6) $f(t) = \int_0^t \tau e^{-3\tau} \sin 2\tau \, d\tau$；

(7) $f(t) = t \int_0^t \tau e^{-3\tau} \sin 2\tau \, d\tau$；

(8) $f(t) = u(3t-5)$.

4. 求下列函数的 Laplace 变换：

(1) $f(t) = \dfrac{\sin kt}{t}$；

(2) $f(t) = \dfrac{e^{-3t} \sin 2t}{t}$；

(3) $f(t) = \int_0^t \dfrac{e^{-3\tau} \sin 2\tau}{\tau} d\tau$.

5. 求下列函数的 Laplace 逆变换：

(1) $F(s) = \dfrac{1}{s^2(1+s^2)}$；

(2) $F(s) = \dfrac{1}{(s^2+a^2)^2}$.

6. 利用 Laplace 变换的性质求下列函数的 Laplace 逆变换：

(1) $\dfrac{1}{s} e^{-5s}$；

(2) $\dfrac{s - s e^{-s}}{s^2 + \pi^2}$；

(3) $\ln\left(1+\dfrac{1}{s}\right)$;

(4) $\ln\dfrac{s^2-1}{s^2}$;

(5) $\dfrac{se^{-3s}}{(s+2)(s+4)}$;

(6) $\dfrac{2s+4}{s(s^2+4)}$;

(7) $\dfrac{1}{s^3+2s^2+2s+1}$;

(8) $\dfrac{5e^{-7s}}{s^3+s^2+4s+4}$.

7. 利用反演公式求下列函数的 Laplace 逆变换：

(1) $\dfrac{1}{(s^2+a^2)^2 s^3}$;

(2) $\dfrac{s}{(s^2+1)(s^2+4)}$;

(3) $\dfrac{s^3+3s^2+2s+1}{s^3+3s^2+2s}$;

(4) $\dfrac{e^{-3s}}{(s^2+1)(s^2+4)}$.

8. 利用 Laplace 变换求下列方程(组)的解：

(1) $x''+4x'+3x=e^{-t}$, $x(0)=x'(0)=1$;

(2) $y''+4y'+5y=f(t)$, $y(0)=c_1$, $y'(0)=c_2$;

(3) $y'''+3y''+3y'+y=6e^{-t}$, $y(0)=y'(0)=y''(0)=0$;

(4) $x'''+x'=e^{2t}+\delta(t-1)$, $x(0)=x'(0)=x''(0)=0$;

(5) $\begin{cases} x'+x-y=e^t \\ y'+3x-2y=2e^t \end{cases}$, $x(0)=y(0)=1$;

(6) $\begin{cases} x'+y'=1 \\ x'-y'=1+\delta(t-1) \end{cases}$, $x(0)=a$, $y(0)=b$;

(7) $\begin{cases} y'-2z'=f(t) \\ y''-z''+z=0 \end{cases}$, $y(0)=y'(0)=z(0)=z'(0)=0$;

(8) $y=a\sin bt+c\displaystyle\int_0^t y(\tau)\sin b(t-\tau)\mathrm{d}\tau$, 其中 $b>c>0$.

第9章 Z 变 换

Fourier 变换和 Laplace 变换是研究连续时间函数的重要工具,本章将要介绍的 Z 变换则是研究离散时间函数的重要工具.

9.1 Z 变换的概念与性质

9.1.1 Z 变换的定义

定义 9.1 设 $f(n)(n=0,\pm1,\pm2,\cdots)$ 是无限序列. 如果级数 $\sum_{n=-\infty}^{+\infty} f(n)z^{-n}$ 在 z 平面的某一区域内收敛,其中 z 为复参变量,则由这个级数所确定的函数

$$F(z) = \sum_{n=-\infty}^{+\infty} f(n)z^{-n} \tag{9-1}$$

称为序列 $f(n)$ 的 Z 变换,记为 $Z[f(n)]$.

显然 Z 变换的定义式(9-1)是 Laurent 级数,所以如果存在收敛域,其收敛域是环域,并且在收敛域内函数 $F(z)$ 是解析的.

序列 $f(n)(n=0,\pm1,\pm2,\cdots)$ 通常称为双边序列. 如果在 $n<0(n\geqslant0)$ 时 $f(n)=0$,则称为右(左)边序列.

定理 9.1(Z 变换存在定理) 设 $M>0$ 为常数. 如果存在常数 $R_1>0$,使得

$$|f(n)| \leqslant MR_1^n \qquad (n\geqslant0) \tag{9-2}$$

成立,则右边序列 $f(n)$ 的 Z 变换 $F(z) = \sum_{n=0}^{+\infty} f(n)z^{-n}$ 在 $|z|>R_1$ 内存在. 如果存在常数 $R_2>0$,使得

$$|f(n)| \leqslant MR_2^n \qquad (n<0) \tag{9-3}$$

成立,则左边序列 $f(n)$ 的 Z 变换 $F(z) = \sum_{n=-\infty}^{-1} f(n)z^{-n}$ 在 $|z|<R_2$ 内存在. 如果 $R_1<R_2$,并且式(9-2)和式(9-3)成立,则双边序列 $f(n)$ 的 Z 变换 $F(z) = \sum_{n=-\infty}^{+\infty} f(n)z^{-n}$ 在 $R_1<|z|<R_2$ 内存在.

证明 如果式(9-2)成立,那么

$$\sum_{n=0}^{+\infty} |f(n)z^{-n}| = \sum_{n=0}^{+\infty} |f(n)||z^{-n}| \leqslant \sum_{n=0}^{+\infty} MR_1^n|z|^{-n}$$

当 $|z|>R_1$ 时，$\sum\limits_{n=0}^{+\infty} MR_1^n |z|^{-n}$ 收敛，于是 $F(z)=\sum\limits_{n=0}^{+\infty} f(n)z^{-n}$ 在 $|z|>R_1$ 内存在.

　　如果式(9-3)成立，那么

$$\sum_{n=-\infty}^{-1} |f(n)z^{-n}| = \sum_{n=-\infty}^{-1} |f(n)||z^{-n}| \leqslant \sum_{n=-\infty}^{-1} MR_2^n |z|^{-n}$$

令 $k=-n$，于是 $\sum\limits_{n=-\infty}^{-1} MR_2^n |z|^{-n} = \sum\limits_{k=1}^{+\infty} MR_2^{-k}|z|^k$. 当 $|z|<R_2$ 时，$\sum\limits_{k=1}^{+\infty} MR_2^k |z|^{-k}$ 收

敛，于是 $F(z)=\sum\limits_{n=-\infty}^{-1} f(n)z^{-n}$ 在 $|z|<R_2$ 内存在.

　　例 9.1　设序列 $f(n)=n$，其中 n 是非负整数，求 $F(z)$.

　　解　根据 Z 变换的定义，当 $|z|>1$ 时，

$$F(z)=\sum_{n=0}^{+\infty} nz^{-n} = \frac{1}{z}+\frac{2}{z^2}+\frac{3}{z^3}+\cdots$$

$$zF(z)=1+\frac{2}{z}+\frac{3}{z^2}+\frac{4}{z^3}+\cdots$$

由上两式可得

$$(z-1)F(z)=1+\frac{1}{z}+\frac{1}{z^2}+\frac{1}{z^3}+\cdots=\frac{z}{z-1}$$

所以

$$F(z)=\frac{z}{(z-1)^2} \qquad (|z|>1)$$

下面再给出几个序列 Z 变换的例子，注意它们之间的差异.

　　例 9.2　设序列 $f(n)=\begin{cases}2^n, & n\geqslant 0 \\ -3^n, & n<0\end{cases}$，求 $F(z)$.

　　解　根据 Z 变换的定义，当 $2<|z|<3$ 时，

$$F(z)=\sum_{n=-\infty}^{+\infty} f(n)z^{-n} = \sum_{n=0}^{+\infty} 2^n z^{-n} - \sum_{n=-\infty}^{-1} 3^n z^{-n}$$

$$=\frac{z}{z-2}+\frac{z}{z-3}=\frac{z(2z-5)}{(z-2)(z-3)}$$

　　例 9.3　设序列 $f(n)=\begin{cases}2^n, & n=0,2,4,\cdots \\ -3^n, & n=1,3,5,\cdots\end{cases}$，求 $F(z)$.

　　解　根据 Z 变换的定义，当 $|z|>3$ 时，

$$F(z)=\sum_{n=0}^{+\infty} f(n)z^{-n}$$

$$=\sum_{m=0}^{+\infty} f(2m)z^{-2m} + \sum_{m=0}^{+\infty} f(2m+1)z^{-(2m+1)}$$

$$= \sum_{m=0}^{+\infty} 2^{2m} z^{-2m} - \sum_{m=0}^{+\infty} 3^{2m+1} z^{-(2m+1)}$$

$$= \frac{z^2}{z^2-4} - \frac{3z}{z^2-9}.$$

例 9.4　设指数序列 $f(n)=a^n (n \geqslant 0)$，其中 $a \neq 0$ 为复数，求 $F(z)$.

解　根据 Z 变换的定义，当 $|z| > |a|$ 时，

$$F(z) = \sum_{n=0}^{+\infty} f(n) z^{-n} = \sum_{n=0}^{+\infty} a^n z^{-n} = \frac{z}{z-a}$$

9.1.2　Z 变换的性质

以下假定所讨论的序列均满足 Z 变换存在定理的条件.

(1) 线性性质.

设 α, β 是常数，$F_1(z)=Z[f_1(n)]$，$F_2(z)=Z[f_2(n)]$，则

$$Z[\alpha f_1(n) + \beta f_2(n)] = \alpha F_1(z) + \beta F_2(z) = \alpha Z[f_1(n)] + \beta Z[f_2(n)]$$

例 9.5　求正弦序列 $f_1(n)=\sin\omega_0 n$ 和余弦序列 $f_2(n)=\cos\omega_0 n$ 的 Z 变换，其中 $n \geqslant 0$.

解　利用线性性质和例 9.4，当 $|z| > 1$ 时，

$$F_1(z) = Z[\sin\omega_0 n] = \frac{1}{2i} Z[e^{i\omega_0 n} - e^{-i\omega_0 n}]$$

$$= \frac{1}{2i}\left(\frac{z}{z-e^{i\omega_0}} - \frac{z}{z-e^{-i\omega_0}}\right) = \frac{z\sin\omega_0}{z^2 - 2z\cos\omega_0 + 1}$$

同样可得

$$F_2(z) = Z[\cos\omega_0 n] = \frac{1}{2} Z[e^{i\omega_0 n} + e^{-i\omega_0 n}] = \frac{z(z-\cos\omega_0)}{z^2 - 2z\cos\omega_0 + 1}$$

(2) 位移性质.

双边序列的位移性质：设 $f(n)$ 是双边序列，$F(z)=Z[f(n)]$，则对整数 m，有 $Z[f(n\pm m)] = z^{\pm m} F(z)$.

证明　根据 Z 变换的定义，$Z[f(n\pm m)] = \sum_{n=-\infty}^{+\infty} f(n\pm m) z^{-n}$. 令 $k=n\pm m$，于是上式成为

$$Z[f(n\pm m)] = z^{\pm m} \sum_{k=-\infty}^{+\infty} f(k) z^{-k} = z^{\pm m} F(z)$$

右边序列的位移性质：设 $f(n)$ 是右边序列，$F(z)=Z[f(n)]$，则对正整数 m，有 $Z[f(n-m)]=z^{-m}F(z)$（右移），$Z[f(n+m)]=z^m\left[F(z) - \sum_{n=0}^{m-1} f(n) z^{-n}\right]$（左移）.

证明　根据 Z 变换的定义，$Z[f(n-m)]=\sum\limits_{n=0}^{+\infty}f(n-m)z^{-n}$. 令 $k=n-m$，于是上式成为

$$Z[f(n-m)]=z^{-m}\sum_{k=-m}^{+\infty}f(k)z^{-k}$$

而 $f(n)$ 是右边序列，所以 $f(k)=0(k=-m,-m+1,\cdots,-1)$，因此

$$Z[f(n-m)]=z^{-m}\sum_{k=0}^{+\infty}f(k)z^{-k}=z^{-m}F(z)$$

同样，对 $Z[f(n+m)]=\sum\limits_{n=0}^{+\infty}f(n+m)z^{-n}$，令 $k=n+m$，于是

$$Z[f(n+m)]=z^{m}\sum_{k=m}^{+\infty}f(k)z^{-k}$$
$$=z^{m}\left(\sum_{k=0}^{+\infty}f(k)z^{-k}-\sum_{k=0}^{m-1}f(k)z^{-k}\right)$$
$$=z^{m}\left[F(z)-\sum_{n=0}^{m-1}f(n)z^{-n}\right]$$

例 9.6　求变换 $Z[n^2]$，$Z[(n-1)^2]$ 和 $Z[(n+1)^2]$，其中 n 为非负整数.

解　设 $f(n)=n^2$，$F(z)=Z[f(n)]$. 利用线性性质和位移性质可得，

$$Z[f(n)-f(n-1)]=F(z)-z^{-1}F(z)=\frac{z-1}{z}F(z)$$

再利用线性性质及例 9.1，

$$Z[2n-1]=\frac{2z}{(z-1)^2}-\frac{1}{z-1}=\frac{z+1}{(z-1)^2}\qquad(|z|>1)$$

（由于 n 为非负整数，所以考虑的是右边序列，故 $f(-1)=0$，因此此处 $n\geq1$，从而 $Z[1]=\sum\limits_{n=1}^{+\infty}z^{-n}=\frac{1}{z-1}$. 如果与本问题无关，应该是 $Z[1]=\sum\limits_{n=0}^{+\infty}z^{-n}=\frac{z}{z-1}$. 这一点需要注意.）

因为 $f(n)-f(n-1)=2n-1$，所以当 $|z|>1$ 时，

$$F(z)=Z[n^2]=\frac{z(z+1)}{(z-1)^3}$$

从而利用位移性质知，

$$Z[(n-1)^2]=z^{-1}Z[n^2]=\frac{z+1}{(z-1)^3}\qquad(|z|>1)$$

$$Z[(n+1)^2]=zZ[n^2]=\frac{z^2(z+1)}{(z-1)^3}\qquad(|z|>1)$$

例 9.7　求变换 $Z\left[\frac{1}{(n+1)!}\right]$ 和 $Z\left[\frac{1}{(n+2)!}\right]$，其中 n 为非负整数.

解 因为当 $z \neq 0$ 时,

$$Z\left[\frac{1}{n!}\right] = \sum_{n=0}^{+\infty} \frac{1}{n!} z^{-n} = e^{\frac{1}{z}}$$

所以由位移性质,当 $z \neq 0$ 时,

$$Z\left[\frac{1}{(n+1)!}\right] = z\left[e^{1/z} - 1\right], \qquad Z\left[\frac{1}{(n+2)!}\right] = z^2\left[e^{1/z} - 1 - z^{-1}\right]$$

(3) 微分性质.

设 $F(z) = Z[f(n)]$,则 $Z[nf(n)] = -zF'(z)$.

证明 因为 $F(z) = Z[f(n)] = \sum_{n=-\infty}^{+\infty} f(n) z^{-n}$,所以在收敛区域内,

$$F'(z) = -\sum_{n=-\infty}^{+\infty} nf(n) z^{-n-1} = -z^{-1} \sum_{n=-\infty}^{+\infty} nf(n) z^{-n} = -z^{-1} Z[nf(n)]$$

于是 $Z[nf(n)] = -zF'(z)$.

例 9.8 利用微分性质求变换 $Z[n^2]$(参见例 9.6).

解 由例 9.1,已知 $Z[n] = \frac{z}{(z-1)^2}(|z| > 1)$,所以

$$Z[n^2] = -z\frac{d}{dz}\left(\frac{z}{(z-1)^2}\right) = -z\frac{(z-1) - 2z}{(z-1)^3} = \frac{z(z+1)}{(z-1)^3} \qquad (|z| > 1)$$

(4) 相似性质.

设 $F(z) = Z[f(n)]$,则对任意 $a \neq 0$,有 $Z[a^n f(n)] = F\left(\frac{z}{a}\right)$.

证明 根据 Z 变换的定义,

$$Z[a^n f(n)] = \sum_{n=-\infty}^{+\infty} a^n f(n) z^{-n} = \sum_{n=-\infty}^{+\infty} f(n)\left(\frac{z}{a}\right)^{-n} = F\left(\frac{z}{a}\right)$$

(5) 卷积性质.

设 $F_1(z) = Z[f_1(n)]$,$F_2(z) = Z[f_2(n)]$,则 $Z[(f_1 * f_2)(n)] = F_1(z)F_2(z)$.

证明 根据 Z 变换和卷积定义,

$$Z[(f_1 * f_2)(n)] = \sum_{n=-\infty}^{+\infty} (f_1 * f_2)(n) z^{-n}$$

$$= \sum_{n=-\infty}^{+\infty} \left(\sum_{k=-\infty}^{+\infty} f_1(k) f_2(n-k)\right) z^{-n}$$

$$= \sum_{k=-\infty}^{+\infty} f_1(k) \sum_{n=-\infty}^{+\infty} f_2(n-k) z^{-n}$$

令 $m = n - k$,于是

$$Z[(f_1 * f_2)(n)] = \sum_{k=-\infty}^{+\infty} f_1(k) \sum_{m=-\infty}^{+\infty} f_2(m) z^{-(m+k)}$$

$$= \sum_{k=-\infty}^{+\infty} f_1(k) z^{-k} \sum_{m=-\infty}^{+\infty} f_2(m) z^{-m}$$

$$= F_1(z) F_2(z)$$

(6) 初值定理.

设 $F(z)=Z[f(n)]$,则 $f(0)=\lim\limits_{z\to\infty} F(z)$.

(7) 终值定理.

设 $F(z)=Z[f(n)]$,且 $\lim\limits_{n\to\infty} f(n)$ 存在,则 $\lim\limits_{n\to\infty} f(n)=\lim\limits_{z\to 1}(z-1)F(z)$.

9.2　Z 逆 变 换

已知 $F(z)$ 及其收敛域,求对应的序列 $f(n)$,这样的运算过程称为 Z 逆变换,记为 $f(n)=Z^{-1}[F(z)]$.

可以将 $F(z)$ 在其收敛域内展开为 Laurent 级数来求 Z 逆变换.

例 9.9　求 $F(z)=\dfrac{1}{(z-1)(z-2)}$ 的 Z 逆变换,其收敛域分别为 $1<|z|<2$ 和 $|z|>2$.

解　根据例 3.17,$F(z)$ 在 $1<|z|<2$ 展开的 Laurent 级数为

$$F(z) = \cdots - \frac{1}{z^n} - \frac{1}{z^{n-1}} - \cdots - \frac{1}{z^2} - \frac{1}{z} - \frac{1}{2} - \frac{z}{2^2} - \frac{z^2}{2^3} - \cdots - \frac{z^n}{2^{n+1}} - \cdots$$

所以 $f(n)=-1(n=1,2,\cdots)$ 以及 $f(n)=-2^{n-1}(n=0,-1,-2,\cdots)$.

而 $F(z)$ 在 $|z|>2$ 展开的 Laurent 级数为

$$F(z) = \frac{1}{z^2} + \frac{3}{z^3} + \frac{7}{z^4} + \cdots = \sum_{n=1}^{+\infty}(2^{n-1}-1)z^{-n}$$

所以 $f(n)=2^{n-1}-1(n=1,2,\cdots)$.

定理 9.2　设 $F(z)=Z[f(n)]$,其收敛域为 $R_1<|z|<R_2$,则

$$f(n) = Z^{-1}[F(z)] = \frac{1}{2\pi i}\oint_C F(z)z^{n-1}dz(n=0,\pm 1,\pm 2,\cdots)$$

其中 C 为 $R_1<|z|<R_2$ 内任意一条包含原点的光滑闭曲线,方向为正.

证明　由 Z 变换的定义有

$$F(z) = \sum_{k=-\infty}^{+\infty} f(k)z^{-k}$$

于是

$$F(z)z^{n-1} = \sum_{k=-\infty}^{+\infty} f(k)z^{n-k-1}$$

由于 $\oint_C z^{n-k-1}dz = \begin{cases} 2\pi i, & k=n \\ 0, & k\neq n \end{cases}$,所以对上式两端沿曲线 C 求积分可得

$$\oint_C F(z)z^{n-1}\mathrm{d}z = \oint_C \sum_{k=-\infty}^{+\infty} f(k)z^{n-k-1}\mathrm{d}z = \sum_{k=-\infty}^{+\infty} f(k)\oint_C z^{n-k-1}\mathrm{d}z = 2\pi \mathrm{i} f(n)$$

如果 $F(z)z^{n-1}$ 在 C 的内部区域中只有有限个极点 $z_1,z_2,\cdots,z_{k(n)}$,那么根据定理 9.2 以及留数基本定理,可以利用留数来求 Z 逆变换,即

$$f(n) = \sum_{m=1}^{k(n)} \mathrm{Res}[F(z)z^{n-1},z_m], \qquad n=0,\pm 1,\pm 2,\cdots$$

如果 $F(z)$ 的收敛域为 $|z|>R$,一般将 $f(n)$ 看做右边序列,这时只需求 $n \geqslant 0$ 时的留数.

例 9.10 求 $F(z)=\dfrac{5z}{7z-3z^2-2}$ 的 Z 逆变换,其收敛域分别为 $\dfrac{1}{3}<|z|<2$ 和 $|z|>2$.

解 (1)收敛域为 $\dfrac{1}{3}<|z|<2$.

因为 $F(z)z^{n-1}=\dfrac{-\dfrac{5}{3}z^n}{\left(z-\dfrac{1}{3}\right)(z-2)}$,所以当 $n \geqslant 0$ 时,在 C 的内部区域中只有一个 1 级极点 $z=\dfrac{1}{3}$,当 $n<0$ 时,在 C 的内部区域中除 1 级极点 $z=\dfrac{1}{3}$ 外,还有级数随 n 变化的极点 $z=0$.

故当 $n=0,1,2,\cdots$ 时,

$$f(n) = \mathrm{Res}\left[\frac{-\dfrac{5}{3}z^n}{\left(z-\dfrac{1}{3}\right)(z-2)},\frac{1}{3}\right] = \left(\frac{1}{3}\right)^n$$

当 $n=-1$ 时,$z=0$ 是 1 级极点,所以

$$f(-1) = \mathrm{Res}\left[\frac{-\dfrac{5}{3}}{z\left(z-\dfrac{1}{3}\right)(z-2)},\frac{1}{3}\right] + \mathrm{Res}\left[\frac{-\dfrac{5}{3}}{z\left(z-\dfrac{1}{3}\right)(z-2)},0\right] = 3-\frac{5}{2}=\frac{1}{2}$$

当 $n=-2$ 时,$z=0$ 是 2 级极点,所以

$$f(-2) = \mathrm{Res}\left[\frac{-\dfrac{5}{3}}{z^2\left(z-\dfrac{1}{3}\right)(z-2)},\frac{1}{3}\right] + \mathrm{Res}\left[\frac{-\dfrac{5}{3}}{z^2\left(z-\dfrac{1}{3}\right)(z-2)},0\right]$$

$$= 9-\frac{35}{4} = \left(\frac{1}{2}\right)^2$$

可以得到 $f(n)=2^n,n=-1,-2,\cdots$.

(2) 收敛域为 $|z|>2$,此时将 $f(n)$ 看做右边序列,即只考虑 $n \geqslant 0$.

对 $|z|>2$ 内任意一条包含原点的正向光滑闭曲线 C,其内部区域含有

$$F(z)z^{n-1} = \frac{-\dfrac{5}{3}z^n}{\left(z-\dfrac{1}{3}\right)(z-2)}$$

的两个 1 级极点 $z=\dfrac{1}{3}$ 和 $z=2$,所以

$$f(n) = \mathrm{Res}\left[\frac{-\dfrac{5}{3}z^n}{\left(z-\dfrac{1}{3}\right)(z-2)}, \frac{1}{3}\right] + \mathrm{Res}\left[\frac{-\dfrac{5}{3}z^n}{\left(z-\dfrac{1}{3}\right)(z-2)}, 2\right]$$

$$= \left(\frac{1}{3}\right)^n - 2^n, \qquad n = 0,1,2,\cdots$$

9.3　Z 变换的应用

Z 变换在离散系统分析中得到广泛的应用. 描述线性时不变离散系统的数学模型是常系数线性差分方程. 利用 Z 变换的位移性质可把差分方程变成代数方程,然后求出待求量的 Z 变换表达式,再经逆变换得到原差分方程的解. 应用 Z 变换求解离散系统中出现的常系数线性差分方程,与用 Laplace 变换解微分方程的过程是类似的.

例 9.11　求二阶常系数线性差分方程 $y(n+2)+3y(n+1)+2y(n)=0$ 满足初始条件 $y(0)=0,y(1)=1$ 的解.

解　设 $Z[y(n)]=Y(z)$,对差分方程的两边取 Z 变换,并利用右边序列的左移性质可得

$$z^2[Y(z)-y(0)-y(1)z^{-1}] + 3z[Y(z)-y(0)] + 2Y(z) = 0$$

代入初始条件 $y(0)=0,y(1)=1$,求出

$$Y(z) = \frac{z}{(z+1)(z+2)}$$

在 $|z|>2$ 中将 $Y(z)$ 展开为 Laurent 级数为 $Y(z) = \displaystyle\sum_{n=0}^{+\infty}\left[(-1)^n-(-2)^n\right]\frac{1}{z^n}$,

所以 $y(n)=(-1)^n-(-2)^n$.

例 9.12　求二阶常系数线性差分方程 $y(n+2)+2y(n+1)+y(n)=1$ 满足初始条件 $y(0)=1,y(1)=0$ 的解.

解　设 $Z[y(n)]=Y(z)$,对差分方程的两边取 Z 变换,并利用右边序列的左移性质可得,在 $|z|>1$ 中,

$$z^2[Y(z)-y(0)-y(1)z^{-1}] + 2z[Y(z)-y(0)] + Y(z) = \frac{z}{z-1}$$

代入初始条件 $y(0)=1,y(1)=0$,求出

$$Y(z) = \frac{z(z^2+z-1)}{(z+1)^2(z-1)}$$

对 $|z|>1$ 内任意一条包含原点的正向光滑闭曲线 C,其内部区域含有

$$Y(z)z^{n-1} = \frac{z^n(z^2+z-1)}{(z+1)^2(z-1)}$$

的 1 级极点 $z=1$ 和 2 级极点 $z=-1$. 于是利用留数方法可求出

$$y(n) = \text{Res}\left[\frac{z^n(z^2+z-1)}{(z+1)^2(z-1)},1\right] + \text{Res}\left[\frac{z^n(z^2+z-1)}{(z+1)^2(z-1)},-1\right]$$

$$= \frac{1}{4} + \frac{(-1)^n(3-2n)}{4}, \qquad n=0,1,2,\cdots$$

例 9.13　已知离散控制系统的状态方程为

$$\begin{bmatrix} x_1(k+1) \\ x_2(k+1) \end{bmatrix} = \begin{bmatrix} -0.5 & -0.3 \\ 0.2 & 0 \end{bmatrix}\begin{bmatrix} x_1(k) \\ x_2(k) \end{bmatrix} + \begin{bmatrix} 1 \\ 0 \end{bmatrix}u(k)$$

初始条件为 $x_1(0)=0,x_2(0)=0$,控制变量为

$$u(k) = \begin{cases} 1, & k \geqslant 0 \\ 0, & k < 0 \end{cases}$$

求 $x_2(k)$.

解　对状态方程组两端取 z 变换,得

$$z\begin{bmatrix} X_1(z) \\ X_2(z) \end{bmatrix} = \begin{bmatrix} -0.5 & -0.3 \\ 0.2 & 0 \end{bmatrix}\begin{bmatrix} X_1(z) \\ X_2(z) \end{bmatrix} + \begin{bmatrix} 1 \\ 0 \end{bmatrix}\frac{z}{z-1}$$

于是

$$\begin{bmatrix} X_1(z) \\ X_2(z) \end{bmatrix} = \begin{bmatrix} z+0.5 & 0.3 \\ -0.2 & z \end{bmatrix}^{-1}\begin{bmatrix} 1 \\ 0 \end{bmatrix}\frac{z}{z-1}$$

$$= \frac{1}{z^2+0.5z+0.06}\begin{bmatrix} z & -0.3 \\ 0.2 & z+0.5 \end{bmatrix}\begin{bmatrix} 1 \\ 0 \end{bmatrix}\frac{z}{z-1}$$

$$= \frac{z}{(z-1)(z+0.2)(z+0.3)}\begin{bmatrix} z \\ 0.2 \end{bmatrix}$$

所以

$$X_2(z) = \frac{0.2z}{(z-1)(z+0.2)(z+0.3)} = \frac{0.128}{z-1} + \frac{0.333}{z+0.2} - \frac{0.461}{z+0.3}$$

从而

$$x_2(k) = 0.128 + 0.333(-0.2)^{k-1} - 0.461(-0.3)^{k-1} \qquad (k \geqslant 1), x_2(0)=0$$

例 9.14　对单输入单输出离散系统

$$y(k+n) + a_1y(k+n-1) + \cdots + a_{n-1}y(k+1) + a_ny(k) = u(k) \quad (9\text{-}4)$$

假设初始条件都为 0,对式(9-4)两端取 z 变换,得

$$z^n Y(z) + a_1 z^{n-1} Y(z) + \cdots + a_{n-1} z Y(z) + a_n Y(z) = U(z)$$

从而有

$$H(z) = \frac{Y(z)}{U(z)} = \frac{1}{z^n + a_1 z^{n-1} + \cdots + a_{n-1} z + a_n}$$

$H(z)$ 称为离散系统(9-4)的传递函数.

对于由状态方程

$$x(k+1) = Ax(k) + Bu(k) \tag{9-5}$$

$$y(k) = Cx(k) + Du(k) \tag{9-6}$$

描述的多输入多输出系统,其中 $x(k)$ 是状态向量,$u(k)$ 是输入向量,$y(k)$ 是输出向量,同样假设初始状态为 0,对式(9-5)和(9-6)两端取 z 变换,得

$$zX(z) = AX(z) + BU(z) \tag{9-7}$$

$$Y(z) = CX(z) + DU(z) \tag{9-8}$$

由式(9-7)可解出

$$X(z) = (zI - A)^{-1} BU(z)$$

代入到式(9-8)中得到

$$Y(z) = [C(zI - A)^{-1} B + D]U(z)$$

称 $H(z) = C(zI - A)^{-1}B + D$ 为多输入多输出系统(9-5)和(9-6)的传递矩阵.

对于由状态方程

$$\frac{\mathrm{d}x}{\mathrm{d}t}(t) = Ax(t) + Bu(t) \tag{9-9}$$

和输出方程

$$y(t) = Cx(t) + Du(t) \tag{9-10}$$

描述的多输入多输出线性连续系统,其中 $x(t)$ 是状态向量,$u(t)$ 是输入向量,$y(t)$ 是输出向量,由线性方程组解的公式可知

$$x(t) = \mathrm{e}^{A(t-t_0)} x(t_0) + \int_{t_0}^{t} \mathrm{e}^{A(t-\tau)} Bu(\tau) \mathrm{d}\tau \tag{9-11}$$

当系统用数字计算机进行控制时,控制信号在一个采样周期内取常值,即

$$u(\tau) = u(t_k), \qquad t_k \leqslant \tau < t_{k+1}$$

其中 t_k 为第 k 次采样时刻. 这样在时间区间 $[t_k, t_{k+1})$ 中,式(9-11)化为

$$x(t) = \mathrm{e}^{A(t-t_k)} x(t_k) + \left(\int_{t_k}^{t} \mathrm{e}^{A(t-\tau)} \mathrm{d}\tau \right) Bu(t_k) \tag{9-12}$$

由 $x(t)$ 的连续性,在式(9-12)中令 $t = t_{k+1}$,得到

$$x(t_{k+1}) = \mathrm{e}^{A(t_{k+1}-t_k)} x(t_k) + \left(\int_{t_k}^{t_{k+1}} \mathrm{e}^{A(t_{k+1}-\tau)} \mathrm{d}\tau \right) Bu(t_k)$$

设 T 为采样周期,记 $x(k+1) = x(t_{k+1}) = x((k+1)T), u(k) = u(t_k) = u(kT)$,则得到离散化的状态方程为

$$x(k+1) = e^{AT}x(k) + \left(\int_0^T e^{A\tau}\,\mathrm{d}\tau\right)Bu(k)$$

其中

$$e^{AT} = I + \frac{AT}{1!} + \frac{A^2 T^2}{2!} + \cdots$$

$$\int_0^T e^{A\tau}\,\mathrm{d}\tau = IT + \frac{AT^2}{2!} + \frac{A^2 T^3}{3!} + \cdots$$

如果 A 可逆,可见 $\int_0^T e^{A\tau}\,\mathrm{d}\tau = A^{-1}(e^{AT} - I)$.

离散化的输出方程为 $y(k) = Cx(k) + Du(k)$.

考虑例 8.33 中的 RLC 网络系统. 设采样周期 $T=1$,当

$$L = \frac{1}{2}, \qquad R = \frac{1}{3}, \qquad C = 1$$

时,将其离散化得到状态方程为

$$\begin{bmatrix} i_1(k+1) \\ v_2(k+1) \end{bmatrix} = \begin{bmatrix} 0.601 & -0.466 \\ 0.233 & -0.098 \end{bmatrix} \begin{bmatrix} i_1(k) \\ v_2(k) \end{bmatrix} + \begin{bmatrix} 1.664 & -0.467 \\ 0.400 & -1.099 \end{bmatrix} \begin{bmatrix} e_1(k) \\ e_2(k) \end{bmatrix}$$

输出方程为

$$\begin{bmatrix} i_1(k) \\ i_2(k) \end{bmatrix} = \begin{bmatrix} 1 & 0 \\ 1 & -3 \end{bmatrix} \begin{bmatrix} i_1(k) \\ v_2(k) \end{bmatrix} + \begin{bmatrix} 0 & 0 \\ 0 & -3 \end{bmatrix} \begin{bmatrix} e_1(k) \\ e_2(k) \end{bmatrix}$$

于是这个离散系统的传递矩阵为

$$H(z) = \begin{bmatrix} 1 & 0 \\ 1 & -3 \end{bmatrix} \begin{bmatrix} z-0.601 & 0.466 \\ -0.233 & z+0.098 \end{bmatrix}^{-1} \begin{bmatrix} 1.664 & -0.467 \\ 0.400 & -1.099 \end{bmatrix} + \begin{bmatrix} 0 & 0 \\ 0 & -3 \end{bmatrix}$$

$$= \frac{1}{z^2 - 0.503z + 0.0497} \begin{bmatrix} 1.664z-0.023 & -0.466z-0.466 \\ 0.464z-0.465 & 2.831z-0.1189 \end{bmatrix} + \begin{bmatrix} 0 & 0 \\ 0 & -3 \end{bmatrix}$$

习 题 9

以下各题中的序列均为右边序列.

1. 求下列序列的 Z 变换:

(1) $f(n) = \left(\frac{1}{2}\right)^n$;

(2) $f(n) = \left(\frac{1}{3}\right)^{-n}$;

(3) $f(n) = \left(\frac{1}{2}\right)^n + \left(\frac{1}{2}\right)^{n-10}$;

(4) $f(n) = \left(\frac{1}{2}\right)^n + \left(\frac{1}{3}\right)^n$.

2. 求下列序列的 Z 变换:

(1) $f(n) = 2n + 5\sin\frac{n\pi}{4} - 3a$;

(2) $f(n)=\cos\left(2n+\dfrac{\pi}{4}\right)$;

(3) $f(n)=(\cos 3n)(\sin 3n)$;

(4) $f(n)=(\sin n)(\sin 2n)$;

(5) $f(n)=\dfrac{3^n+3^{-n}}{n!}$;

(6) $f(n)=n\cos n\theta$.

3. 设 $Z[f(n)]=\dfrac{z}{z-1}+\dfrac{z}{z^2+1}$，求 $Z[f(n+2)]$.

4. 求下列函数的 Z 逆变换：

(1) $F(z)=\dfrac{1}{z-3}$;

(2) $F(z)=\dfrac{z}{(z-1)^2}$;

(3) $F(z)=\dfrac{z}{3z^2-4z+1}$;

(4) $F(z)=\dfrac{z}{(z-2)(z+4)}$.

5. 解下列差分方程：

(1) $\begin{cases} y(n+2)+y(n+1)+y(n)=1, \\ y(0)=1, y(1)=2; \end{cases}$

(2) $\begin{cases} y(n+1)-y(n)=2n+1, \\ y(0)=0; \end{cases}$

(3) $\begin{cases} y(n+2)-5y(n+1)+6y(n)=4^n, \\ y(0)=0, y(1)=1; \end{cases}$

(4) $\begin{cases} y(n+2)+4y(n+1)+3y(n)=-3^n, \\ y(1)=1, y(2)=0. \end{cases}$

第10章 小波变换基础

小波分析是当前数学中一个迅速发展的新领域,它同时具有理论深刻和应用十分广泛的双重意义. 小波变换也是一种积分变换,是一个时间和频率的局域变换,因而能有效的从信号中提取信息,通过伸缩和平移等运算功能对函数或信号进行多尺度细化分析,解决了 Fourier 变换不能解决的许多困难问题. 在本章我们简单介绍小波变换的基本理论并且给出了小波变换在图像压缩通过 MATLAB 实现的一个简单例子.

为了方便,在本章我们将 Fourier 变换记为 $\hat{f}(\omega)=F(\omega)=\mathscr{F}[f(t)]$,$\mathbf{R}$ 表示实数,$\mathbf{Z}$ 表示整数,$\mathbf{N}$ 表示自然数. 用

$$L^1(R) = \left\{ f(t) \mid \int_{-\infty}^{+\infty} |f(t)| \, \mathrm{d}t < \infty \right\}$$

表示绝对可积函数构成的空间,用

$$L^2(R) = \left\{ f(t) \mid \int_{-\infty}^{+\infty} |f(t)|^2 \, \mathrm{d}t < \infty \right\}$$

表示平方绝对可积函数构成的空间,对 $f,g \in L^2(R)$,

$$\langle f,g \rangle = \int_{-\infty}^{+\infty} f(t) \, \overline{g(t)} \, \mathrm{d}t$$

表示空间 $L^2(R)$ 中的内积,$\overline{g(t)}$ 表示 $g(t)$ 的共轭.

10.1 小波变换的背景

自从 1822 年 Fourier 发表《热传导解析理论》以来,Fourier 变换一直是在信号处理等工程应用领域中得到广泛使用并且极其有效的一种分析手段. Fourier 变换和逆变换将研究的内容从时域变换到频域,也就是从一个空间变换到另一个空间,这种研究思想和方法是重大的创新. 如果我们把 $f(t)$ 理解为一般的信号的描述,Fourier 变换和逆变换的表达式

$$\hat{f}(\omega) = \int_{-\infty}^{+\infty} f(t) \mathrm{e}^{-\mathrm{i}\omega t} \, \mathrm{d}t, \qquad \omega \in \mathbf{R}$$

$$f(t) = \frac{1}{2\pi} \int_{-\infty}^{+\infty} \hat{f}(\omega) \mathrm{e}^{\mathrm{i}\omega t} \, \mathrm{d}\omega, \qquad t \in \mathbf{R}$$

说明,信号的 Fourier 变换能给出信号的频率特性,即其频谱分析. 由于 Fourier 变换和逆变换具有很好的对称性,使得信号的重构很容易进行. 特别是后来离散

Fourier 变换(DFT)的发展,以及 1965 年提出的快速 Fourier 变换(FFT)与计算机技术相结合,使得 Fourier 变换的应用更加广泛和有效,在科学技术的各个领域发挥过重要作用.

但是 Fourier 变换仅适用于确定性的平稳信号. 从定义可以看出,为了应用 Fourier 变换去研究一个信号的频谱特性,必须获得在整个时域($-\infty < t < +\infty$)中信号的全部信息. 由于 $|e^{\pm i\omega t}| = 1$,即 Fourier 变换的积分核在任何情形下的模都是 1,所以信号 $f(t)$ 的频谱 $\hat{f}(\omega)$ 的任一频点值都是由 $f(t)$ 在整个时间域上的贡献决定的;反之,信号 $f(t)$ 在任一时刻的状态也是由频谱 $\hat{f}(\omega)$ 在整个频域($-\infty < \omega < +\infty$)上的贡献决定的. 所以在时域中 Fourier 变换没有任何分辨能力,通过有限频段上的 $\hat{f}(\omega)$ 不能获得信号 $f(t)$ 在任何有限时间间隔内的频率信息. 因为一个信号在某个时刻的一个小的邻域中发生了变化,那么整个频域都要受到影响. 这就是说,Fourier 变换在时域没有局域特性. 同样地分析可见,在频域上 Fourier 变换也没有局域特性.

为了研究信号在局部时间范围的频域特征,1946 年 Gabor 提出了著名的 Gabor 变换,之后又进一步发展为窗口 Fourier 变换,也称短时 Fourier 变换(STFT). STFT 弥补了 Fourier 变换的一些不足,已在许多领域获得了广泛的应用. 但是,由于 STFT 的时-频窗口大小和形状固定,与时间和频率无关,所以并没有很好地解决时-频局部化问题,这对于分析时变信号来说是不利的. 高频信号一般持续时间很短,而低频信号持续时间较长,因此,我们期望对于高频信号采用小时间窗,对于低频信号则采用大时间窗进行分析. 在进行信号分析时,这种变时间窗的要求同 STFT 固定时窗的特性是矛盾的,STFT 无法满足这种需要. 此外,在进行数值计算时,人们希望将基函数离散化,以节约计算时间及存储量. 但 Gabor 基无论怎样离散,都不能构成一组正交基,因而给数值计算带来了不便.

小波变换的思想来源于伸缩与平移方法,在小波变换的系统理论发展起来以前,其基本思想已经在许多领域的应用中有所体现. 在 1910 年 Haar 提出的规范正交基应该是小波分析的最早萌芽. 1938 年,Littlewood-Paley 对 Fourier 级数按二进制频率成分进行分组. 1965 年,Galderon 发现了再生公式,它的离散形式已接近小波展开. 1981 年,Stormberg 对 Haar 系进行了改进,证明了小波函数的存在性. 小波概念的真正出现应该是在 1984 年,当时法国地球物理学家 Morlet 在分析地震数据时提出将地震波按一个确定函数的伸缩平移系展开. 然后数学家 Meyer 对 Morlet 提出的方法进行了系统研究,并与其他一些人的工作联合奠定了小波分析的基础. 小波变换克服了 Fourier 变换和窗口 Fourier 变换的缺点,在时域和频域同时具有良好的局域化性质,被誉为"数学显微镜".

1987 年,法国数学家 Mallat 与 Meyer 合作,将计算机视觉领域内的多尺度分析的思想引入到小波分析中,提出了多分辨分析的概念,统一了在此之前的所有具体正交小波基的构造,并且提出相应的分解与重构快速算法. 随后 Mallat 将多分辨分析用于图象处理,取得了巨大成功.

　　小波变换是泛函分析、调和分析和数值分析等数学分支发展的综合结晶,作为一种数学理论和方法在科学技术领域引起了越来越多的关注和重视. 小波分析的应用是与小波分析的理论研究紧密地结合在一起的. 对于处理性质随时间稳定不变的信号,理想工具仍然是 Fourier 分析. 但是在实际应用中的绝大多数信号是非稳定的,而特别适用于非稳定信号的工具就是小波分析. 小波分析的应用领域十分广泛,包括信号分析和图象处理、语音识别与合成、医学成像与诊断、地质勘探与地震预报等方面,小波分析技术的使用是这些领域在工具及方法上的重大突破.

10.2　窗口 Fourier 变换简介

　　窗口 Fourier 变换是在 Fourier 变换的框架内,将非平稳过程看成是一系列短时平稳信号的叠加,通过在时域上加上窗口来实现短时性. 通常选择在有限区间外恒等于零或迅速趋于零的钟形函数 $g(t)$ 作为窗函数,用平移滑动的窗函数 $g(t-\tau)$ 与信号 $f(t)$ 相乘,有效地抑制了 $t=\tau$ 邻域以外的信号,在 τ 附近开窗,通过平移来覆盖整个时间域. 然后再进行 Fourier 变换,所得的结果反映了 $t=\tau$ 时刻附近的频谱信息,从而产生了时域局部化的作用.

　　定义 10.1　设函数 $g\in L^1(R)\bigcap L^2(R), tg\in L^2(R)$,则称 $f(t)g(t-\tau)$ 的 Fourier 变换

$$\int_{-\infty}^{+\infty} f(t)g(t-\tau)\mathrm{e}^{-\mathrm{i}\omega t}\mathrm{d}t$$

为 $f(t)$ 的窗口 Fourier 变换,也称 Gabor 变换,记为 $G_f(\omega,\tau)$,其中 $g(t)$ 称为时窗函数.

　　以下我们总是取时窗函数 $g(t)$ 满足

$$\int_{-\infty}^{+\infty} |g(t)|^2 \mathrm{d}t = 1$$

　　根据 Fourier 变换的反演公式,有

$$f(t)g(t-\tau) = \frac{1}{2\pi}\int_{-\infty}^{+\infty} G_f(\omega,\tau)\mathrm{e}^{\mathrm{i}\omega t}\mathrm{d}\omega$$

于是

$$f(t)(g(t-\tau))^2 = \frac{1}{2\pi}\int_{-\infty}^{+\infty} G_f(\omega,\tau)\mathrm{e}^{\mathrm{i}\omega t}g(t-\tau)\mathrm{d}\omega$$

从而

$$f(t)\int_{-\infty}^{+\infty} (g(t-\tau))^2 \mathrm{d}\tau = \frac{1}{2\pi}\int_{-\infty}^{+\infty}\mathrm{d}\tau\int_{-\infty}^{+\infty} G_f(\omega,\tau)\mathrm{e}^{\mathrm{i}\omega t}g(t-\tau)\mathrm{d}\omega$$

因为

$$\int_{-\infty}^{+\infty} (g(t-\tau))^2 d\tau = \int_{-\infty}^{+\infty} |g(t)|^2 d\tau = 1$$

所以

$$f(t) = \frac{1}{2\pi} \int_{-\infty}^{+\infty} d\tau \int_{-\infty}^{+\infty} G_f(\omega,\tau) e^{i\omega t} g(t-\tau) d\omega$$

这就是窗口 Fourier 变换的反演公式.

定义 10.2　设 $g(t)$ 是时窗函数,称

$$t^* = \int_{-\infty}^{+\infty} t |g(t)|^2 dt$$

为时窗中心,称

$$\Delta t = \left(\int_{-\infty}^{+\infty} (t-t^*)^2 |g(t)|^2 dt \right)^{\frac{1}{2}}$$

为时窗半径.

　　于是时窗函数 $g(t)$ 的窗口为

$$[t^* - \Delta t, t^* + \Delta t]$$

窗口的宽度为 $2\Delta t$. 至于时窗函数 $g(t-\tau)$ 的时窗中心 t_τ^* 和时窗半径 Δt_τ,可推导如下:

$$\begin{aligned}
t_\tau^* &= \int_{-\infty}^{+\infty} t |g(t-\tau)|^2 dt \\
&= \int_{-\infty}^{+\infty} (u+\tau) |g(u)|^2 du \\
&= \int_{-\infty}^{+\infty} u |g(u)|^2 du + \tau \int_{-\infty}^{+\infty} |g(u)|^2 du \\
&= t^* + \tau \\
\Delta t_\tau &= \left(\int_{-\infty}^{+\infty} (t-t_\tau^*)^2 |g(t-\tau)|^2 dt \right)^{\frac{1}{2}} \\
&= \left(\int_{-\infty}^{+\infty} (u+\tau-t_\tau^*)^2 |g(u)|^2 du \right)^{\frac{1}{2}} \\
&= \left(\int_{-\infty}^{+\infty} (u-t^*)^2 |g(u)|^2 du \right)^{\frac{1}{2}} \\
&= \Delta t
\end{aligned}$$

由此可见,时窗中心在平移,而时窗半径不变.

定义 10.3　设 $g(t)$ 是时窗函数,称 $\hat{g}(\omega) = G(\omega)$ 为频窗函数,并且称

$$\omega^* = \frac{\displaystyle\int_{-\infty}^{+\infty} \omega |G(\omega)|^2 d\omega}{\displaystyle\int_{-\infty}^{+\infty} |G(\omega)|^2 d\omega}$$

是频窗中心,称

$$\Delta\omega = \left[\frac{\int_{-\infty}^{+\infty} (\omega - \omega^*)^2 \, |\, G(\omega)\,|^2 \mathrm{d}\omega}{\int_{-\infty}^{+\infty} |\, G(\omega)\,|^2 \mathrm{d}\omega}\right]^{\frac{1}{2}}$$

是频窗半径.

当频窗函数是 $G(\omega - \eta)$ 时,类似地可以推导出相应的频窗中心和频窗半径为

$$\omega_\eta^* = \omega^* + \eta, \qquad \Delta\omega_\eta = \Delta\omega$$

因此频窗中心在平移,频窗半径不变.

在时-频坐标系中,时窗和频窗共同作用形成时-频窗,图 10.1 是通过时-频窗进行时-频局部化的几何直观描述. 窗口 Fourier 变换把时域上的信号 $f(t)$ 映射到时-频域平面 (τ, ω) 中的一个二维函数 $G_f(\omega, \tau)$.

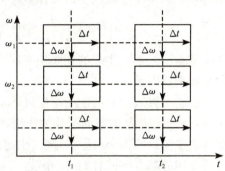

一个常用的窗口函数是 Gauss 函数

$$g(t) = \frac{b}{2\sqrt{\pi a}}\mathrm{e}^{-\frac{t^2}{4a}} \qquad (a, b > 0)$$

其中 a, b 使得

$$\int_{-\infty}^{+\infty} |\, g(t)\,|^2 \mathrm{d}t = 1$$

图 10.1　窗口 Fourier 变换时-频窗

易见时窗中心 $t^* = \displaystyle\int_{-\infty}^{+\infty} t\,|\, g(t)\,|^2 \mathrm{d}t = 0$,并且时窗半径 $\Delta t = \left(\displaystyle\int_{-\infty}^{+\infty} (t - t^*)^2\,|\, g(t)\,|^2 \mathrm{d}t\right)^{\frac{1}{2}} = \sqrt{a}$. 相应的频窗函数

$$G(\omega) = \hat{g}(\omega) = b\mathrm{e}^{-a\omega^2}$$

因此可以计算出频窗中心 $\omega^* = 0$,频窗半径 $\Delta\omega = \dfrac{1}{2\sqrt{a}}$. 所以时-频窗面积为

$$(2\Delta t)(2\Delta\omega) = 2$$

实际上我们有 Heisenberg 测不准原理:存在常数 $C > 0$,使得 $(\Delta t)(\Delta\omega) \geqslant C$. 这个不等式称为窗口 Fourier 变换的 Heisenberg 不等式,它表明窗口 Fourier 变换的时窗半径和频窗半径,一个减小必然引起另一个的增大,不能同时减小.

另外,窗口 Fourier 变换的窗函数选定以后,其时-频窗就固定不变了,这样就限制了窗口 Fourier 变换的实际应用. 为了提取高频分量的信息,时窗应该尽量地窄,而允许频窗适当地宽;对于低频分量,时窗则应适当加宽,以保证至少能包含一个周期的过程,同时频窗应当尽量缩小,以保证有较高的频率分辨率.

10.3　连续小波变换

虽然窗口 Fourier 变换已经具备了平移的功能,但是 ω 的变化不改变窗口的大小与形状,不具备伸缩性.通过引进使时间变量可变的参数到窗口函数之中,代替 Fourier 变换中不衰减的正交基 $\mathrm{e}^{-\mathrm{i}\omega t}$,从而创立了小波变换.

定义 10.4　设 $\psi \in L^2(R) \cap L^1(R)$,满足条件

$$C_\psi = \int_{-\infty}^{+\infty} \frac{|\hat{\psi}(\omega)|^2}{|\omega|} \mathrm{d}\omega < \infty \tag{10-1}$$

则称 $\psi(t)$ 为基本小波或小波母函数. 称

$$\psi_{a,b}(t) = \frac{1}{\sqrt{|a|}} \psi\left(\frac{t-b}{a}\right) \qquad (a,b \in \mathbf{R}, a \neq 0) \tag{10-2}$$

为由基本小波 $\psi(t)$ 生成的连续小波或小波基函数,其中 a 和 b 为参数,分别是伸缩因子和平移因子.

连续小波 $\psi_{a,b}(t)$ 的作用与窗口 Fourier 变换中的 $g(t-\tau)\mathrm{e}^{-\mathrm{i}\omega t}$ 的作用类似,其中 b 与 τ 一样都起着时间平移的作用,而 a 在连续小波变换中是一个尺度参数,它既能改变窗口的大小与形状,同时也能改变连续小波的频谱结构.

常用的基本小波有 Haar 小波:

$$\psi(t) = \begin{cases} 1, & 0 \leqslant t < \dfrac{1}{2} \\ -1, & \dfrac{1}{2} \leqslant t \leqslant 1 \\ 0, & 其他 \end{cases}$$

Morlet 小波:

$$\psi(t) = \mathrm{e}^{-\frac{t^2}{2}} \mathrm{e}^{\mathrm{i}\omega_0 t}, \qquad -\infty < t < +\infty, \qquad \omega_0 \geqslant 5$$

墨西哥草帽小波(Marr 小波):

$$\psi(t) = (1-t^2)\frac{1}{\sqrt{2\pi}}\mathrm{e}^{-\frac{t^2}{2}}, \qquad -\infty < t < +\infty$$

定义 10.5　设 $\psi_{a,b}$ 为由基本小波 $\psi(t)$ 生成的连续小波. 对 $f \in L^2(R)$,称

$$(W_\psi f)(a,b) = <f, \psi_{a,b}> = \frac{1}{\sqrt{|a|}}\int_{-\infty}^{+\infty} f(t)\overline{\psi\left(\frac{t-b}{a}\right)}\mathrm{d}t \tag{10-3}$$

为 $f(t)$ 的连续小波变换.

连续小波变换具有如下一些主要性质.

(1) 线性性质.

设 $f, g \in L^2(R), k_1, k_2$ 是任意常数,则

$$(W_\psi(k_1 f + k_2 g))(a,b) = k_1 (W_\psi f)(a,b) + k_2 (W_\psi g)(a,b)$$

(2) 平移性质.

设 $f \in L^2(R)$,则

$$(W_\psi f(t-t_0))(a,b) = (W_\psi f(t))(a,b-t_0)$$

(3) 尺度法则.

设 $f \in L^2(R)$,则

$$(W_\psi f(\lambda t))(a,b) = \frac{1}{\sqrt{\lambda}}(W_\psi f(t))(\lambda a, \lambda b), \qquad \lambda > 0$$

与窗口 Fourier 变换类似,在小波变换中,也可称 $\psi_{a,b}(t)$ 是窗函数,小波变换的时-频窗表现了小波变换的时-频局部化能力. 设 $\psi \in L^2(R)$ 是小波函数,时窗中心 t^*,时窗半径 Δt,频窗中心 ω^* 和频窗半径 $\Delta \omega$ 分别为

$$t^* = \frac{\int_{-\infty}^{+\infty} t|\psi_{a,b}(t)|^2 dt}{\int_{-\infty}^{+\infty} |\psi_{a,b}(t)|^2 dt}$$

$$\Delta t = \left[\frac{\int_{-\infty}^{+\infty} (t-t^*)^2 |\psi_{a,b}(t)|^2 dt}{\int_{-\infty}^{+\infty} |\psi_{a,b}(t)|^2 dt} \right]^{\frac{1}{2}}$$

$$\omega^* = \frac{\int_{-\infty}^{+\infty} \omega|\hat{\psi}_{a,b}(\omega)|^2 d\omega}{\int_{-\infty}^{+\infty} |\hat{\psi}_{a,b}(\omega)|^2 d\omega}$$

$$\Delta \omega = \left[\frac{\int_{-\infty}^{+\infty} (\omega-\omega^*)^2 |\hat{\psi}_{a,b}(\omega)|^2 d\omega}{\int_{-\infty}^{+\infty} |\hat{\psi}_{a,b}(\omega)|^2 d\omega} \right]^{\frac{1}{2}}$$

小波变换中的窗函数 $\psi_{a,b}(t)$ 是由 $\psi(t)$ 的平移和缩放得来的,分别记对应于 $\psi_{a,b}(t)$ 的有关量为: 时窗中心 t^*_ψ,时窗半径 Δt_ψ,频窗中心 ω^*_ψ 和频窗半径 $\Delta \omega_\psi$,并且我们有如下关系式

$$t^* = a t^*_\psi + b, \qquad \Delta t = a \Delta t_\psi, \qquad \omega^* = \frac{1}{a}\omega^*_\psi, \qquad \Delta \omega = \frac{1}{a}\Delta \omega_\psi$$

由此可以看出它们的变化关系.

虽然 $\psi_{a,b}(t)$ 的时窗和频窗的中心与宽度随着 a,b 在变化,但是在时-频面上,窗口的面积不随 a,b 而变,因为

$$(2\Delta t)(2\Delta \omega) = (2a\Delta t_\psi)\left(2\frac{1}{a}\Delta \omega_\psi\right) = (2\Delta t_\psi)(2\Delta \omega_\psi)$$

因此小波变换在时-频面上的窗口是面积相等但长宽不同的矩形区域(图 10.2).

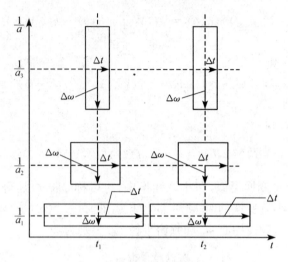

图 10.2　小波变换时-频窗

定理 10.1　设 $\psi(t)$ 为基本小波，$f \in L^2(R)$，则有连续小波变换的反演公式

$$f(t) = \frac{1}{C_\psi} \int_{-\infty}^{+\infty} \mathrm{d}b \int_{-\infty}^{+\infty} (W_\psi f)(a,b) \left[\frac{1}{\sqrt{|a|}} \psi\left(\frac{t-b}{a}\right) \right] \frac{1}{a^2} \mathrm{d}a$$

10.4　二进小波变换和离散小波变换

在数字计算中，需要把连续小波及其变换离散化. 一般对小波变换进行二进制离散，即取 a 为离散值 $a_j = 2^{-j}, j = 0, \pm1, \pm2, \cdots$，而 b 仍取为连续的值. 这种离散化的小波和相应的小波变换叫做二进小波和二进小波变换. 如果在一定条件下，b 也取为离散的值，则得到离散小波和相应的离散小波变换.

定义 10.6　设 $\psi(t)$ 为基本小波，$s \in \mathbf{R}, s \neq 0$，记

$$\psi_s(t) = \frac{1}{s} \psi\left(\frac{t}{s}\right)$$

对 $f \in L^2(R)$，定义小波变换为

$$(W_s f)(x) = (f * \psi_s)(x) = \frac{1}{s} \int_{-\infty}^{+\infty} f(t) \psi\left(\frac{x-t}{s}\right) \mathrm{d}t \tag{10-4}$$

其中 s 为尺度因子.

如果取 $h(t) = \overline{\psi(-t)}$，可以得到定义 10.3 中小波变换与定义 10.2 中连续小波变换的关系为

$$(W_s f)(x) = \frac{1}{\sqrt{|s|}} \mathrm{sgn}(s) (W_h f)(s,x)$$

定义 10.7　设 $\psi(t)$ 为基本小波. 如果存在常数 $A, B(0 < A \leqslant B < +\infty)$，使得

$$A \leqslant \sum_{k \in \mathbf{Z}} |\hat{\psi}(2^{-k}\omega)|^2 \leqslant B \tag{10-5}$$

则称 $\psi(t)$ 是一个二进小波. 如果 $\psi(t)$ 是一个二进小波, 对 $f \in L^2(R)$, 其在 x 位置和尺度 $2^j (j \in \mathbf{Z})$ 的小波变换为

$$(W_{2^j} f)(x) = (f * \psi_{2^j})(x)$$

称序列 $Wf = \{(W_{2^j} f)(x)\}_{j \in \mathbf{Z}}$ 为二进小波变换.

　　为了得到二进小波变换的反演公式, 需要给出下面重构小波的概念.

　　定义 10.8　设 $\psi(t)$ 为二进小波. 如果函数 $\chi \in L^2(R) \bigcap L^1(R)$, 满足

$$\sum_{j=-\infty}^{+\infty} \hat{\psi}(2^j\omega)\hat{\chi}(2^j\omega) = 1$$

则称 $\chi(t)$ 为重构小波.

　　对给定的二进小波 $\psi(t)$, 可以验证满足

$$\hat{\chi}(\omega) = \frac{\overline{\hat{\psi}(\omega)}}{\displaystyle\sum_{j=-\infty}^{+\infty} |\hat{\psi}(2^j\omega)|^2}$$

的函数 $\chi \in L^2(R) \bigcap L^1(R)$ 就是一个对应于 $\psi(t)$ 的重构小波, 并且

$$\frac{1}{B} \leqslant \sum_{k \in \mathbf{Z}} |\hat{\chi}(2^{-k}\omega)|^2 \leqslant \frac{1}{A}$$

即 $\chi(t)$ 也是一个二进小波.

　　定理 10.2　设 $\psi(t)$ 为基本小波, $\chi(t)$ 是一个对应的重构小波. 对 $f \in L^2(R)$, 则有二进小波变换的反演公式

$$f(x) = \sum_{j=-\infty}^{+\infty} (W_{2^j} f * \chi_{2^j})(x)$$

　　下面考虑离散小波变换 (DWT).

　　设 $\psi(t)$ 为基本小波, $a_0 > 1, b_0 \neq 0$. 在式 (10-2) 中, 取 $a = a_0^{-m}, b = nb_0 a_0^{-m}$, 其中 $m, n \in \mathbf{Z}$, 可得

$$\psi_{m,n}(t) = a_0^{\frac{m}{2}} \psi(a_0^m t - nb_0) \tag{10-6}$$

称函数族 $\{\psi_{m,n}\}_{m,n \in \mathbf{Z}}$ 为离散小波.

　　定义 10.9　设 $\psi(t)$ 为基本小波, $\{\psi_{m,n}\}_{m,n \in \mathbf{Z}}$ 为相应的离散小波. 对 $f \in L^2(R)$, 其离散小波变换定义为

$$(Df)_{m,n} = \langle f, \psi_{m,n} \rangle = a_0^{\frac{m}{2}} \int_{-\infty}^{+\infty} f(t) \overline{\psi(a_0^m t - nb_0)} \mathrm{d}t \tag{10-7}$$

　　在数字化实现中, 离散小波变换是利用后面介绍的 Mallat 分解和重构算法来完成的.

10.5　多分辨分析

为了后面的需要，我们给出 $L^2(R)$ 空间中的一些几何概念.

设 $V \subset L^2(R)$ 为 $L^2(R)$ 的子集，记

$$\overline{V} = V \cup \left\{ f \in L^2(R) \mid 存在 \{f_n\}_{n \in N} \subset V, 使得 \lim_{n \to \infty} \left(\int_{-\infty}^{+\infty} |f_n(t) - f(t)|^2 dt \right)^{\frac{1}{2}} = 0 \right\}$$

称 $\overline{V}$ 是 V 在 $L^2(R)$ 中的闭包；

如果对任意的 $f, g \in V$，以及任意的 $a, b \in \mathbf{R}$，都有 $af + bg \in V$，则称 V 是 $L^2(R)$ 的子空间.

设 V 是 $L^2(R)$ 的子空间，如果对任意的 $\{f_n\}_{n \in N} \subset V, f \in L^2(R)$，当

$$\lim_{n \to \infty} \left(\int_{-\infty}^{+\infty} |f_n(t) - f(t)|^2 dt \right)^{\frac{1}{2}} = 0$$

时，都有 $f \in V$，则称 V 是 $L^2(R)$ 的闭子空间.

设 V 是 $L^2(R)$ 的子空间，如果存在 $\{f_n\}_{n \in z} \subset V$，满足：

(1) $\left(\int_{-\infty}^{+\infty} |f_n(t)|^2 dt \right)^{\frac{1}{2}} = 1, n \in \mathbf{Z}$，即 $\{f_n\}_{n \in z}$ 是规范的；

(2) 内积 $\langle f_n, f_m \rangle = \int_{-\infty}^{+\infty} f_n(t) \overline{f_m(t)} dt = 0, n, m \in \mathbf{Z}, n \neq m$，即 $\{f_n\}_{n \in z}$ 是正交的；

(3) 对任意的 $f \in V$，存在 $\{a_n\}_{n \in z} \subset \mathbf{R}$，使得 $f(t) = \sum_n a_n f_n(t)$，即

$$\lim_{k, m \to \infty} \left(\int_{-\infty}^{+\infty} \left| f(t) - \sum_{n=-k}^{n=m} a_n f_n(t) \right|^2 \right)^{\frac{1}{2}} = 0 \qquad (k, m \in \mathbf{N})$$

则称 $\{f_n\}_{n \in z}$ 是子空间 V 的一个规范正交基. 当 $V = L^2(R)$ 时，则称 $\{f_n\}_{n \in z}$ 是 $L^2(R)$ 的一个规范正交基.

定义 10.10　设 $\{V_j\}_{j \in z}$ 是空间 $L^2(R)$ 中的闭子空间列. 如果满足：

(1) 单调性：$V_j \subset V_{j+1}, j \in \mathbf{Z}$；

(2) 逼近性：$\bigcap_{j \in z} V_j = \{0\}, \overline{\bigcup_{j \in z} V_j} = L^2(R)$；

(3) 伸缩性：$f(t) \in V_j \Leftrightarrow f(2t) \in V_{j+1} (j \in \mathbf{Z})$；

(4) 平移不变性：$f(t) \in V_j \Rightarrow f(t-n) \in V_j (j, n \in \mathbf{Z})$；

(5) Riesz 基的存在性：存在 $\varphi \in V_0$，使得 $\{\varphi(t-n)\}_{n \in z}$ 是 V_0 的规范正交基，

则称 $\{V_j\}_{j \in z}$ 是空间 $L^2(R)$ 中的一个多分辨分析或多尺度分析，其中 φ 称为尺度函数.

多分辨分析的条件(3)表明，闭子空间列 $\{V_j\}_{j \in z}$ 由其中的任意一个空间完全决定，例如：$V_j = \{f(2^j t) \mid f(t) \in V_0\} (j \in \mathbf{Z})$. 而且可知以下定理.

定理 10.3 设 $\{V_j\}_{j\in z}$ 是空间 $L^2(R)$ 中的一个多分辨分析，φ 为尺度函数，则

$$\{2^{\frac{j}{2}}\varphi(2^j t-n)\}_{n\in z}\qquad(j\in \mathbf{Z})$$

构成 V_j 的规范正交基，记

$$\varphi_{j,n}(t)=2^{\frac{j}{2}}\varphi(2^j t-n)\qquad(j,n\in \mathbf{Z})$$

多分辨分析的思想就是先在 $L^2(R)$ 的某个子空间中建立基底，然后利用简单的伸缩与平移变换，把子空间的基底扩充到 $L^2(R)$ 中.

定理 10.4 设 $\{V_j\}_{j\in z}$ 是空间 $L^2(R)$ 中的一个多分辨分析，φ 为尺度函数. 如果存在 $\{h_k\}_{k\in z}\subset\mathbf{Z}$，使得 $\sum_k |h_k|^2<\infty$，并且

$$\frac{1}{\sqrt{2}}\varphi\left(\frac{t}{2}\right)=\sum_k h_k\varphi(t-k)$$

对 $g_k=(-1)^k\overline{h}_{1-k}$，定义函数 $\psi(t)$ 为

$$\frac{1}{\sqrt{2}}\psi\left(\frac{t}{2}\right)=\sum_k g_k\varphi(t-k)$$

令

$$\psi_{j,n}(t)=2^{\frac{j}{2}}\psi(2^j t-n)\qquad(j,n\in \mathbf{Z})$$

则 $\{\psi_{j,n}\}_{j,n\in z}$ 构成 $L^2(R)$ 的规范正交基.

我们称定理 10.4 中的 $\psi(t)$ 为正交小波函数，$\{\psi_{j,n}\}_{j,n\in z}$ 为正交小波基. 下面我们给出一个多分辨分析的例子.

例 10.1（Haar 小波） 取

$$V_0=\{f\mid f\in L^2(R),在每一区间(n,n+1)上,f(t)=常数\}$$

定义 (0,1) 区间上的特征函数为

$$\chi_{(0,1)}(t)=\begin{cases}1, & t\in(0,1)\\0, & 其他\end{cases}$$

记 $\varphi(t)=\chi_{(0,1)}(t)$，于是 $\{\varphi(t-n)\}_{n\in z}$ 是闭子空间 V_0 的规范正交基. 利用定义 10.7 中的伸缩性给出空间 V_j，可以验证定义 10.7 中的其他条件满足，于是我们得到一个多分辨分析.

10.6 Mallat 分解与重构算法

基于多分辨分析框架得到了 Mallat 分解与重构算法，Mallat 算法在小波变换中的地位相当于快速 Fourier 变换（FFT）在 Fourier 变换中的地位.

设 $\{V_j\}_{j\in z}$ 是空间 $L^2(R)$ 中的一个多分辨分析，φ 为尺度函数.

对任意的 $f_{j+1}\in V_{j+1}$，有唯一的级数表示为

$$f_{j+1}(t) = \sum_n c_{j+1,n}\varphi_{j+1,n}(t) = \sum_n c_{j,n}\varphi_{j,n}(t) + \sum_n d_{j,n}\psi_{j,n}(t)$$

其中 $\varphi_{j,n}(t)$ 和 $\psi_{j,n}(t)$ 分别由定理 10.3 和定理 10.4 给出. 从而

$$c_{j,n} = \sum_{l\in\mathbf{Z}} c_{j+1,l}\langle\varphi_{j+1,l}(t),\varphi_{j,n}(t)\rangle$$

$$d_{j,n} = \sum_{l\in\mathbf{Z}} c_{j+1,l}\langle\varphi_{j+1,l}(t),\psi_{j,n}(t)\rangle$$

$$c_{j+1,n} = \sum_{l\in\mathbf{Z}} c_{j,l}\langle\varphi_{j,l}(t),\varphi_{j+1,n}(t)\rangle + \sum_{l\in\mathbf{Z}} d_{j,l}\langle\psi_{j,l}(t),\varphi_{j+1,n}(t)\rangle$$

经过计算可得 Mallat 分解算法

$$\begin{cases} c_{j,n} = \sum_{l\in\mathbf{Z}} c_{j+1,l}\,\overline{h}_{l-2n} \\ d_{j,n} = \sum_{l\in\mathbf{Z}} c_{j+1,l}\,\overline{g}_{l-2n} \end{cases}$$

和重构算法

$$c_{j+1,n} = \sum_{l\in\mathbf{Z}} c_{j,l} h_{n-2l} + \sum_{l\in\mathbf{Z}} d_{j,l} g_{n-2l}$$

其中 $\{h_k\}_{k\in\mathbf{Z}}$ 和 $\{g_k\}_{k\in\mathbf{Z}}$ 由定理 10.4 给出.

　　小波变换的概念可以从一维推广到二维,用于图像的小波分解与重建. 双正交样条小波(Biorthogonals,简称 bior)在信号与图像的分解与重构方面有重要的应用. 这类小波通过使用两个双正交的小波 φ 和 ψ 组成小波对,一个用于分解,另外一个用于重构. φ 用于分析信号 $s(x)$ 的小波系数 $c_{j,k} = \int s(x)\varphi_{j,k}(x)\mathrm{d}x$,$\psi$ 用于合成信号 $s = \sum_{j,k} c_{j,k}\psi_{j,k}$. 阶数 Nr 和 Nd 分别为:Nr=1,Nd=1,3,5;Nr=2,Nd=2,4,6,8;Nr=3,Nd=1,3,5,7,9;Nr=Nd=4; Nr=6,Nd=8.

10.7　小波变换应用实例

　　一个图像作小波分解后,得到一系列不同分辨率的子图像,不同的子图像对应不同的频率. 高分辨率也即高频的子图像上大部分点的数值接近零,表现图像的最主要部分是低频部分. 所以可以利用小波分解去掉图像的高频部分只保留低频部分,就可以对图像进行压缩. 本节给出一个利用二维小波变换对图像进行压缩并通过 MATLAB 实现的例子.

　　首先将一个彩色图像（neugate. jpg）,即一个二维信号保存在 MATLAB 的 work 路径下. MATLAB 小波工具箱只能处理线性单调颜色图的索引图像（即 mat 格式）,所以要求将非索引图像转换为索引图像,然后再处理成灰度级图像.

```
>> Y = imread('neugate. jpg','jpg');    % 读入图像
>>[X,map] = rgb2ind(Y,256);            % 转换为索引图像
```

```
>>save'neugate'map;              % 保存索引图像
>>load neugate;                  % 调入索引图像,分开索引图
                                   像的 RGB 成分
                                 % 将其处理成 256 灰度级图
                                   像

>>Y = double(X);
>>R = map(Y + 1,1);R = reshape(R,size(Y));
>>G = map(Y + 1,2);G = reshape(G,size(Y));
>>B = map(Y + 1,3);B = reshape(B,size(Y));
>>Xgray = 0.2990 * R + 0.5870 * G + 0.1140 * B;
>>n = 256;
>>Z = round(Xgray * (n - 1)) + 1;
>>map2 = gray(n);
>>figure;
>>image(Z);colormap(map2);colorbar('horiz')
                                 % 显示灰度级图像
```

灰度级图像

```
>>gate = Z;
>>map = map2;
>>save gate gate map              % 保存灰度级图像
>>load gate;                      % 载入灰度级图像
>>image(gate);colormap(map)       % 显示图像
>>whos('gate')                    % 显示原始图像信息
```

Name	Size	Bytes	Class
gate	1200 × 1600	15360000	double array

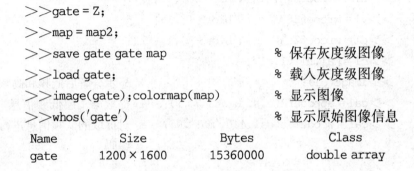

Grand total is 1920000 elements using 15360000 bytes

原始图像

```
>>[c,s] = wavedec2(gate,2,'bior3.7');
```
　　　　　　　　　　　　　　　% 对图像用 bior3.7 小波进
　　　　　　　　　　　　　　　　行 2 层小波分解
```
>>ca1 = appcoef2(c,s,'bior3.7',1);
```
% 提取分解结构中第 1 层的低
　频系数

% 下面提取分解结构中第 1
　层的高频系数
```
>>ch1 = detcoef2('h',c,s,1);
```
% 水平方向
```
>>cv1 = detcoef2('v',c,s,1);
```
% 垂直方向
```
>>cd1 = detcoef2('d',c,s,1);
```
% 斜线方向

% 下面分别对各频率成分进
　行单支重构
```
>>a1 = wrcoef2('a',c,s,'bior3.7',1);
>>h1 = wrcoef2('h',c,s,'bior3.7',1);
>>v1 = wrcoef2('v',c,s,'bior3.7',1);
>>d1 = wrcoef2('d',c,s,'bior3.7',1);
>>c1 = [a1,h1;v1,d1];
>>image(c1);
```
% 显示分解后低频和高频信息
```
>>ca1 = appcoef2(c,s,'bior3.7',1);
```
% 提取第 1 层低频信息
```
>>ca1 = wcodemat(ca1,440,'mat',0);
```
% 对提取的低频信息进行量化
　编码

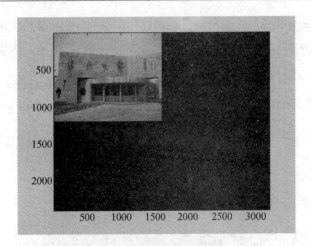

分解后低频和高频信息

```
>>ca1 = 0.5 * ca1;                    % 改变图像的高度
>>image(ca1);colormap(map);          % 显示第一次压缩图像
```

第一次压缩图像

```
>>whos('ca1')                         % 显示第一次压缩图像信息
```

Name	Size	Bytes	Class
ca1	607 × 807	3918792	double array

Grand total is 489849 elements using 3918792 bytes

```
>>ca2 = appcoef2(c,s,'bior3.7',2);    % 提取第 2 层低频信息
>>ca2 = wcodemat(ca2,440,'mat',0);    % 对提取的低频信息进行量化
                                         编码
>>ca2 = 0.25 * ca2;                   % 改变图像的高度
```

```
>>image(ca2);colormap(map);            % 显示第二次压缩图像
>>whos('ca2')                          % 显示第二次压缩图像信息
Name        Size          Bytes          Class
ca2         311 × 411     1022568        double array
Grand total is 127821 elements using 1022568 bytes
```

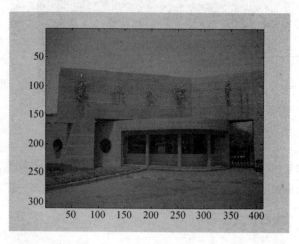

第二次压缩图像

第 11 章　复变函数与积分变换的 MATLAB 求解

MATLAB 是一个为科学和工程计算而专门设计的高级交互式软件包,是一种高性能的编程软件,具有通用科技计算、图形交互系统和程序设计语言,并且语法规则简单,容易掌握和调试方便.本章主要通过一些实例来简要介绍 MATLAB 中应用于复变函数与积分变换的基本内容,从而熟悉一些常用的基本命令函数.

11.1　MATLAB 基础

在 Windows 系统中,点击 MATLAB 图标启动程序,进入 MATLAB 界面.

MATLAB 界面

MATLAB 的命令窗口是用户同 MATLAB 工作环境交互的主要窗口,在命令提示符>>下,用户可以键入各种相关命令,并按回车键,则 MATLAB 开始执行用户命令,并显示结果.

MATLAB 有算术运算符的扩展集,它们是:

1)^ 乘方

2)＊ 乘法

　　/ 除法

3)＋ 加法

　　－ 减法

　　执行时按上述次序给出的优先级来运算.在带相同优先级的运算符表达式中,按从左到右的顺序执行.圆括号( )能够用于改变优先级次序,由最内层的括号向外执行.

　　符号 % 后面的内容是程序的注解,不作为命令运行.命令 clear 的功能是清除MATLAB工作空间中保存的变量与函数,通常置于程序之首,以免原来 MAT-LAB工作空间中保存的变量与函数影响新的程序.若在某行程序的最后输入分号,那么执行时该程序行的结果不会显示.

　　在 MATLAB 中,冒号运算符是很有用的,它在向量生成、子矩阵提取等很多方面都是特别重要的.冒号运算符的原型为

$$v = s1:s2:s3$$

　　该函数将生成一个行向量 v,其中 s1 为向量的起始值,s2 为步长,该向量将从s1 出发,每隔步长 s2 取一个点,直至不超过 s3 的最大值构成一个向量.若省略s2,则步长取默认值 1.

　　例如在 MATLAB 环境中表示下面的矩阵

$$A=\begin{bmatrix} 1 & 2 & 3 \\ 4 & 5 & 6 \\ 7 & 8 & 9 \end{bmatrix}$$

可以由下面的 MATLAB 语句直接输入到工作空间中.矩阵的内容由方括号括起来的部分表示,而在方括号中的分号表示矩阵的换行,逗号或空格表示同一行矩阵元素间的分隔.

```
>>A=[1,2,3;4,5,6;7,8,9]
A =

     1     2     3
     4     5     6
     7     8     9
>>A'                    % 求矩阵 A 的转置
ans =

     1     4     7
     2     5     8
     3     6     9
>>inv(A)               % 求逆矩阵
Warning:Matrix is close to singular or badly scaled.
        Results may be inaccurate.RCOND = 1.541976e-018.
ans =
   1.0e+016 *
```

$$
\begin{array}{ccc}
-0.4504 & 0.9007 & -0.4504 \\
0.9007 & -1.8014 & 0.9007 \\
-0.4504 & 0.9007 & -0.4504
\end{array}
$$

```
>>A + A'              % 求矩阵的和
ans =
        2        6       10
        6       10       14
       10       14       18
>>A * A'              % 求矩阵乘积
ans =
       14       32       50
       32       77      122
       50      122      194
>>A^2                 % 矩阵的乘幂
ans =
       30       36       42
       66       81       96
      102      126      150
>>A. * A             % 矩阵的点乘,同阶矩阵对应元素分别相乘
ans =
        1        4        9
       16       25       36
       49       64       81
>>A(2,3)             % 提取矩阵第二行第三列元素
ans =
        6
>>A(4)               % 提取矩阵第四个元素
                     % 当矩阵元素的位置只用一个指标表示
                       时,矩阵按列优先被看成是一个列矩阵
ans =
        2
>>A(1:5)             % 按列优先提取矩阵的前五个元素
ans =
        1        4        7        2        5
>>A(2:3,3)           % 提取矩阵第三列中第二到第三行的元素
```

```
ans =
        6
        9
>>A(:,2)                    % 提取矩阵第二列元素
ans =
        2
        5
        8
>>diag(A)                   % diag(A,n)提取矩阵 A 主对角线方向的元
                              素
                            % n＝0 即主对角线(可省略指标 0)
                            % n>0 表示在主对角线之上,n<0 表示在
                              主对角线之下
ans =
        1
        5
        9
>>diag(A,1)
ans =
        2
        6
>>diag(A,-2)
ans =
        7
>>sum(A)                    % 对矩阵各列元素分别求和
ans =
       12      15      18
>>sum(A(2,:))               % 对矩阵第二行求和
ans =
       15
```

作为一种程序设计语言,MATLAB 提供了一些用来控制程序的流程语言,其中包括 for 循环语句结构. for 循环语句通常被用来执行循环次数已知的情况,可以按照用户指定的次数来执行循环结构体的内容. for 语句的一般结构:

```
for n＝初值:步长:终值
    循环结构体
```

end

当循环语句开始执行时,循环变量 n 取初值,每执行一次循环体的内容,变量 n 就会按照步长的大小来改变,直至执行完初值和终值中所有的分量,结束循环体,继续执行 end 语句下面的命令.

例如设 $f_1(n)=\{1,2,3,4\}(n=-1,0,1,2)$,$f_2(n)=\{1,0,-1\}(n=0,1,2)$,求卷积$(f_1*f_2)(n)$(可以运行 conv( )来求卷积,这里用下面程序进行逐步演示).

```
>>f1 = [1,2,3,4];f2 = [1,0,-1];        % 输入两个序列
>>F = f1' * f2                         % 生成卷积矩阵
F =
      1        0       -1
      2        0       -2
      3        0       -3
      4        0       -4
>>F1 = rot90(F)      % 逆时针旋转 90 度,将次对角线方向转化为主对角线方向
F1 =
     -1       -2       -3       -4
      0        0        0        0
      1        2        3        4
>>for n = -2:3                         % 开始循环语句
J(n + 3) = sum(diag(F1,n));
end                                    % 结束循环语句
>> J                                   % 求出卷积
J =
      1        2        2        2       -3       -4
```

符号运算工具箱可以用于推导数学公式,所以可使用 MATLAB 对某些函数进行积分变换的运算,这时首先要使用命令 syms 来定义基本符号对象.

有时符号运算的结果不是最简形式,或不是用户期望的格式,这时需要对结果进行化简处理.MATLAB 中最常用的化简函数是 r=simple( ),该函数尝试各种化简函数,最终得出计算机认为最简的结果.其他专门的化简函数还有:collect( )合并函数同类项,expand( )展开多项式,factor( )进行因式分解,numden( )提取分式的分子和分母,sincos( )进行三角函数的化简等.

例如我们使用几种化简函数来化简

$$f(x) = (x+3)^2(x^2+3x+2)(x^3+12x^2+48x+64)$$

```
>>syms x;
>>f = (x + 3)^2 * (x^2 + 3 * x + 2) * (x^3 + 12 * x^2 + 48 * x + 64);
>>r = simple(f)
r =
(x + 3)^2 * (x + 2) * (x + 1) * (x + 4)^3
>>factor(f)
ans =
(x + 3)^2 * (x + 2) * (x + 1) * (x + 4)^3
>>expand(f)
ans =
x^7 + 21 * x^6 + 185 * x^5 + 883 * x^4 + 2454 * x^3 + 3944 * x^2 + 3360 * x
  + 1152
```

11.2　复变函数的 MATLAB 求解

在 MATLAB 中,虚数单位为 i＝j＝sqrt(−1),其数值在 MATLAB 工作空间显示如下

```
>>sqrt( -1)
ans =
     0 + 1.0000i
```

求复变量的实部和虚部可用命令 real( )和 imag( )来实现. 复数的共轭可用 conj( )来实现. 例如

```
>>syms x y real;
>>z = x + y * i;
>>Re = real(z)
Re =
x
>>Im = imag(z)
Im =
y
>>conj(z)
ans =
x - i * y
```

使用函数命令 abs( )和 angle( )可以分别求出复变量的模与辐角. 但是命令 angle( )只能对数值量进行运算,并且计算出的是辐角主值,单位是弧度. 例如在

上面的例子中继续运行

>>abs(z)

ans =

(x^2 + y^2)^(1/2)

再如

>>x = sym('x','real');y = sym('y','real');

>>x = 3;y = 4;z = x + y * i;

>>A = abs(z)

A =

　　5

>>theta = angle(z)

theta =

　　0.9273

用 MATLAB 函数命令可以进行复数的四则运算和乘幂运算,但是方根运算只能得到第一章求方根公式中 k＝0 时的结果.例如求 −16 的 4 次方根

>>(− 16)^(1/4)

ans =

1.4142 + 1.4142i

例 11.1　求 $f(z)=e^z$ 在 $z=0$ 处的 Taylor 级数.

解　运行下面的 MATLAB 语句.

>>syms z;

>>f = exp(z);

>>taylor(f,z,8)　　% 这里 8 是展开的项数

ans =

1 + z + 1/2 * z^2 + 1/6 * z^3 + 1/24 * z^4 + 1/120 * z^5 + 1/720 * z^6 + 1/

5040 * z^7

>>taylor(f,z)　　% 展开的默认值是 6 项

ans =

1 + z + 1/2 * z^2 + 1/6 * z^3 + 1/24 * z^4 + 1/120 * z^5

例 11.2　将 $\dfrac{1}{(1+z^2)^2}$ 展开为 z 的幂级数.

解　运行下面的 MATLAB 语句.

>>syms z;

>>f = 1/(1 + z^2)^2;

>>taylor(f,z)

ans =

$1 - 2 * z^2 + 3 * z^4$

例 11.3　将 $\sin z$ 和 $\cos z$ 展开为 z 的幂级数.

解　运行下面的 MATLAB 语句.

＞＞syms z;

＞＞f = sin(z);g = cos(z);

＞＞taylor(f)

ans =

$z - 1/6 * z^3 + 1/120 * z^5$

＞＞taylor(g)

ans =

$1 - 1/2 * z^2 + 1/24 * z^4$

例 11.4　求 $\ln(1+z)$ 在 $z=0$ 点的 Taylor 级数.

解　运行下面的 MATLAB 语句.

＞＞syms z;

＞＞f = log(1 + z);

＞＞taylor(f)

ans =

$z - 1/2 * z^2 + 1/3 * z^3 - 1/4 * z^4 + 1/5 * z^5$

例 11.5　求幂函数 $(1+z)^a$（a 为复数）的主值：
$$f(z) = e^{a\ln(1+z)}, \qquad f(0) = 1$$
在 $z=0$ 点的 Taylor 展开式.

解　运行下面的 MATLAB 语句.

＞＞syms z a;

＞＞f = (1 + z)^a;

＞＞taylor(f,z,4)

ans =

$1 + a * z + 1/2 * a * (a-1) * z^2 + 1/6 * a * (a-1) * (a-2) * z^3$

例 11.6　将函数 $f(z) = \dfrac{z}{z+1}$ 在 $z=1$ 处展开成 Taylor 级数.

解　运行下面的 MATLAB 语句.

＞＞syms z;

＞＞f = z/(z + 1);

＞＞taylor(f,z,4,1)　　% 在 z = 1 处展开 4 项

ans =

$1/4 + 1/4 * z - 1/8 * (z - 1)^2 + 1/16 * (z - 1)^3$

例 11.7　把函数$\dfrac{1}{z-b}$表示成形如 $\displaystyle\sum_{n=0}^{\infty} c_n (z-a)^n$ 的幂级数,其中 $a \neq b$ 是复常数.

解　运行下面的 MATLAB 语句.

>>syms z a b;

>>f = 1/(z − b);

>>taylor(f,z,4,a)

ans =

$1/(a-b) - 1/(a-b)^2 * (z-a) + 1/(a-b)^3 * (z-a)^2 - 1/(a-b)^4 *$
$(z-a)^3$

利用 MATLAB 的极限与微分命令,可以根据计算极点处的留数的法则,来求复变函数在极点处的留数,下面我们来看几个例子.

例 11.8　求 $f(z) = \dfrac{e^z}{(z-1)(z-2)}$ 在孤立奇点处的留数.

解　运行下面的 MATLAB 语句.

>>syms z;

>>f = exp(z)/((z − 1) * (z − 2));

>>r1 = limit(f * (z − 1),z,1)

r1 =

 − exp(1)

>>r2 = limit(f * (z − 2),z,2)

r2 =

exp(2)

例 11.9　求 $f(z) = \dfrac{e^{iz}}{1+z^2}$ 在孤立奇点处的留数.

解　运行下面的 MATLAB 语句.

>>syms z;

>>P = exp(i * z);Q = 1 + z^2;

>>r1 = limit(P/(diff(Q,z,1)),z,i)

r1 =

 − 1/2 * i * exp(− 1)

>>r2 = limit(P/(diff(Q,z,1)),z, − i)

r2 =

1/2 * i * exp(1)

例 11.10　求 $f(z) = \dfrac{1-\cos z}{z^5}$ 在 $z=0$ 处的留数.

解　运行下面的 MATLAB 语句.

```
>>syms z;
>>f=(1-cos(z))/z^5;
>>r=limit(diff(f*z^5,z,4)/prod(1:4),z,0)
r =
  -1/24
```

如果函数 $f(z)$ 是有理函数的形式,即 $f(z)=\dfrac{P(z)}{Q(z)}$,其中 $P(z)$ 和 $Q(z)$ 都是多项式,那么使用命令 [R,p,k]=residue(P,Q) 得到 $f(z)$ 的部分分式展开,从而求出在极点处的留数. 在上面的命令中,P 与 Q 分别是分子多项式 $P(z)$ 和分母多项式 $Q(z)$ 按降幂排列的多项式系数向量,计算结果中 R 表示部分分式真分式的分子,即留数向量;p 表示极点向量,重复出现的次数是极点的级,并且按升幂出现在部分分式真分式的分母;k 表示假分式中有理整式的系数,按降幂排列. 注意,留数向量 R 的元素与极点向量 p 的元素具有一一对应的位置顺序.

例 11.11　求函数 $f(z)=\dfrac{z}{z^4-1}$ 在孤立奇点处的留数.

解　运行下面的 MATLAB 语句.

```
>>P=[1,0];Q=[1,0,0,0,-1];   % 按系数输入分子和分母
>>[R,p,k]=residue(P,Q)
R =
   0.2500
   0.2500
  -0.2500+0.0000i
  -0.2500-0.0000i
p =
  -1.0000
   1.0000
   0.0000+1.0000i
   0.0000 - 1.0000i
k =
   [ ]
```

上述运算结果表明,函数 $f(z)$ 的部分分式展开为

$$f(z) = \frac{0.25}{z+1} + \frac{0.25}{z-1} + \frac{-0.25}{z-\mathrm{i}} + \frac{-0.25}{z+\mathrm{i}}$$

向量 k 是空的,表明 $f(z)$ 是真分式. 因为极点向量 p 中没有重复出现的值,所以这些都是一级极点,从而留数向量 R 中的值就是极点向量相应位置极点的留数.

例 11.12　求函数 $f(z)=\dfrac{z-2}{z^3(z-1)(z-3)}$ 在孤立奇点处的留数.

解　自然可以用例题 11.8 和例题 11.10 的方法来求留数,这里我们使用命令 $[R,p,k]=\mathrm{residue}(P,Q)$. 运行下面的 MATLAB 语句.

```
>>syms z;
>>f=(z-2)/(z^3*(z-1)*(z-3));      % 输入函数
>>[n,d]=numden(f)                 % 用 n 和 d 分别表示分子和
                                    分母

n =
z-2
d =
z^3*(z-1)*(z-3)
>>expand(d)                       % 将分母展开
ans =
z^5-4*z^4+3*z^3
>>P=[1,-2];Q=[1,-4,3,0,0,0];
>>[R,p,k]=residue(P,Q)            % 数值计算的结果,有时存
                                    在误差

R =
  0.0185
  0.5000
 -0.5185
 -0.5556
 -0.6667
p =
  3
  1
  0
  0
  0
k =
  [ ]
```

为了使结果更加准确,可以在 $>>[R,p,k]=\mathrm{residue}(P,Q)$ 处输入如下语句

```
>>[R,p,k] = residue(P,Q);                    % 不显示结果
>>[n,d] = rat(R);                            % 将留数向量用有理数表
                                                示,n 表示分子,d 表示分
                                                母
>>[n,d,p]                                    % 第一、二列分别是留数向
                                                量的分子和分母,第三列
                                                是极点向量
    ans =
        1          54          3
        1           2          1
      -14          27          0
       -5           9          0
       -2           3          0
```

极点 3 和 1 仅出现一次,都是一级极点. 而极点 0 出现三次,故是三级极点,按升幂出现在部分分式真分式的分母三次. 于是得到函数 $f(z)$ 的部分分式展开为

$$f(z) = \frac{1}{54(z-3)} + \frac{1}{2(z-1)} - \frac{14}{27z} - \frac{5}{9z^2} - \frac{2}{3z^3}.$$

极点 3 和 1 的留数分别为 $\frac{1}{54}$ 和 $\frac{1}{2}$. 求极点 0 的留数,继续下面的运算

```
>>limit(diff(z^3 * f,z,2)/prod(1:2),z,0)
    ans =
    -14/27
```

利用留数基本定理来计算封闭曲线积分的问题.

例 11. 13　计算积分 $\oint_C \dfrac{z}{z^4-1} dz$,其中 C 是 $|z|=2$ 的正向.

解　由例 11. 11 已知被积函数 $f(z) = \dfrac{z}{z^4-1}$ 的孤立极点为

```
p =
    -1.0000
     1.0000
     0.0000 + 1.0000i
     0.0000 - 1.0000i
```

它们都在圆周 $|z|=2$ 的内部,并且其留数分别为

```
R =
    0.2500
    0.2500
```

$$-0.2500 + 0.0000i$$

$$-0.2500 - 0.0000i$$

于是在例 11.11 的命令窗口中不清除变量,继续输入下面的命令,由留数基本定理就得积分值.

>>2 * pi * i * sum(R)

ans =

0

例 11.14　计算积分 $\int_C \dfrac{z-2}{z^3(z-1)(z-3)} dz$,其中 C 是 $|z|=2$ 的正向.

解　被积函数有三级极点和一级极点在圆周 $|z|=2$,所以由留数基本定理就得积分值.

>>syms z;

>>f = (z - 2)/(z^3 * (z - 1) * (z - 3));

>>2 *pi *i *(limit(diff(z^3 * f,z,2)/prod(1:2),z,0) + limit((z -
    1) * f,z,1))

ans =

- 1/27 * i * pi

下面我们考虑函数展开为 Laurent 级数的问题.

例 11.15　把函数 $f(z)=\dfrac{1}{(z-1)(z-2)}$ 在如下不同环域内展开为 Laurent 级数

(1) $0<|z|<1$;

(2) $1<|z|<2$;

(3) $2<|z|<+\infty$;

(4) $0<|z-1|<1$.

解　运行下面的 MATLAB 语句.

>>clear

>>syms z;

>>f = 1/((z - 1) * (z - 2));

>>[n,d] = numden(f);　　　　　　% 表示分子和分母

>>expand(d)　　　　　　　　% 展开分母

ans =

z^2 - 3 * z + 2

>>P = [1];Q = [1, - 3,2];　　　　% 按系数输入分子和分母

>>[R,p] = residue(P,Q)　　　　　% 将函数展开成部分分式

```
R =

     1

    - 1

p =

     2

     1
>>clear                              % 开始在环域(1)展开
>>syms z;
>>f1 = 1/(z - 2);f2 = - 1/(z - 1);   % 输入两个部分分式 f1 和 f2
>>f = taylor(f1) + taylor(f2)        % 展开成级数
f =
1/2 + 3/4 * z + 7/8 * z^2 + 15/16 * z^3 + 31/32 * z^4 + 63/64 * z^5
>>clear                              % 开始在环域(2)展开
>>syms z w;
>>z = 1/w;                           % 将 z 代换为 1/w
>>f2 = - 1/(z - 1);                  % 输入 f2 转化为 w 的函数
>>f2 = taylor(f2)                    % 将 f2 按 w 展开
f2 =
- w - w^2 - w^3 - w^4 - w^5
>>clear
>>syms z w;
>>w = 1/z;                           % 将 w 代换为 1/z,做逆代换
>>f2 = - w - w^2 - w^3 - w^4 - w^5;  % 输入 f2 按 w 的展开式,重新用
                                       z 表示
>>f1 = 1/(z - 2);
>>f = taylor(f1) + f2
f =

- 1/2 - 1/4 * z - 1/8 * z^2 - 1/16 * z^3 - 1/32 * z^4 - 1/64 * z^5 - 1/z -
   1/z^2 - 1/z^3 - 1/z^4 - 1/z^5
>>clear                              % 开始在环域(3)展开
>>syms z w;
>>z = 1/w;                           % 将 z 代换为 1/w
>>f1 = 1/(z - 2);f2 = - 1/(z - 1);   % 输入 f1 和 f2 转化为 w 的函数
>>f = taylor(f1) + taylor(f2)        % 将 f1 和 f2 按 w 展开
```

```
f =
w^2 + 3 * w^3 + 7 * w^4 + 15 * w^5
>>clear
>>syms z w;
>>w = 1/z;                        % 将 w 代换为 1/z,做逆代换
>>f = w^2 + 3 * w^3 + 7 * w^4 + 15 * w^5  % 输入 f 按 w 的展开式,重新用
                                           z 表示
f =
1/z^2 + 3/z^3 + 7/z^4 + 15/z^5
>>clear                           % 开始在环域(4)展开
>>syms z w;
>>z = w + 1;                      % 将 z 代换为 w + 1
>> f1 = 1/(z - 2);                % 输入 f1 转化为 w 的函数
>>f1 = taylor(f1)                 % 将 f1 按 w 展开
f1 =
 - 1 - w - w^2 - w^3 - w^4 - w^5
>>clear
>>syms z w;
>>w = z - 1;                      % 将 w 代换为 z - 1,做逆代换
>>f1 = - 1 - w - w^2 - w^3 - w^4 - w^5;   % 输入 f 按 w 的展开式,表示成
                                           z - 1 的形式
>>f2 = - 1/(z - 1);
>>f = f1 + f2
f =
 - z - (z-1)^2 - (z-1)^3 - (z-1)^4 - (z-1)^5 - 1/(z-1)
```

11.3　Fourier 变换的 MATLAB 求解

首先使用命令 syms 来定义基本符号对象,否则系统默认 x 为自变量. 然后定义出原函数为 f,再调用 Fourier 变换求解函数 F＝fourier( ),得出 f 的 Fourier 变换式 F(w). Fourier 逆变换求解函数为 ifourier( ),得出 Fourier 逆变换 f(x).

例 11.16　设 $f(x)=e^{-b^2 x^2}$ $(b>0)$,求 $\mathscr{F}[f(x)]$.

解　运行下面的 MATLAB 语句:

```
>>syms x w;syms b positive
>>f = exp( - b^2 * x^2);F = fourier(f)
```

F =

(pi/b^2)^(1/2) * exp(− 1/4 * w^2/b^2)

$\gg$r = simple(F)　　　　　　　　　　% 化简

r =

1/b * pi^(1/2) * exp(− 1/4 * w^2/b^2)

例 11.17　求 $f(t)=\begin{cases} e^{-\beta t}, & t>0; \\ 0, & t<0 \end{cases}$ $(\beta>0)$的 Fourier 变换.

解　运行下面的 MATLAB 语句：

$\gg$syms t w;syms beta positive

$\gg$g = sym('Heaviside(t)');　　　　　　% 调用 Heaviside 函数

$\gg$f = exp(− beta * t) * g;F = fourier(f)

F =

1/(beta + i * w)

例 11.18　求 $f(t)=e^{-\beta|t|}$ $(\beta>0)$的 Fourier 变换.

解　运行下面的 MATLAB 语句：

$\gg$syms t;syms beta positive

$\gg$f = exp(− beta * abs(t));F = fourier(f)

F =

2 * beta/(beta^2 + w^2)

例 11.19　求矩形脉冲函数$(E>0)$

$$p_\tau(t) = \begin{cases} E, & |t|<\dfrac{\tau}{2} \\ 0, & |t|>\dfrac{\tau}{2} \end{cases}$$

的频谱函数.

解　运行下面的 MATLAB 语句：

$\gg$syms t w E;syms tau positive

$\gg$g = sym('Heaviside(t + tau/2)');h = sym('Heaviside(t − tau/2)');

$\gg$p = E * g − E * h;F = fourier(p)

F =

E * exp(1/2 * i * tau * w) * (pi * Dirac(w) − i/w) − E * exp(− 1/2 * i *
　tau * w) * (pi * Dirac(w) − i/w)

$\gg$r = simple(F)

r =

2 * E * sin(1/2 * tau * w)/w

例 11. 20　求 $f(t)=\dfrac{\sin t}{t}$ 的频谱函数.

解　运行下面的 MATLAB 语句：

```
>>syms t
f = sin(t)/t;F = fourier(f)
F =
1/2 * pi * (Heaviside( - w + 1) - Heaviside(w - 1)) - 1/2 * pi * (Heav-
    iside( - w - 1) - Heaviside(w + 1))
>>r = simple(F)
r =
- pi * Heaviside(w - 1) + pi * Heaviside(w + 1)
```

例 11. 21　求 $\mathscr{F}\left[e^{-(t-t_0)^2}\right]$.

解　运行下面的 MATLAB 语句：

```
>>syms t w t_0
>> f = exp( - (t - t_0)^2);F = fourier(f)
F =
exp( - t_0^2) * pi^(1/2) * exp( - i * t_0 * w) * exp(t_0^2 - 1/4 * w^2)
>>r = simple(F)
r =
pi^(1/2) * exp( - i * t_0 * w - 1/4 * w^2)
```

例 11. 22　求 $\mathscr{F}\left[e^{-t^2}\cos\omega_0 t\right]$ 和 $\mathscr{F}\left[e^{-t^2}\sin\omega_0 t\right]$.

解　运行下面的 MATLAB 语句：

```
>>syms t w a          % 输入 a 代替 w_0,否则发生混淆,出现错误
>>f = exp( - t^2) * cos(a * t);g = exp( - t^2) * sin(a * t);
>>F = fourier(f)
F =
1/2 * pi^(1/2) * exp(1/2 * a * w) * exp( - 1/4 * a^2 - 1/4 * w^2) + 1/2 *
    pi^(1/2) * exp( - 1/2 * a * w) * exp( - 1/4 * a^2 - 1/4 * w^2)
>>r = simple(F)
r =
1/2 * pi^(1/2) * exp( - 1/4 * (a - w)^2) + 1/2 * pi^(1/2) * exp( - 1/4 *
    (a + w)^2)
>>G = fourier(g)
G =
- 1/2 * i * pi^(1/2) * exp(1/2 * a * w) * exp( - 1/4 * a^2 - 1/4 * w^2) +
```

$1/2 * i * pi^(1/2) * exp(-1/2 * a * w) * exp(-1/4 * a^2 - 1/4 * w^2)$

```
>>s = simple(G)
s =
```

$1/2 * i * pi^(1/2) * (- exp(-1/4 * (a - w)^2) + exp(-1/4 * (a + w)^2))$

例 11.23　设 $f(t) = \begin{cases} te^{-\beta t}, & t>0 \\ 0, & t<0 \end{cases} (\beta>0)$，求 $\mathscr{F}[f(t)]$.

解　运行下面的 MATLAB 语句:

```
>>syms t w;syms beta positive;
>>g = sym('Heaviside(t)');
>>f = t * exp(- beta * t) * g;F = fourier(f)
F =
1/(beta + i * w)^2
```

例 11.24　验证 $\mathscr{F}[\delta(t)]=1, \mathscr{F}^{-1}[\delta(\omega)]=\dfrac{1}{2\pi}$.

解　运行下面的 MATLAB 语句:

```
>>syms t w
>>D = sym('Dirac(t)');    % 调用 Dirac 函数
>>F = fourier(D)
F =
1
>>ifourier(sym('Dirac(w)'))
ans =
1/2/pi
```

例 11.25　验证 $\mathscr{F}[\delta(t\pm t_0)]=e^{\pm i\omega t_0}\mathscr{F}[\delta(t)], \mathscr{F}[1 \cdot e^{\pm i\omega_0 t}]=2\pi\delta(\omega\mp\omega_0)$.

解　运行下面的 MATLAB 语句:

```
>>syms t w t_0
>>f = sym('Dirac(t + t_0)');F = fourier(f)
F =
exp(i * t_0 * w)
>>g = sym('Dirac(t - t_0)');G = fourier(g)
G =
exp(- i * t_0 * w)
>>clear
>>syms t w a
```

```
>>f = exp(i * a * t);F = fourier(f)
F =
2 * pi * Dirac(a - w)
>>g = exp( - i * a * t);G = fourier(g)
G =
2 * pi * Dirac(a + w)
```

例 11.26　计算 $\mathscr{F}[\cos\omega_0 t]$ 和 $\mathscr{F}[\sin\omega_0 t]$.

解　运行下面的 MATLAB 语句:

```
>>syms t w a        % 输入 a 代替 w_0,否则发生混淆,出现错误
>>f = cos(a * t);g = sin(a * t);
>>F = fourier(f)
F =
pi * Dirac(a - w) + pi * Dirac(a + w)
>>r = simple(F)
r =
pi * (Dirac(a - w) + Dirac(a + w))
>>G = fourier(g)
G =
 - i * pi * Dirac(a - w) + i * pi * Dirac(a + w)
>>s = simple(G)
s =
i * pi * ( - Dirac(a - w) + Dirac(a + w))
```

例 11.27　计算 $\mathscr{F}[2\sin^2 3t]$.

解　运行下面的 MATLAB 语句:

```
>>syms t w
>>f = 2 * (sin(3 * t))^2;F = fourier(f)
F =
 - pi * Dirac(w - 6) + 2 * pi * Dirac(w) - pi * Dirac(w + 6)
```

例 11.28　验证 $\mathscr{F}[t^4] = 2\pi i^4 \delta^{(4)}(\omega) = 2\pi\delta^{(4)}(\omega)$, $\mathscr{F}[\delta^{(4)}(t)] = (i\omega)^4 = \omega^4$.

解　运行下面的 MATLAB 语句:

```
>>syms t w
>>f = t^4;g = sym('Dirac(4,t)');
>>F = fourier(f)
F =
2 * pi * Dirac(4,w)
```

```
>>G = fourier(g)
G =
w^4
```

例 11.29　验证 $n=5$ 时的微分性质 $\mathscr{F}[f^{(n)}(t)]=(\mathrm{i}\omega)^n F(\omega)$.

解　运行下面的 MATLAB 语句：

```
>>syms t w
>>y = sym('f(t)');fourier(diff(y,t,5))
ans =
i * w^5 * fourier(f(t),t,w)
```

例 11.30　求序列 $f(n)=\cos\left(\dfrac{\pi}{2}n\right)(n=0,1,2,3)$ 的离散 Fourier 变换.

解　运行下面的 MATLAB 语句：

```
>>syms n
>>n = 0:3;
>>fn = cos(pi * n/2);                    % 生成序列
fn =
  1.0000      0.0000      -1.0000       -0.0000
>>k = n;nk = n' * k;
>>WN = exp( - i * 2 * pi/4);
>>Wnk = WN.^nk;                          % 生成变换矩阵
>>Fk = fn * Wnk                          % 求出离散 Fourier 变换
Fk =
  -0.0000  2.0000 - 0.0000i  0.0000 - 0.0000i  2.0000 + 0.0000i
% 这种求离散 Fourier 变换(DFT)的方法占用内存大,运行速度低,所以
  并不实用
% 可以直接使用快速 Fourier 变换(DFT)和逆变换的命令
>>clear
>>syms n
>>n = 0:3;
>>xn = cos(pi * n/2);
>>fn = subs(sym(xn));
>>Fk = fft(fn)
Fk =
   -0.0000     2.0000 - 0.0000i     0.0000     2.0000 + 0.0000i
>>fn = ifft(Fk)
```

```
fn =
    1.0000    0.0000    -1.0000    -0.0000
```

例 11.31　通过序列 $f_1(n) = \{1,0\}$ 和 $f_2(n) = \left\{1, \dfrac{1}{2}\right\}$ $(n=0,1)$ 验算离散

Fourier 变换的卷积公式.

解　运行下面的 MATLAB 语句:

```
>>f1 = [1,0];f2 = [1,1/2];
>>F = f1' * f2;
>>F1 = rot90(F);
>>for n = -1:1
J(n + 2) = sum(diag(F1,n));
end
>>J;
>>m = 0:2;
>>k = m;mk = m' * k;
>>WN = exp( - i * 2 * pi/3);
>>Wmk = WN.^mk;
>>Fk = J * Wmk
Fk =
    1.5000    0.7500 - 0.4330i    0.7500 + 0.4330i
>>clear
>>f1 = [1,0,0];f2 = [1,1/2,0];
>>m = 0:2;
>>k = m;mk = m' * k;
>>WN = exp( - i * 2 * pi/3);
>>Wmk = WN.^mk;
>>Fk1 = f1 * Wmk
Fk1 =
    1    1    1
>>Fk2 = f2 * Wmk
Fk2 =
    1.5000    0.7500 - 0.4330i    0.7500 + 0.4330i
>>Fk = Fk1. * Fk2
Fk =
    1.5000    0.7500 - 0.4330i    0.7500 + 0.4330i
```

11.4　Laplace 变换的 MATLAB 求解

与 Fourier 变换 MATLAB 求解一样,首先使用命令 syms 来定义基本符号对象,否则默认的 t 为时域变量. 然后定义出原函数为 f,再调用 Laplace 变换求解函数 L=laplace( ),得出 f 的 Laplace 变换式 L(s). Laplace 逆变换求解函数为 ilaplace( ),得出 Laplace 逆变换 f(t).

例 11.32　求单位阶跃函数

$$u(t) = \begin{cases} 1, & t > 0 \\ 0, & t < 0 \end{cases}$$

的 Laplace 变换.

解　运行下面的 MATLAB 语句:

　　>>syms t s

　　>>f = sym('Heaviside(t)');L = laplace(f)

　　L =

　　1/s

例 11.33　求指数函数 $f(t) = e^{at}$(其中 a 是实数)的 Laplace 变换.

解　运行下面的 MATLAB 语句:

　　>>syms t s a

　　>>f = exp(a * t);L = laplace(f)

　　L =

　　1/(s - a)

例 11.34　求 $f(t) = \sin\omega t$ 的 Laplace 变换.

解　运行下面的 MATLAB 语句:

　　>>syms t s;syms omega

　　>>f = sin(omega * t);L = laplace(f)

　　L =

　　omega/(s^2 + omega^2)

例 11.35　求全波整流函数 $f(t) = |\sin t|$ 的 Laplace 变换.

解　运行下面的 MATLAB 语句:

　　>>syms t s

　　>>f = abs(sin(t));L = laplace(f)

　　L =

　　1/(s^2 + 1) * coth(1/2 * pi * s)

例 11.36　求 $f(t) = e^{-\beta t}\delta(t) - \beta e^{-\beta t}u(t)$($\beta > 0$)的 Laplace 变换(其中 $u(t)$ 为

单位阶跃函数).

解　运行下面的 MATLAB 语句：

```
>>syms t s;syms beta positive
>>g = sym('Dirac(t)');h = sym('Heaviside(t)');
>>f = exp( - beta * t) * g - beta * exp( - beta * t) * h;L = laplace
  (f)
L =
1 - beta/(s + beta)
>>r = simple(L)
r =
s/(s + beta)
```

例 11.37　验证 $n=2$ 时 Laplace 变换的微分性质

$$\mathscr{L}\big[f^{(n)}(t)\big] = s^n F(s) - s^{n-1} f(0) - \cdots - f^{(n-1)}(0)$$

解　运行下面的 MATLAB 语句：

```
>>syms t s
>>y = sym('f(t)');L = laplace(diff(y,t,2))
L =
s * (s * laplace(f(t),t,s) - f(0)) - D(f)(0)
```

例 11.38　求 $f(t)=t\sin at$ 的 Laplace 变换.

解　运行下面的 MATLAB 语句：

```
>>syms t s a
>>f = t * sin(a * t);L = laplace(f)
L =
1/(s^2 + a^2) * sin(2 * atan(a/s))
>>simple(L)
simplify:
1/(s^2 + a^2) * sin(2 * atan(a/s))
radsimp:
1/(s^2 + a^2) * sin(2 * atan(a/s))
combine(trig):
1/(s^2 + a^2) * sin(2 * atan(a/s))
factor:
1/(s^2 + a^2) * sin(2 * atan(a/s))
expand:
2/(s^2 + a^2) * a/s/(1 + a^2/s^2)
```

combine:

$1/(s\char94 2 + a\char94 2) * \sin(2 * \text{atan}(a/s))$

convert(exp):

$-1/2 * i/(s\char94 2 + a\char94 2) * (\exp(2 * i * \text{atan}(a/s)) - 1/\exp(2 * i * \text{atan}(a/s)))$

convert(sincos):

$1/(s\char94 2 + a\char94 2) * \sin(2 * \text{atan}(a/s))$

convert(tan):

$2/(s\char94 2 + a\char94 2) * a/s/(1 + a\char94 2/s\char94 2)$

collect(s):

$1/(s\char94 2 + a\char94 2) * \sin(2 * \text{atan}(a/s))$

ans =

$2/(s\char94 2 + a\char94 2) * a/s/(1 + a\char94 2/s\char94 2)$

$\gg$ r = simple(ans)

r =

$2 * a * s/(s\char94 2 + a\char94 2)\char94 2$

例 11.39 求 $f(t) = t\cos at$ 的 Laplace 变换.

解 运行下面的 MATLAB 语句：

$\gg$ syms t s a

$\gg$ f = t * cos(a * t); L = laplace(f)

L =

$1/(s\char94 2 + a\char94 2) * \cos(2 * \text{atan}(a/s))$

$\gg$ simple(L)

simplify:

$1/(s\char94 2 + a\char94 2) * \cos(2 * \text{atan}(a/s))$

radsimp:

$1/(s\char94 2 + a\char94 2) * \cos(2 * \text{atan}(a/s))$

combine(trig):

$1/(s\char94 2 + a\char94 2) * \cos(2 * \text{atan}(a/s))$

factor:

$1/(s\char94 2 + a\char94 2) * \cos(2 * \text{atan}(a/s))$

expand:

$2/(s\char94 2 + a\char94 2)/(1 + a\char94 2/s\char94 2) - 1/(s\char94 2 + a\char94 2)$

combine:

$1/(s\char94 2 + a\char94 2) * \cos(2 * \text{atan}(a/s))$

convert(exp)：

1/(s^2 + a^2) * (1/2 * exp(2 * i * atan(a/s)) + 1/2/exp(2 * i * atan(a/s)))

convert(sincos)：

1/(s^2 + a^2) * cos(2 * atan(a/s))

convert(tan)：

1/(s^2 + a^2) * (1 − a^2/s^2)/(1 + a^2/s^2)

collect(s)：

1/(s^2 + a^2) * cos(2 * atan(a/s))

ans =

1/(s^2 + a^2) * cos(2 * atan(a/s))

% 利用 expand 的结果再化简

>>r = simple(2/(s^2 + a^2)/(1 + a^2/s^2) − 1/(s^2 + a^2))

r =

− (− s^2 + a^2)/(s^2 + a^2)^2

例 11.40　求 $\mathscr{L}[te^{at}\sin at]$ 和 $\mathscr{L}[te^{at}\cos at]$.

解　运行下面的 MATLAB 语句：

>>syms t s a

>>f = t * exp(a * t) * sin(a * t);L = laplace(f)

L =

2 * a/((s − a)^2 + a^2)^2 * (s − a)

>>g = t * exp(a * t) * cos(a * t);L = laplace(g)

L =

− 1/((s − a)^2 + a^2) + 2 * (s − a)^2/((s − a)^2 + a^2)^2

>>r = simple(L)

r =

− s * (− s + 2 * a)/(s^2 − 2 * s * a + 2 * a^2)^2

例 11.41　求 $\mathscr{L}\left[\int_0^t te^{at}\sin at\,dt\right]$.

解　运行下面的 MATLAB 语句：

>>syms t s x a

>>f = int(x * exp(a * x) * sin(a * x),0,t);L = laplace(f)

L =

1/2/a^2 * (− a * (− 1/((s − a)^2 + a^2) + 2 * (s − a)^2/((s − a)^2 + a^2)^2) + (s − a)/((s − a)^2 + a^2) + 2 * a^2/((s − a)^2 + a^2)^2 * (s − a) −

```
1/s)
>>r = simple(L)
r =
- 2 * a * ( - s + a)/(s^2 - 2 * s * a + 2 * a^2)^2/s
```

例 11.42 求 $\mathscr{L}[u(5t)]$ 和 $\mathscr{L}[u(5t-2)]$.

解 运行下面的 MATLAB 语句：

```
>>syms t s
>>h = sym('Heaviside(5 * t)');L = laplace(h)
L =
1/s
>>g = sym('Heaviside(5 * t - 2)');L = laplace(g)
L =
exp( - 2/5 * s)/s
```

例 11.43 求 $\mathscr{L}\left[\dfrac{1}{\sqrt{t}}\right]$.

解 运行下面的 MATLAB 语句：

```
>>syms t s
>>f = 1/sqrt(t);L = laplace(f)
L =
(pi/s)^(1/2)
```

例 11.44 若 $F(s)=\dfrac{1}{s^2(1+s^2)}$, 求 $f(t)=\mathscr{L}^{-1}[F(s)]$.

解 运行下面的 MATLAB 语句：

```
>>syms t s
>>F = 1/(s^2 * (1 + s^2));f = ilaplace(F)
f =
t - sin(t)
```

例 11.45 求 $\mathscr{L}^{-1}\left[\dfrac{s^2}{(s^2+1)^2}\right]$.

解 运行下面的 MATLAB 语句：

```
>>syms t s
>>F = s^2/(s^2 + 1)^2;f = ilaplace(F)
f =
1/2 * t * cos(t) + 1/2 * sin(t)
```

例 11.46 设 $\mathscr{L}[f(t)]=\dfrac{1}{(s^2+4s+13)^2}$, 求 $f(t)$.

解 运行下面的 MATLAB 语句：

```
>>syms t s
>>F = 1/(s^2 + 4 * s + 13)^2;f = ilaplace(F)
f =
- 1/18 * exp( - 2 * t) * t * cos(3 * t) + 1/54 * exp( - 2 * t) * sin(3 *
    t)
>>r = simple(f)
r =
- 1/54 * exp( - 2 * t) * (3 * t * cos(3 * t) - sin(3 * t))
```

11.5 Z 变换的 MATLAB 求解

利用符号运算工具箱中提供的 ztrans( )和 iztrans( )函数可得出给定函数的 Z 变换及其逆变换，默认变量是 k.

例 11.47 设序列 $f(n) = n$，其中 n 是非负整数，求 $F(z)$.

解 运行下面的 MATLAB 语句：

```
>>syms n z
>>f = n;Z = ztrans(f)
Z =
z/(z - 1)^2
```

例 11.48 设序列 $f(n) = \begin{cases} 2^n, & n \geqslant 0 \\ -3^n, & n < 0 \end{cases}$，求 $F(z)$.

解 运行下面的 MATLAB 语句：

```
>>syms n z
>>f = 2^n;Z = ztrans(f) + symsum( - 3^( - n) * z^n,n,1,inf)
Z =
1/2 * z/(1/2 * z - 1) + 1/3 * z/(1/3 * z - 1)
>>r = simple(Z)
r =
z * (2 * z - 5)/(z - 2)/(z - 3)
```

例 11.49 设序列 $f(n) = \begin{cases} 2^n, & n = 0,2,4,\cdots \\ -3^n, & n = 1,3,5,\cdots \end{cases}$，求 $F(z)$.

解 运行下面的 MATLAB 语句：

```
>>syms n z
>>Z = symsum(2^(2 * n) * z^( - 2 * n),n,0,inf) + symsum( - 3^(2 * n +
```

$$1) * z^{\wedge}(-(2*n+1)),n,0,inf)$$

Z =

$$z^{\wedge}2/(-4+z^{\wedge}2)-3*z/(-9+z^{\wedge}2)$$

例 11.50 设指数序列 $f(n)=a^n(n\geqslant 0)$,其中 $a\neq 0$ 为复数,求 $F(z)$.

解 运行下面的 MATLAB 语句:

＞＞syms n z a

＞＞f = a^n;Z = ztrans(f)

Z =

$$z/a/(z/a-1)$$

＞＞r = simple(Z)

r =

$$-z/(-z+a)$$

例 11.51 求正弦序列 $f_1(n)=\sin\omega_0 n$ 和余弦序列 $f_2(n)=\cos\omega_0 n$ 的 Z 变换, 其中 $n\geqslant 0$.

解 运行下面的 MATLAB 语句:

＞＞syms n z w_0

＞＞f_1 = sin(w_0 * n);f_2 = cos(w_0 * n);

＞＞Z_1 = ztrans(f_1)

Z_1 =

$$z * \sin(w\_0)/(z^{\wedge}2-2*z*\cos(w\_0)+1)$$

＞＞Z_2 = ztrans(f_2)

Z_2 =

$$(z-\cos(w\_0))*z/(z^{\wedge}2-2*z*\cos(w\_0)+1)$$

例 11.52 求变换 $Z[n^2]$ 和 $Z[(n+1)^2]$,其中 n 为非负整数.

解 运行下面的 MATLAB 语句:

＞＞syms n z

＞＞f_1 = n^2;f_2 = (n+1)^2;

＞＞Z_1 = ztrans(f_1)

Z_1 =

$$z * (z+1)/(z-1)^{\wedge}3$$

＞＞Z_2 = ztrans(f_2)

Z_2 =

$$z * (z+1)/(z-1)^{\wedge}3+2*z/(z-1)^{\wedge}2+z/(z-1)$$

＞＞r = simple(Z_2)

r =

z^2 * (z + 1)/(z − 1)^3

例 11. 53　求变换 $Z\left[\dfrac{1}{(n+1)!}\right]$ 和 $Z\left[\dfrac{1}{(n+2)!}\right]$,其中 n 为非负整数.

解　运行下面的 MATLAB 语句:

```
>>syms n z
>>f_1 = sym('1/(n + 1)!');f_2 = sym('1/(n + 2)!');
>>Z_1 = ztrans(f_1)
Z_1 =
z * exp(1/z) * (1 − exp( − 1/z))
>>Z_2 = ztrans(f_2)
Z_2 =
z^2 * exp(1/z) * (1 − exp( − 1/z) * (1 + 1/z))
>>r = simple(Z_2)
r =
z^2 * exp(1/z) − z^2 − z
```

例 11. 54　验证微分性质 $Z[nf(n)] = -z\dfrac{\mathrm{d}}{\mathrm{d}z}Z[f(n)]$.

解　运行下面的 MATLAB 语句:

```
>>syms n z
>>g = n * sym('f(n)');Z = ztrans(g)
Z =
− z * diff(ztrans(f(n),n,z),z)
```

例 11. 55　求 $F(z) = \dfrac{5z}{7z - 3z^2 - 2}$ 的 Z 逆变换.

解　使用 MATLAB 求 Z 逆变换时,默认 $f(n)$ 是右边序列,即 $n \geqslant 0$. 运行下面的 MATLAB 语句:

```
>>syms n z
>>F = 5 * z/(7 * z − 3 * z^2 − 2);f = iztrans(F)
f =
− 2^n + (1/3)^n
```

习题参考答案

习题 1

1. (1) $\sqrt{2}[\cos(\alpha+\beta)+\mathrm{i}\sin(\alpha+\beta)]$;

   (2) $1-3\mathrm{i}$;

   (3) $-8\mathrm{i}$;

   (4) $\sqrt[6]{2}\left(\cos\dfrac{\pi}{12}-\mathrm{i}\sin\dfrac{\pi}{12}\right)$, $\qquad$ $\sqrt[6]{2}\left(\cos\dfrac{7\pi}{12}-\mathrm{i}\sin\dfrac{7\pi}{12}\right)$, $\qquad$ $\sqrt[6]{2}\left(\cos\dfrac{5\pi}{4}-\mathrm{i}\sin\dfrac{5\pi}{4}\right)$.

2. (1) $3\left(\cos\dfrac{\pi}{2}+\mathrm{i}\sin\dfrac{\pi}{2}\right)=3\mathrm{e}^{\frac{\pi}{2}\mathrm{i}}$;

   (2) $8(\cos\pi+\mathrm{i}\sin\pi)=8\mathrm{e}^{\pi\mathrm{i}}$;

   (3) $2\left(\cos\dfrac{\pi}{3}+\mathrm{i}\sin\dfrac{\pi}{3}\right)=2\mathrm{e}^{\frac{\pi}{3}\mathrm{i}}$.

3. (1) $1+\sqrt{3}\mathrm{i}, -2, 1-\sqrt{3}\mathrm{i}$;

   (2) $\dfrac{a(\sqrt{3}+\mathrm{i})}{2}, a\mathrm{i}, \dfrac{a(-\sqrt{3}+\mathrm{i})}{2}, -\dfrac{a(\sqrt{3}+\mathrm{i})}{2}, -a\mathrm{i}, \dfrac{a(\sqrt{3}-\mathrm{i})}{2}$.

6. (1) 上半平面(不含实轴);

   (2) 虚轴和直线 $x=1$ 为边界的带形区域;

   (3) 以 $3\mathrm{i}$ 为中心,1 与 2 分别为内、外半径的圆环域(不含边界);

   (4) 以 $z_0=-\dfrac{5}{3}$ 为中心、半径为 $\dfrac{4}{3}$ 的圆周的外部区域(不含圆周).

9. $a=-b$ (任意实常数), $c=1; a=1, b=c=-3$.

10. (1) 在直线 $x=-\dfrac{1}{2}$ 上可导,但在复平面上处处不解析;

    (2) 在直线 $x\pm y=0$ 上可导,但在复平面上处处不解析;

    (3) 在 $z=0$ 处可导,但在复平面上处处不解析;

    (4) 在 $z=0$ 处可导,但在复平面上处处不解析.

13. $f(z)=\sin x\mathrm{ch}y+\mathrm{i}\cos x\mathrm{sh}y=\sin z$.

17. $\dfrac{\partial u}{\partial r}=\dfrac{1}{r}\dfrac{\partial v}{\partial\theta}$, $\qquad$ $\dfrac{\partial v}{\partial r}=-\dfrac{1}{r}\dfrac{\partial u}{\partial\theta}$.

21. $\left(2k-\dfrac{1}{2}\right)\pi\mathrm{i}$, 主值为 $-\dfrac{1}{2}\pi\mathrm{i}$;

    $\ln 5-\mathrm{i}\arctan\dfrac{4}{3}+(2k+1)\pi\mathrm{i}$, 主值为 $\ln 5+\left(\pi-\arctan\dfrac{4}{3}\right)\mathrm{i}$.

22. $-\mathrm{i}\mathrm{e}; \mathrm{e}^{-2k\pi}(\cos\ln 3+\mathrm{i}\sin\ln 3); \mathrm{e}^{-\left(2k+\frac{1}{4}\right)\pi}\left(\cos\dfrac{\ln 2}{2}+\mathrm{i}\sin\dfrac{\ln 2}{2}\right)$.

习题 2

1. 1、2、3 均为 $\dfrac{1}{3}(3+i)^3$.

2. (1) $-\dfrac{1}{6}+\dfrac{5}{6}i$;

   (2) $-\dfrac{1}{6}+\dfrac{5}{6}i$;

   (3) $-\dfrac{1}{6}+\dfrac{13}{15}i$;

   (4) $-\dfrac{1}{6}+i$;

   (5) $-\dfrac{1}{6}+i$.

3. 不一定成立,例如,$f(z)=z$,$|z|=1$,则
$$\oint_C \mathrm{Re}[f(z)]\mathrm{d}z = \pi i, \qquad \oint_C \mathrm{Im}[f(z)]\mathrm{d}z = -\pi$$
均不为零.

5. (1) $2\pi i$;

   (2) $4\pi i$;

   (3) $8\pi i$.

6. 1~8 均为 0.

7. (1) $2\pi i e^2$;   (2) $\dfrac{\pi i}{a}$;   (3) $\dfrac{\pi}{e}$;   (4) $-2\pi \mathrm{sh}1$;   (5) 0;

   (6) 0;   (7) 0;   (8) $2\pi i$;   (9) $-\pi i$;   (10) $\dfrac{\pi}{3}$.

9. (1) $14\pi i$;   (2) $\pi i\,(e^i - e^{-i})$;   (3) $2\pi i e^{-1}$;

   (4) 当 $|a|>1$ 时,积分为 0;当 $|a|<1$ 时,积分为 $\pi e^a i$.

习题 3

1. 不能,根据 Abel 定理.

4. (1) $1-z^3+z^6-\cdots$ $(R=1)$;

   (2) $1-2z^2+3z^4-4z^6+\cdots$ $(R=1)$;

   (3) $1-\dfrac{z^4}{2!}+\dfrac{z^8}{4!}-\dfrac{z^{12}}{6!}+\cdots$ $(R=\infty)$;

   (4) $z+\dfrac{z^2}{3!}+\dfrac{z^5}{5!}+\cdots$ $(R=\infty)$;

   (5) $1+\dfrac{z^2}{2!}+\dfrac{z^4}{4!}+\cdots$ $(R=\infty)$;

   (6) $1-z-\dfrac{z^2}{2!}-\dfrac{z^3}{3!}+\cdots$ $(R=1)$.

5. (1) $\displaystyle\sum_{n=1}^{\infty}(-1)^{n-1}\dfrac{(z-1)^n}{2^n}$ $(R=2)$;

(2) $\displaystyle\sum_{n=0}^{\infty} (-1)^n \left(\frac{2}{3^{n+1}} - \frac{1}{2^{n+1}} \right)(z-1)^n \quad (R=2)$;

(3) $\displaystyle\sum_{n=0}^{\infty} \frac{(n+1)}{(1-\mathrm{i})^{n+2}} (z-\mathrm{i})^n \quad (R=\sqrt{2})$;

(4) $1 + 2\left(z-\dfrac{\pi}{4} \right) + 2\left(z-\dfrac{\pi}{4} \right)^2 + \dfrac{8}{3}\left(z-\dfrac{\pi}{4} \right)^3 + \cdots \quad \left(R=\dfrac{\pi}{4} \right)$;

(5) $\displaystyle\sum_{n=1}^{\infty} \frac{\sin\left(1+\dfrac{n\pi}{2} \right)}{n!} (z-1)^{2n} \quad (R=\infty)$;

(6) $\displaystyle\sum_{n=1}^{\infty} \frac{z^{2n+1}}{n!(2n+1)} \quad (R=\infty)$.

6. $z=\dfrac{1}{2}$ 处收敛，但 $z=3$ 处发散，因 $R=1$.

8. 由 $f(z)=u+\mathrm{i}v$ 解析且 $u-v=x^2-y^2$ 可得

$$u_x - v_x = 2x, \qquad u_y - v_y = -2y$$

由 Cauchy-Riemann 方程可得 $u_x=v_y=x+y$, $u_y=-v_x=x-y$, 于是

$$f(z)=\frac{1-\mathrm{i}}{2}z^2 + (1+\mathrm{i})c$$

10. (1) $\dfrac{1}{5}\left(\cdots + \dfrac{2}{z^4} + \dfrac{1}{z^3} - \dfrac{2}{z^2} - \dfrac{1}{z} - \dfrac{1}{2} - \dfrac{z}{4} - \dfrac{z^2}{8} - \dfrac{z^3}{16} - \cdots \right)$;

(2) $\displaystyle\sum_{n=-1}^{\infty} (n+2)z^n, \sum_{n=-2}^{\infty} (-1)^n (z-1)^n$;

(3) $-\displaystyle\sum_{n=-1}^{\infty} (z-1)^n, \sum_{n=0}^{\infty} (-1)^n \frac{1}{(z-2)^{n+2}}$;

(4) $\displaystyle\sum_{n=1}^{\infty} (-1)^{n-1} \frac{\pi (z-\mathrm{i})^{n-2}}{\mathrm{i}^{n+1}} \quad (0<|z-\mathrm{i}|<1)$;

(5) $1 - \dfrac{1}{z} - \dfrac{1}{2!z^2} - \dfrac{1}{3!z^3} + \dfrac{1}{4!z^4} + \cdots$

(6) $-\mathrm{e}\left[\dfrac{1}{z-1} + 1 + \dfrac{z-1}{2!} + \cdots + \dfrac{(z-1)^{n-1}}{n!} + \cdots \right]$

(7) $(z-1) + 2 + \left(1-\dfrac{1}{3!} \right)(z-1)^{-1} - \dfrac{2}{3!}(z-1)^{-2} - \left(\dfrac{1}{3!} - \dfrac{1}{5!} \right)(z-1)^{-3}$

$\qquad + \dfrac{2}{5!}(z-1)^{-4} + \left(\dfrac{1}{5!} - \dfrac{1}{7!} \right)(z-1)^{-5} + \cdots$

(8) $\displaystyle\sum_{n=0}^{\infty} \frac{\sin\left(1+\dfrac{n\pi}{2} \right)}{n!(z-1)^n}$.

11. (1) 中 $z=0$ 是孤立奇点，故在原点的一去心邻域内可展开成 Laurent 级数；但在(2),(3),
(4)和(5)中，$z=0$ 不是孤立奇点，即 $z=0$ 的邻域内，除 $z=0$ 之外，还有其他奇点，因此，不
能展开成 Laurent 级数.

15. (1) $f(z)=(1-\mathrm{i})z^3 + c\mathrm{i}$;

(2) $f(z)=\dfrac{1}{2} - \dfrac{1}{z}$;

(3) $f(z) = -\mathrm{i}(z-1)^2$;

(4) $f(z) = \ln z + c\mathrm{i}$;

(5) $f(z) = (2\ln z + z^2) + c$;

(6) $f(z) = z\mathrm{e}^z + 2\mathrm{i}\cos z + c\mathrm{i}$;

(7) $f(z) = 2\mathrm{i}\ln z - (2-\mathrm{i})z + c$;

(8) $f(z) = \dfrac{1}{2z} + \mathrm{i}z^2 + 3\mathrm{i} + c$.

习题 4

1. (1) z_0 是 $f(z) + g(z)$ 的 $\max\{m,n\}$ 级极点 $(m \neq n)$ 或者 m 级或低于 m 级极点 (当 $m=n$ 时),
   z_0 是 $f(z)g(z)$ 的 $(m+n)$ 级极点, 当 $m > n$ 时, z_0 是 $g(z)/f(z)$ 的可去奇点, $m < n$ 时, z_0
   是 $g(z)/f(z)$ 的 $(m-n)$ 级极点;

   (2) $m < n$ 时, $z = z_0$ 是 $f(z) + g(z)$ 的 m 级零点; $m = n$ 时, $z = z_0$ 是 $f(z) + g(z)$ 的 m 级或高
   于 m 级零点;

   (3) z_0 是 $f(z) + g(z)$, $f(z)g(z)$, $g(z)/f(z)$ 的本性奇点.

2. (1) $z_1 = 0, z_2 = 1, z_3 = -1$ 都是 1 级极点;

   (2) $\sin\alpha \neq \pm 1$ 时, $z = n\pi + (-1)^n\alpha\,(n = 0, \pm 1, \pm 2, \cdots)$ 是 1 级极点, $\sin\alpha = 1$ 时, $z = 2k\pi + \dfrac{\pi}{2}$

   $(k = 0, \pm 1, \pm 2, \cdots)$ 是 2 级极点; $\sin\alpha = -1$ 时, $z = (2k+1)\pi + \dfrac{\pi}{2}\,(k = 0, \pm 1, \pm 2, \cdots)$ 是 2

   级极点;

   (3) $z = 0$ 是可去奇点, 而其他奇点, 如 $z = -1$ 不是孤立奇点;

   (4) $z = 1$ 是本性奇点;

   (5) $z = 0$ 是 2 级极点;

   (6) $z = k\pi + \dfrac{\pi}{2}$ 是 1 级极点;

   (7) $z = 2$ 是可去奇点;

   (8) $z = 1$ 是本性奇点, $z = 2k\pi\mathrm{i}\,(k = 0, \pm 1, \pm 2, \cdots)$ 是 1 级极点;

   (9) $z = 0$ 是 4 级极点, $z = 2k\pi\mathrm{i}\,(k = \pm 1, \pm 2, \cdots)$ 是 1 级极点;

   (10) $z = \pm\mathrm{i}$ 是 2 级极点, $z = (2k+1)\pi\mathrm{i}\,(k = 1, \pm 2, \cdots)$ 是 1 级极点.

3. (1) $\mathrm{Res}[f(z), 0] = 1, \mathrm{Res}[f(z), \pm 1] = -\dfrac{1}{2}$;

   (2) $\mathrm{Res}[f(z), b] = \dfrac{b}{(b-a)^m}$, $\quad \mathrm{Res}[f(z), a] = \begin{cases} \dfrac{a}{a-b}, & m = 1 \\ \dfrac{-b}{(b-a)^m}, & m > 1 \end{cases}$;

   (3) $\mathrm{Res}[f(z), 2k\pi\mathrm{i}] = -1 \quad (k = 0, \pm 1, \pm 2, \cdots)$;

   (4) $\mathrm{Res}[f(z), 0] = 0, \mathrm{Res}[f(z), k\pi] = (-1)^k \dfrac{1}{k\pi} \quad (k$ 是不为零的整数$)$;

   (5) $\mathrm{Res}[f(z), 0] = -\dfrac{1}{2} - \ln 2, \mathrm{Res}[f(z), 1] = \ln 3$;

(6) $\operatorname{Res}[f(z),1]=\dfrac{(2n)!}{(n-1)!\ (n+1)!}$;

(7) $\operatorname{Res}[f(z),2]=0$;

(8) $\operatorname{Res}[f(z),0]=\begin{cases}0, & n\text{ 为奇数}\\[2mm] \dfrac{(-1)^{\frac{n}{2}}}{(n+1)!}, & n\text{ 为偶数}\end{cases}$;

(9) $\operatorname{Res}[f(z),1]=\dfrac{13}{6}$;

(10) $\operatorname{Res}[f(z),-1]=-\cos 1$.

4. (1) $-\dfrac{3\pi i}{32}$;　　(2) $\dfrac{2(e-1)\pi i}{e^3}$;　　(3) 0;　　(4) $-12i$;　　(5) $-\pi^2 i$;　　(6) $\dfrac{10}{3}\pi i$.

5. (1) 2 级极点, $\operatorname{Res}[f(z),\infty]=0$;

　　(2) 可去奇点, $\operatorname{Res}[f(z),\infty]=-1$;

　　(3) 可去奇点, $\operatorname{Res}[f(z),\infty]=0$;

　　(4) 本性奇点, $\operatorname{Res}[f(z),\infty]=0$;

　　(5) 本性奇点, $\operatorname{Res}[f(z),\infty]=-\displaystyle\sum_{k=0}^{\infty}\dfrac{1}{(2k+1)!}$.

6. (1) $2\pi i$;

　　(2) $2n\pi i$;

　　(3) $n=1$ 时为 $2\pi i$, $n\neq 1$ 时为 0.

7. (1) $m=2k$ 时为 0, 而 $m=2k+1$ 时为 $(-1)^k\dfrac{\pi}{3}\times\dfrac{1}{2^{2k}}$　$(k=0,1,2,\cdots)$;

　　(2) $\dfrac{\pi}{\sqrt{a^2+1}}$;　　(3) $-\dfrac{\pi}{5}$;　　(4) $\dfrac{\pi}{\sqrt{2}}$;　　(5) $\dfrac{\pi}{3e^3}(\cos 1-3\sin 1)$;

　　(6) $\dfrac{\pi}{2}e^{-3}$;　　(7) $\dfrac{\pi}{2}(1-e^{-1})$;　　(8) π.

习题 5

1. (1) $w_1=-i$, $w_2=-2+2i$, $w_3=8i$;

　　(2) $0<\arg w<\dfrac{3}{2}\pi$.

2. (1) 圆周 $u^2+v^2=\dfrac{1}{4}$;

　　(2) 直线 $v=-u$;

　　(3) 直线 $v=0$;

　　(4) $u=\dfrac{1}{2}$;

　　(5) 直线 $v=-\dfrac{1}{2}$;

　　(6) 圆周 $\left(u-\dfrac{1}{2}\right)^2+v^2=\dfrac{1}{4}$.

3. (1) 以 $w_1=-1$, $w_2=-i$, $w_3=i$ 为顶点的三角形;

(2) 闭圆域 $|w-\mathrm{i}|\leqslant 1$.

4. 伸缩率 $|w'(\mathrm{i})|=2$, 旋转角 $\arg w'(\mathrm{i})=\dfrac{\pi}{2}$.

实轴 (u 轴) 的正方向与此光滑曲线在点 $z=1+\mathrm{i}$ 像点处的切线正向之间的夹角是 $\dfrac{\pi}{2}$.

5. (1) $\mathrm{Im}w>1$；

(2) $\mathrm{Im}w>0$, $-1<\mathrm{Re}w<0$；

(3) $\left|w-\dfrac{1}{2}\right|<\dfrac{1}{2}$, $\mathrm{Im}w<0$；

(4) $|w|<1$, $\mathrm{Im}w<0$；

(5) $\mathrm{Im}w<0$, $\left|w-\dfrac{1}{2}+\dfrac{1}{2}\mathrm{i}\right|>\dfrac{\sqrt{2}}{2}$；

(6) $\mathrm{Re}w<1$, $\left|w-\dfrac{1}{2}\right|>\dfrac{1}{2}$；

(7) $\dfrac{1}{2}<|w|<1$.

6. (1) $w=\dfrac{z-\mathrm{i}}{z+\mathrm{i}-(1+2\mathrm{i})z}$；　(2) $w=-\mathrm{i}\dfrac{z-1}{z+1}$；　(3) $w=\dfrac{(2+\mathrm{i})+\mathrm{i}z}{z+1}$.

7. (1) $w=\dfrac{2}{2-z}$；　(2) $w=\dfrac{-4z-2}{z-2}$.

8. (1) $w=\dfrac{z-\mathrm{i}}{z+\mathrm{i}}$；　(2) $w=\dfrac{(2\mathrm{i}+1)z+2+\mathrm{i}}{(2+\mathrm{i})z+2\mathrm{i}+1}$.

9. (1) $w=\dfrac{(1-\mathrm{i})(z+1)}{z-\mathrm{i}}$；　(2) $w=\dfrac{z-1}{(2\mathrm{i}-1)z+2\mathrm{i}+1}$.

10. (1) $w=\dfrac{1-2z}{2-z}$；　(2) $w=\dfrac{(4\mathrm{i}-1)z+2-2\mathrm{i}}{(2\mathrm{i}-2)z+4-\mathrm{i}}$.

11. (1) $w=\left(\dfrac{z-1}{z+1}\right)^2$；　(2) $w=-\left(\dfrac{2z+\sqrt{3}-\mathrm{i}}{2z-\sqrt{3}-\mathrm{i}}\right)^3$；

(3) $w=\left(\dfrac{\sqrt{z}+1}{\sqrt{z}-1}\right)^2$；　(4) $w=\sqrt{1-\left(\dfrac{z-\mathrm{i}}{z+\mathrm{i}}\right)^2}$；

(5) $w=\sqrt{\dfrac{z+\mathrm{i}}{\mathrm{i}-z}}$；　(6) $w=\mathrm{e}^{2\pi\mathrm{i}\frac{z}{z-2}}$；

(7) $w=\cos\dfrac{\pi(z+2)}{2z}$；　(8) $w=\cos z$.

12. (1) 沿实轴上的射线 $(-\infty,-1]$ 与 $[1,+\infty)$ 剪开的整个平面；

(2) 下半平面；

(3) 沿以 ± 1 为端点, 在点 1 与实轴夹角为 2α 的圆弧剪开的整个平面.

习题 6

1. $\dfrac{m!\ n!}{(m+n+1)!}t^{m+n+1}$.

2. e^t-t-1.

3. $\frac{1}{2k}\sin kt - \frac{t}{2}\cos kt.$

习题 7

1. (1) $F(\omega)=\dfrac{\mathrm{i}\pi}{\omega}\cos\dfrac{\pi}{2}\omega-\dfrac{2\mathrm{i}}{\omega^2}\sin\dfrac{\pi}{2}\omega;$

   (2) $F(\omega)=\dfrac{2}{\omega^2}(\cos\omega-\cos2\omega).$

3. (1) $F(\omega)=\dfrac{\pi\mathrm{i}}{2}[\delta(\omega+2)-\delta(\omega-2)];$

   (2) $F(\omega)=\cos\omega a+\cos\dfrac{\omega}{2}a;$

   (3) $F(\omega)=\dfrac{\pi}{2}[(\sqrt{3}+\mathrm{i})\delta(\omega+5)+(\sqrt{3}-\mathrm{i})\delta(\omega-5)].$

4. (1) $u(x,t)=\dfrac{1}{2}[f(x+at)+f(x-at)]+\dfrac{1}{2a}\displaystyle\int_{x-at}^{x+at}g(\tau)\mathrm{d}\tau;$

   (2) $u(x,t)=\dfrac{1}{\sqrt{2\pi}}\displaystyle\int_{-\infty}^{+\infty}f(\tau)\cos(a\tau^2 t)\mathrm{e}^{-\mathrm{i}\tau x}\mathrm{d}\tau;$

   (3) $u(x,y)=\dfrac{u_0}{2\pi}\displaystyle\int_{-\infty}^{+\infty}\dfrac{\sin a\tau\,\mathrm{e}^{\mathrm{i}\tau x}}{\tau\mid\tau\mid}\mathrm{e}^{-|\tau|y}\mathrm{d}\tau;$

   (4) $u(x,t)=\dfrac{1}{2\sqrt{\pi t}}\displaystyle\int_{-\infty}^{+\infty}\mathrm{e}^{-\frac{(x-\tau)^2}{4t}}f(\tau)\mathrm{d}\tau.$

习题 8

1. (1) $F(s)=\dfrac{1-(as+1)\mathrm{e}^{-as}}{s^2}$ $(\mathrm{Res}>-\infty);$

   (2) $F(s)=\dfrac{(1-\mathrm{e}^{-as})^2}{s^2}$ $(\mathrm{Res}>-\infty).$

2. (1) 当 $\beta>0$ 时，$F(s)=0$；当 $\beta<0$ 时，$F(s)=\dfrac{1}{\alpha}\mathrm{e}^{\frac{\beta t}{\alpha}};$

   (2) $F(s)=\dfrac{5s-9}{s-2};$　　　(3) $F(s)=\dfrac{s^2}{s^2+1};$　　　(4) $\mathrm{e}^{-s}.$

3. (1) $F(s)=\dfrac{1}{s^3}(2s^2+3s+2);$　　　(2) $F(s)=\dfrac{s^2-4s+5}{(s-1)^3};$

   (3) $F(s)=\dfrac{s^2+2}{s(s^2+4)};$　　　(4) $F(s)=\dfrac{6}{(s+2)^2+36};$

   (5) $F(s)=\dfrac{4(s+3)}{[(s+3)^2+4]^2};$　　　(6) $F(s)=\dfrac{4(s+3)}{s[(s+3)^2+4]^2};$

   (7) $F(s)=\dfrac{2(3s^2+12s+13)}{s^2[(s+3)^2+4]^2};$　　　(8) $F(s)=\dfrac{1}{s}\mathrm{e}^{-\frac{5}{3}}.$

4. (1) $F(s)=\operatorname{arccot}\dfrac{s}{k};$

   (2) $F(s)=\operatorname{arccot}\dfrac{s+3}{2};$

(3) $F(s)=\dfrac{1}{s}\operatorname{arccot}\dfrac{s+3}{2}$.

5. (1) $t-\sin t$；

(2) $\dfrac{1}{2a^3}(\sin at-at\cos at)$.

6. (1) $u(t-5)$；

(2) $\cos\pi t-u(t-1)\cos\pi t$；

(3) $\dfrac{1}{t}(1-\mathrm{e}^{-t})$；

(4) $\dfrac{1}{t}2-\mathrm{e}^{t}-\mathrm{e}^{-t}$；

(5) $(2\mathrm{e}^{-4t}-\mathrm{e}^{t})u(t-3)$；

(6) $1+\sqrt{2}\sin\left(2t-\dfrac{\pi}{4}\right)$；

(7) $\mathrm{e}^{-t}-\dfrac{2}{\sqrt{3}}\mathrm{e}^{-\frac{t}{2}}\cos\left(\dfrac{\sqrt{3}}{2}t+\dfrac{\pi}{6}\right)$；

(8) $u(t-1)\left(\mathrm{e}^{-t}-\cos 2t+\dfrac{1}{2}\sin 2t\right)$.

7. (1) $\dfrac{1}{a^4}(\cos at-1)+\dfrac{1}{2a^2}t^2$；

(2) $\dfrac{1}{3}\cos t-\dfrac{1}{3}\cos 2t$；

(3) $\delta(t)+\dfrac{1}{2}-\mathrm{e}^{-t}+\dfrac{1}{2}\mathrm{e}^{-2t}$；

(4) $\dfrac{1}{3}u(t-3)\left[\sin(t-3)-\dfrac{1}{3}\sin 2(t-3)\right]$.

8. (1) $x(t)=\dfrac{1}{4}\left[(2t+7)\mathrm{e}^{-t}-3\mathrm{e}^{-3t}\right]$；

(2) $y(t)=f(t)*\left[\mathrm{e}^{-2t}\sin t\right]+\mathrm{e}^{-2t}\left[c_1\cos t+(2c_1+c_2)\sin t\right]$；

(3) $y(t)=t^3\mathrm{e}^{-t}$；

(4) $x(t)=-\dfrac{1}{2}+\dfrac{2}{5}\cos t-\dfrac{1}{5}\sin t+\dfrac{\mathrm{e}^{2t}}{10}+(1-\cos(t-1))u(t-1)$

(5) $\begin{cases}x(t)=\mathrm{e}^t,\\ y(t)=\mathrm{e}^t;\end{cases}$

(6) $\begin{cases}x(t)=\dfrac{1}{2}t+a+\dfrac{1}{2}u(t-1),\\ y(t)=b-\dfrac{1}{2}u(t-1);\end{cases}$

(7) $\begin{cases}y(t)=1*f(t)-2\cos t*f(t),\\ z(t)=-\cos t*f(t);\end{cases}$

(8) $y(t)=\dfrac{ab}{\sqrt{b^2-bc}}\sin\left(\sqrt{b^2-bc}\right)t$.

习题 9

1. (1) $F(z)=\dfrac{2z}{2z-1}$；

(2) $F(z)=\dfrac{z}{z-3}$；

(3) $F(z)=\dfrac{1-\left(\dfrac{1}{2z}\right)^{10}}{1-\dfrac{1}{2z}}$;

(4) $F(z)=\dfrac{2z}{2z-1}+\dfrac{3z}{3z-1}$.

2. (1) $F(z)=\dfrac{2z}{(z-1)^2}+\dfrac{5z}{\sqrt{2}z^2-2z+\sqrt{2}}-\dfrac{3z}{z-a}$;

　(2) $F(z)=\dfrac{z^2-z\cos2-z\sin2}{\sqrt{2}(z^2-2z\cos2+1)}$;

　(3) $F(z)=\dfrac{z^2(z-\cos3)\sin3}{(z^2-2z\cos3+1)^2}$;

　(4) $F(z)=\dfrac{1}{2}\left[\dfrac{z(z-\cos1)}{z^2-2z\cos1+1}-\dfrac{z(z-\cos3)}{z^2-2z\cos3+1}\right]$;

　(5) $F(z)=\mathrm{e}^{\frac{3}{z}}+\mathrm{e}^{\frac{1}{3z}}$;

　(6) $F(z)=\dfrac{z(z^2\cos\theta-2z+\cos\theta)}{(z^2-2z\cos\theta+1)^2}$.

3. $Z[f(n+2)]=\dfrac{z(z^2-z+2)}{(z-1)(z^2+1)}$.

4. (1) $f(n)=3^{n-1}$;

　(2) $f(n)=n$;

　(3) $f(n)=-\dfrac{1}{2}\left(\dfrac{1}{3}\right)^n+\dfrac{1}{2}$;

　(4) $f(n)=\dfrac{2^n-(-4)^n}{6}$.

5. (1) $y(n)=\dfrac{1}{3}+\dfrac{2}{3}\cos\dfrac{2n\pi}{3}+\dfrac{4\sqrt{3}}{3}\sin\dfrac{2n\pi}{3}$;

　(2) $y(n)=n^2$;

　(3) $y(n)=2^{2n-1}-2^{n-1}$;

　(4) $y(n)=-\dfrac{3^n}{24}+(-1)^{n+1}\dfrac{15}{8}+(-1)^n\dfrac{3^n}{4}$.

参 考 文 献

1　余家荣. 复变函数(第四版). 北京:高等教育出版社,2001

2　严镇军. 复变函数. 合肥:中国科学技术大学出版社,2001

3　金忆丹等. 复变函数与积分变换(修订版). 杭州:浙江大学出版社,1994

4　祝同江. 工程数学——积分变换(第二版). 北京:高等教育出版社,2003

5　包革军等. 工程数学——积分变换. 哈尔滨:哈尔滨工业大学出版社,1998

6　刘经燕等. 工程实用积分变换. 武汉:华中理工大学出版社,1995

7　刁元胜. 积分变换. 广州:华南理工大学出版社,2003

8　宁平治等. 电子工程中的积分变换. 天津:南开大学出版社,1999

9　姜建国等. 信号与系统分析基础. 北京:清华大学出版社,1994

10　王积伟等. 控制工程基础. 北京:高等教育出版社,2001

11　王翼. 离散控制系统. 北京:科学出版社,1987

12　李弼程等. 小波分析及其应用. 北京:电子工业出版社,2003

13　刘贵忠等. 小波分析及其应用. 西安:西安电子科技大学出版社,1995

14　陈桂明. 应用 MATLAB 语言处理数字信号与数字图像. 北京:科学出版社,2000

15　胡昌华等. 基于 MATLAB 的系统分析与设计——小波分析. 西安:西安电子科技大学出版社,1999

16　黄忠霖等. MATLAB 符号运算及其应用. 北京:国防工业出版社,2004

17　薛定宇等. 高等应用数学问题的 MATLAB 求解. 北京:清华大学出版社,2004

18　西安交通大学高等数学教研室. 工程数学——复变函数(第四版). 北京:高等教育出版社,1996